AutoCAD室内绘图与天正建筑实用项目教程

郭 剑 编著

机械工业出版社
CHINA MACHINE PRESS

本书系统讲授了AutoCAD软件在经典界面下结合天正建筑在室内设计项目中图纸的具体绘制与输出方法。内容包括二维基础图形绘制与编辑、板式家具轴测图绘制、动态家具图块创建与空间布置应用、三维实体建模命令以及居住空间彩色平面图绘制等多个应用场景，涵盖了从平面布局图纸绘制、立面图生成到图纸布局打印输出的完整项目流程。全书内容由浅入深，基础命令操作与室内设计项目案例实训紧密衔接，案例操作过程配有详细实例操作步骤和视频讲解，章节后均有训练任务点，适合环境设计、建筑学、室内艺术设计专业学生和相关行业从业者迅速积累实战经验，提升软件操作技术和室内空间设计表现水平参考使用。

图书在版编目（CIP）数据

AutoCAD室内绘图与天正建筑实用项目教程 / 郭剑编著. -- 北京：机械工业出版社, 2024. 8. -- ISBN 978-7-111-76035-1

Ⅰ. TU238. 2-39

中国国家版本馆CIP数据核字第202485HH10号

机械工业出版社（北京市百万庄大街22号　邮政编码100037）
策划编辑：宋晓磊　　　　　　责任编辑：宋晓磊　李宣敏
责任校对：樊钟英　宋　安　封面设计：鞠　杨
责任印制：常天培
北京铭成印刷有限公司印刷
2024年8月第1版第1次印刷
210mm×285mm·15印张·343千字
标准书号：ISBN 978-7-111-76035-1
定价：69.00元

电话服务　　　　　　　　　网络服务
客服电话：010-88361066　　机　工　官　网：www.cmpbook.com
　　　　　010-88379833　　机　工　官　博：weibo.com/cmp1952
　　　　　010-68326294　　金　书　网：www.golden-book.com
封底无防伪标均为盗版　机工教育服务网：www.cmpedu.com

前　言

　　《AutoCAD室内绘图与天正建筑实用项目教程》是一本适合环境设计、建筑学、室内艺术设计专业，符合应用型人才培养目标，具有项目应用性和实践性的教材。通过收集、整理课堂AutoCAD软件教学中与建筑、室内项目相关的典型实例形成项目案例库，与绘图和编辑两大模块命令的专项训练过程相衔接。内容上从二维图形、轴测图绘制、动态图块创建到三维实体建模逐步提升难度，涵盖了室内平面绘制、立面生成到布局空间打印输出的完整工作流程，相对系统地讲授AutoCAD和天正建筑两个软件在室内空间设计图绘制流程中的具体应用方法。全书分为两篇，共8章内容。上篇为AutoCAD篇，分为6章。其中，第1章界面功能及视口命令，目的是创建良好的绘图环境。接着，将AutoCAD的基础命令划分为两个部分，即第2章基本绘图命令和第3章基本编辑命令，利用室内图块案例进行案例专项练习，并掌握板式家具的等轴测图绘制技巧。除了静态图块绘制，第4章还详细讲解动态图块的创建与空间应用，通过一系列动作类型的添加快速实现图块的拉伸、阵列、镜像等操作，提升室内平面图绘制的效率。AutoCAD虽是以二维图形绘制为主，但还能从中培养出较为系统的建模逻辑，因此，第5章利用AutoCAD实现几何形体和室内家具模型案例的创建，初步培养三维建模逻辑基础。第6章重点讲解AutoCAD的图层、布局与打印，使学生掌握图层管理以及模型空间和布局空间图纸输出的技巧。通过前6章的学习，能够使初学者基本掌握静态图形的绘制和编辑以及板式家具轴测图的绘制，同时学会为静态图块增加动态属性，能够实现三视图图纸的绘制、标注并按比例进行虚拟打印输出。另外，通过对三维建模命令的实例练习，还能够提前了解三维建模软件的建模逻辑，为顺利过渡到三维建模软件（SketchUp和3dsMax）的学习打下基础。

　　下篇为天正建筑篇，该软件是AutoCAD在建筑空间平、立面基本框架绘制过程中的经典辅助工具，此篇共分为两章，主要涵盖五个方面的内容：第一，AutoCAD绘图流程和天正建筑平面图绘图流程比较，通过平面图绘制总结出天正建筑流程化、模块化绘图的优势。第二，天正建筑平面图绘制实操，按照天正建筑的绘图流程逐一进行命令讲解和案例练习。第三，天正建筑立面图绘制练习，天正建筑绘制的图纸本身兼具二维平面和三维模型两种属性，通过添加剖面符号即可将平面图转化成立面图，省去AutoCAD中需对照平面图绘制立面框架的烦琐过程，同时与源泉工具箱的使用进行比较，从中掌握多种立面图的输出方法。第四，二维图纸和三维模型输出，相比较AutoCAD在模型和布局空间的打印方式，天正建筑的操作步骤更为简洁，更便于在PhotoShop中进行后期处理，并且还可以直接输出三维模型，在SketchUp、3dsMax等三维建模软件中实现进一步编辑。第五，综合AutoCAD和天正建筑各自的绘图优势，在天正建筑软件的辅助下绘制出建筑原始图纸，结合AutoCAD在图层编组管理、静态和动态图库使用、图案填充及自定义打印样式方面的技巧，系统性学习居住空间彩色家具平面布置图纸的完整输出流程。

　　为了保证书籍的整体质量，同时让本书内容比较通俗易懂。案例操作过程的绝大部分图片内容均为编者根据课程教学和项目实践经验进行制作，并适当进行引注分析。为了提升教材的行业应用性，部分章节引入了比较规范的行业项目资源，在此表示感谢。

关于教材使用和专业软件学习的建议

1. 从单击命令图标到灵活使用快捷方式，从模仿步骤到自主绘图

初学时可能会常使用单击命令图标，当学习一段时间后慢慢转变为使用字母命令的快捷输入方式，使绘图效率大幅度提升。使用本教材时，注意章节内容的学习要完整，尽可能不要尝试跳过看似已经掌握的任何一个练习，需要不厌其烦地重复和循序渐进的积累过程。当对基本绘图和编辑命令掌握后，可以尝试摆脱书中教授的方法。当你觉得这很难时，也请不要放弃，坚持做完，保证这个图纸绘制流程的完整性，以"先做完，再做好"的态度，在比较学习中不断优化自己的绘图思路和操作流程。

2. 注重绘图中图纸尺寸、图层和打印的规范性

首先学会识图，明确绘制的对象名称及基本尺寸是AutoCAD绘图的前提，这一部分一般是在先修课程（人因工程学）中学习，当然也可以即查即用，如门窗的基本尺寸、办公桌的基本长、宽、高等。在绘图过程中不断加强记忆，随身带个卷尺，逐步建立一定的空间尺度感。其次是图层使用和打印输出的规范性，不同类别的图形对象要放置在不同颜色、线宽的图层中。尽可能在布局空间中结合打印设置参数，输出层次分明、标注清晰的图纸。

3. 反复练习任务点，注重场景应用

无论是学习何种类型的实操性软件，最好的方法就是多加练习，所以请耐心把教材中的每个案例任务点做到反复练习，方能熟能生巧，做到触类旁通。教材演示的案例比较注重流程性和绘图思路培养，所以选择的图形较为简单直观，而现实项目案例中遇到的图纸往往相对复杂，所以需要把在教材中学到的有意思的案例操作技巧进行标记，结合自己的理解进行内容扩充，一有机会便将其切实运用到自己的工作和学习中，以此增加学习的成就感。

4. 手绘草图与软件绘图协同运用

能够使用AutoCAD软件绘制平立面图，并不意味着可以去做设计项目。室内设计包含着创新思维方法和材料施工工艺等多项内容，绘图只是快速使想法落地的一种表达方式，在教学过程中发现学生出现了"学会软件就丢了手绘"的想法。设计方案一开始就使用AutoCAD进行平面布置，这往往是不可取的。传统手绘草图的绘制，对于主题概念的抽象形式转化和平面功能气泡图的推演过程是AutoCAD取代不了的。手绘与计算机软件相互配合，结合各自优势，综合应用到室内设计的不同流程中才是比较良性的学习过程。

5. 注重思路的培养和命令逻辑的软件延伸

通过教材学习，你会发现AutoCAD是一个包含丰富的绘图逻辑，能够同时进行二维绘图和三维建模的软件。由此，在AutoCAD二维平面绘图时，就要带有三视图转化和三维空间想象的思维过程。软件命令之间只有命令名称和操作对象维度的不同，基本逻辑和实现流程大致相同，将AutoCAD中的绘图思路和建模逻辑带入到诸如SketchUp、3dsMax、C4D（Cinema 4D）和Blender等三维软件的学习中去，利用比较学习的思维实现"一通百通，一悟千悟"，使AutoCAD成为空间设计和项目创作的有力辅助工具。

目　录

前言

关于教材使用和专业软件学习的建议

上篇　AutoCAD篇

下篇　天正建筑篇

上篇
AutoCAD 篇

扫码获取上篇任务点资料，按照章节编号查找下载对应任务点练习素材，其中.dwg格式文件建议通过AutoCAD2014及以上版本软件打开。

第1章　界面功能及视口命令

本章综述：本章主要通过介绍AutoCAD软件工作空间、界面基本构成模块及功能、开机绘图环境设置、视口及基本操作命令等内容，帮助初学者建立良好的绘图习惯。主要内容从工作空间设置、开机设置、文件管理、视图操作，再到图形管理，并以绘制几何图形作为任务点进行实操练习。在了解AutoCAD软件基本功能的基础上养成良好的文件创建、管理、视口操作和图形选择的习惯，为有关绘图和编辑命令章节的学习打下基础。

思维导图

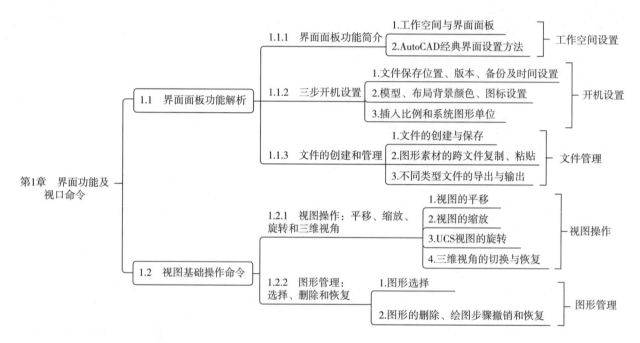

1.1　界面面板功能解析

1.1.1　界面面板功能简介

能力模块

主要面板分区及功能介绍；工作空间类型；经典界面的两种设置方法。

操作界面介绍是软件学习的第一步，通过了解操作界面中不同面板的布局位置及主要功能，确保在之后的章节学习中能够准确找到对应菜单、工具栏或状态栏中的命令。AutoCAD软件被广泛应用在工业制图及服装加工、电子工业和建筑室内工程制图等多个领域，不同领域对AutoCAD软件的使用，除了操作界面基础的菜单和工具栏内容相同外，在命令类型和图纸绘图步骤上有较大差异。本节重点介绍与室内工程制图有关的面板及功能，同时重点讲解在AutoCAD经典界面工作空间的设置和使用功能，方便学习者能够不受软件版本的约束，自如操作与本教材相同的工作空间界面。

1. 工作空间与界面面板

AutoCAD中的工作空间是指由不同工具栏包括标题栏、菜单栏、工具栏、绘图窗口、十字光标、坐标系图标、命令行窗口、状态栏、布局标签和快速访问等功能组件面板组合而成的集合。

如图1-1所示，在AutoCAD的工作空间中，除了草图与注释外，还有三维基础、三维建模和AutoCAD经典界面共四个工作空间。其中，草图与注释工作空间中，用户可以使用绘图、修改、图层、标注、文字、表格等面板进行二维图形的绘制。三维基础和三维建模工作空间中可以设置三维建模、视觉样式、光源、材质、渲染和导航等面板，可使用户执行绘制三维图形、观察三维图形、创建动画、设置光源、为三维对象附加材质等操作。而AutoCAD经典界面是最常用的二维图形工作空间。

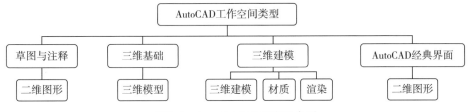

图1-1　AutoCAD工作空间类型

工作空间的切换：首次启动AutoCAD后显示的工作空间界面，一般默认为草图与注释工作空间，本书主要应用AutoCAD经典界面和三维基础两个工作空间，在2014版本软件中需要通过单击软件界面左上角或右下角的工作空间切换图标（齿轮形状）下拉列表，来实现不同工作空间之间的切换。如果是在2022版本中，则需要手动设置或载入插件两种方式实现AutoCAD经典界面的创建和保存。

AutoCAD 经典界面主要功能模块面板（图1-2）自上而下依次为：标题栏，菜单栏，工具栏，视图绘图区，命令行窗口，模型、布局标签和状态栏7个部分，左右两侧是绘图和编辑工具栏。由于界面显示不受软件版本影响，新老用户均可无障碍使用。下面对AutoCAD经典界面的7个功能组件面板进行简单介绍，了解基本位置及功能，具体的功能介绍和拓展使用，将在之后的章节阐述。

（1）标题栏

标题栏位于软件界面正上方的中间部分，通过标题栏能够直观显示当前的软件版本及图形文件名称。首次打开软件时，新文件默认的标题栏名称为"Drawing1.dwg"的文件，此时的文件需要进行保存（快捷键"Ctrl+S"），当指定新文件的保存位置以及重新命名文件名称后，标题栏会显示修改后的文件名称。如果想在标题栏显示文件完整的保存路径，可以在"选项"（快捷键"OP"）设置面板中的"打开和保存"中勾选"在标题中显示完整路径"。另外，当单击并拖动标题栏时，能够退出界面最大化显示，形成小窗口界面，以便自由移动。

（2）菜单栏

菜单栏位于标题栏下方，属于主要的功能导航区，常用菜单栏功能有：文件、编辑、视图、插入、标注。其中"文件"菜单包含基本的文件保存、另存和打印输出功能，这一部分将在第1.1.3小节展开讲解。"编辑"和"视图"菜单是软件操作的核心部分，除通过单击绘图区两侧的工具条实现相应功能外，在实际绘图过程中，主要依靠输入命令快捷键的方式进行功能切换，这一部分将在第2章和第3章中重点展开讲解。"插入"菜单中可将外部附加的图片作为绘图区蒙描的底图，实现从测绘尺寸照片到电子图纸的转换。"标注"则是解读图纸造型尺寸和施工工艺信息的重要辅助，这部分将在第3.5节中进行重点讲解。

（3）工具栏

工具栏位于菜单栏下方，是显示绘图和编辑工具命令的区域。以本教材中使用的AutoCAD经典界面

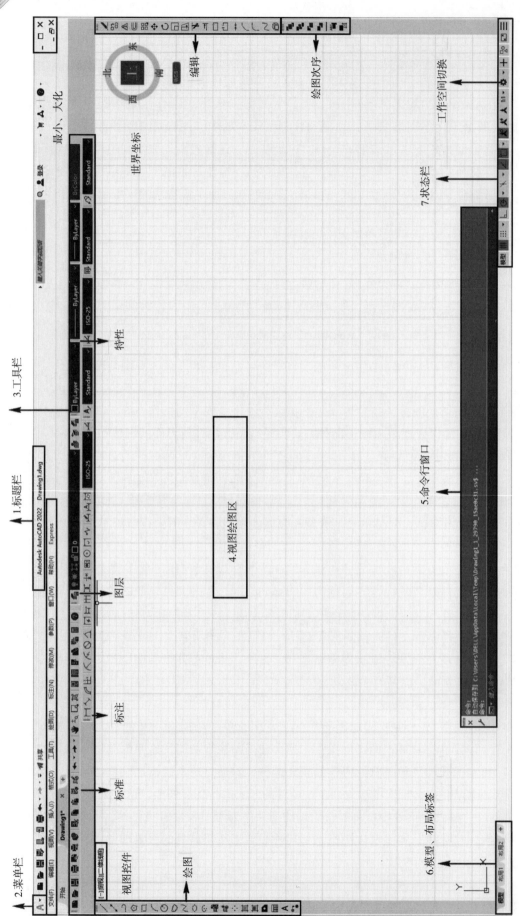

图1-2 AutoCAD经典界面主要功能模块索引

为例，其工具命令包含样式、图层、特性、绘图、修改、绘图次序等。工具栏中不同命令的选择主要通过"工具"菜单下选择"工具栏"后，在AutoCAD栏下进行勾选设置后显示。其中"图层"是AutoCAD图纸绘制需要掌握的重点工具。"图层"主要控制图纸内容的分层显示，例如在建筑平面图绘制中，可以将墙体、门窗、家具等元素设置在不同图层里，设定不同的颜色、线型、线宽加以区别。图层设置能够保证绘图时不同元素之间互不干扰，打印时也可以通过控制图层隐藏或显示来决定是否打印。

（4）视图绘图区

视图绘图区位于界面中部，是AutoCAD查看和绘图功能的主要界面，一般默认只在单一视口中进行绘图。查看图纸时，可从单一视口的左上角视图控件区域，实现正视图（俯、仰、左、右、前、后）和轴测图（西南、东南、西北、东北）的角度切换，同时可以实现二维线框、真实、概念等视觉样式，以适应二维平面图绘制和三维模型观察的需求。

（5）命令行窗口

命令行窗口位于视图绘图区下方，AutoCAD主要采用在命令行输入命令的方式进行绘图。命令的输入、重复和清除：命令行输入对应的图形绘制和编辑命令后，用空格键（或回车键）即可在视图绘图区得到相应的反馈，命令结束后按空格键可再次激活该命令，按"ESC"键能停止或清空当前正在执行的命令。

绘图或编辑命令为比较容易操作，常通过输入快捷键（该命令英文首字母）的方式进行。如果命令之间首字母相同，可通过在命令行输入该命令的前两个字母或前三个字母加以区别，以此类推。如拉伸（Stretch）命令为"S"，缩放（Scale）命令为"SC"；创建点对象（Point）为"PO"，创建多边形（Polygon）为"POL"。也有些命令首字母与其他命令重复过多，选用第二个字母作为命令，例如分解命令（Explode）为"X"。初学者要注重命令行给予的提示，根据提示单击二级命令文字，输入相关数据或输入二级命令字母后按空格键都可以实现操作。一般情况下，单击并拖动命令行显示三行的命令高度，就能够满足基本命令输入和观察的需求。

（6）模型、布局标签

模型、布局标签位于命令行窗口左下方，在AutoCAD中有模型和布局两种空间类型，区别在于绘图比例尺和使用目的不同。模型空间和布局的绘图比例尺都是1:1的实际尺寸，但布局空间还可以利用视口显示模型空间的图纸，并设置如1:1、1:3、1:10、1:100等数值的比例尺。由此，模型空间一般用于图纸绘制，布局空间用于一定图幅和比例尺下的虚拟打印。

行业中比较认可的布局空间的绘图方法：布局空间能够利用视口将模型空间的平面图进行隐藏（通过图层编组隐藏），绘图时可以从布局视口切换到模型空间绘图。其优势在于，一方面可对模型空间任何区域绘制的图纸都能够调用和设定比例，排版比较整齐；另一方面，视口对于平面图中图层的冻结显示或隐藏，往往包含共用的建筑原始图（墙体、门窗）部分，一旦墙体结构发生修改变更，布局空间中所有平面图（尺寸定位，平面布置，地面铺装，顶棚布置，机电点位，顶棚灯具定位，灯具连线图）的视口内容也会同步修改，相比较传统方式需模型空间对多个平面图中的共有墙体一一修改要方便许多。当然，绘图习惯不同，在按照施工图的基本标准绘制基础上，对模型和布局空间的使用方式也会有所不同，两种空间的图纸可以通过"CHS"命令实现切换，这在第6.7节中有详细讲解。

（7）状态栏

状态栏位于界面最下方，包含界面显示和绘图辅助控制的功能按钮，依次是坐标显示区、模型空间、栅格捕捉模式、推断约束、动态输入、正交模式等。通过单击这些按钮（或是以快捷键方式）实现相应功能，达到控制图形或绘图区状态的效果。模型空间的状态栏命令有正交模式（快捷键"F8"）、对象捕捉模式（快捷键"F3"）、动态输入模式（快捷键"F12"）。切换工作空间到布局空间后，主要使用的状态栏命令是调整注释比例数值，以控制视口中图纸显示的比例尺。

2. AutoCAD 经典界面设置方法

在AutoCAD2014版及之前的版本中，工作空间列表都包含AutoCAD经典界面。参照图1-3的操作方式可切换到AutoCAD经典界面，AutoCAD的经典界面能够不受版本更新影响，从2004版到最新的版本（例如本书使用的2022版），一直保留着老版本的菜单布局和工具栏命令，保证其能够符合用户的使用习惯。由于AutoCAD绘图主要采用快捷键操作，可在一定

图1-3　AutoCAD2014版（及之前的版本）中经典界面的切换

程度上摆脱界面布局对命令使用的影响。随着版本的更新，AutoCAD也会对既有命令进行内容更新和使用方法上的拓展，同时增加新的、更加便捷的命令，需要在学习过程中不断进行补充精进。

在2015年以后的AutoCAD版本中没有经典界面工作空间，需要手动设置出AutoCAD经典界面并保存，方便下次打开软件后进行工作空间的切换和调用。经典界面工作空间的设置分为手动和载入插件两种方式，具体步骤如下：

（1）手动方法步骤

步骤一：显示菜单栏。打开软件后默认工作空间为"草图与注释"，如图1-4所示，在AutoCAD左上角单击三角形图标，选择"显示菜单栏"选项。

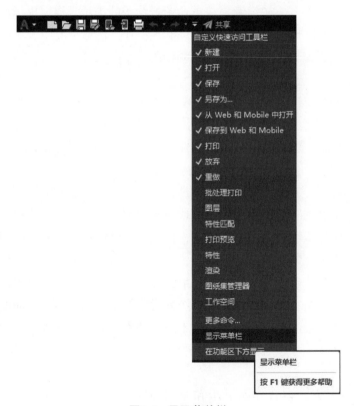

图1-4　显示菜单栏

步骤二：取消绘图工具栏。如图1-5所示，在菜单栏中依次单击"工具""选项板""功能区"，以此取消绘图工具栏。

步骤三：设置经典界面工具栏。如图1-6所示，在菜单栏中再次单击"工具"，选择"工具栏"，设置出（右侧显示对号即可）需要在工具栏面板显示的功能按钮，分别为修改、图层、标准、标注、样式、特性、绘图、绘图次序，此时完成显示功能面板的设置，需要将其保存。

图1-5　取消绘图工具栏　　　　　　　　　　　　　　图1-6　设置显示功能面板

步骤四：工作空间的保存。如图1-7所示，单击工作空间切换按钮（齿轮图标），选择"将当前工作空间另存为"，命名为"AutoCAD经典界面"，再次开启软件就可显示该工作空间并可以进行切换。

（2）利用插件进行AutoCAD经典界面的设置步骤

AutoCAD插件格式通常为.lsp或.vlx格式，加载插件的方法如图1-8所示，在命令行输入"Applode"后按空格键，找到"CAD恢复经典界面.lsp"的文件路径位置双击进行加载。当面板提示加载成功时，即是生成了AutoCAD经典界面的工作空间，此设置方法较手动设置要方便许多。

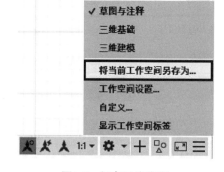

图1-7　保存工作空间

在操作AutoCAD的过程中会应用到一些辅助性插件，插件的类型包含模板性质类的，如AutoCAD

经典界面、图库素材、图层样板、图案填充；另一种属于绘图和编辑命令层面的，如海龙工具箱、源泉工具箱，这类工具箱能够极大提升绘图、编辑、标注、打印等流程的效率，实现类似于一键生成立面、一键布局家具、一键快速标注、一键标注面积等操作。

补充：AutoCAD界面的默认初始设置：如果当前的界面面板布局过于混乱，想恢复到安装时的默认值状态，可以通过计算机桌面Windows的"开始"按钮，找到AutoCAD2022文件夹下的"将设置重置为默认值选项"，选择"备份并重置"，或直接单击"重置"，重置完成后再次打开软件即可，恢复原始界面状态。

图1-8　.lsp格式插件加载面板

本节任务点:

任务点1：掌握AutoCAD工作空间切换的操作，从草图与注释到三维建模，再尝试切换回草图与注释。

任务点2：利用手动和插件两种方式设置AutoCAD经典界面。

1.1.2　三步开机设置

能力模块

开机基本设置；文件备份位置及版本；文件高低版本转化；文件的备份与查找；图标符号大小设置；插件文件的导入；毫米单位设置。

首次使用AutoCAD时除了设置经典界面工作空间外，还需要针对文件保存位置、版本、备份及时间；模型、布局背景颜色、图标设置；插入比例和系统图形单位三部分进行设置，简称为"三步开机设置"，主要在"选项"菜单面板中进行设置。

打开"选项"设置的方式有两种：可以在绘图区右击选择最下方的"选项"按钮，也可以在文件按钮下找到右下角的"选项"按钮，同样可以通过命令"OP"快速打开选项设置菜单。

1. 文件保存位置、版本、备份及时间设置

（1）系统缓存文件位置查看和格式修改

AutoCAD在创建和绘图过程中会生成系统缓存文件（格式为.sv$）。输入命令"OP"后会显示选项设置菜单，如图1-9所示，在"文件"菜单栏下，打开自动保存文件位置，能够看到系统缓存文件的保存位置，通常情况下位置为：C:\Users\DELL（根据计算机品牌而定）

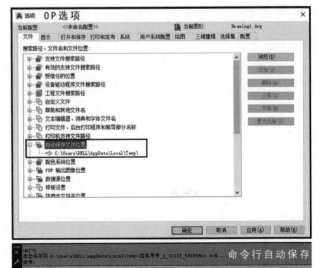

图1-9　自动保存文件位置及文件格式修改

\AppData\Local\Temp\。在文件未保存的情况下发生文件错误时，可根据缓存文件的保存位置（可在计算机地址栏输入"%temp%"再按回车键），根据.sv$后缀格式文件的修改时间来获取缓存文件，将后缀".sv$"修改成".dwg"后可以正常打开。

（2）备份文件和格式修改

在"打开和保存"菜单栏下，勾选"每次保存时均创建备份副本"选项，即能够在AutoCAD图纸所在的文件夹中每隔一段时间（通常为10分钟，可修改）生成备份文件（格式为.bak）。如果图纸出现错误无法打开，如图1-10所示，可以将备份文件的后缀".bak"修改为".dwg"后就可正常打开。

图1-10 自动备份文件勾选及文件格式修改

补充：如何关闭AutoCAD中的.bak备份文件。

1）选择工具菜单选项，选打开和保存选项卡，再在对话框中将"每次保存时均创建备份副本"前的对钩去掉。

2）也可以用命令ISAVEBAK，将ISAVEBAK 的系统变量修改为"0"（系统变量为 1 时，每次保存都会创建.bak格式的备份文件）。

（3）低版本储存

在"打开和保存"菜单栏下，在"文件保存"菜单的"另存为"处，如图1-11所示，将当前的高版本切换成AutoCAD2007的低版本，这样每次保存都能以低版本覆盖源文件进行储存，保证2007版本以上的AutoCAD都能打开当前的文件。如果遇到高于自身版本打不开的AutoCAD文件时，可利用外部插件版本转换器（如Acme CAD Converter），转换成低于自身软件版本（通常为2007版）后即可打开。

（4）自动保存时间设置

如图1-12所示，在"打开和保存"菜单栏下，在"文件安全措施"菜单的"自动保存"处，设置保存时间为5~10分钟，也可选择默认的10分钟。

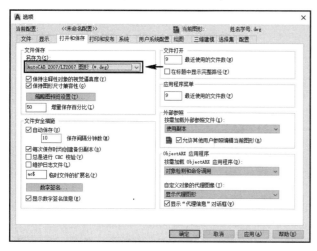

图1-11 文件自动低版本保存设置　　　　**图1-12 文件自动保存时间设置**

2. 模型、布局背景颜色、图标设置

（1）模型、布局背景颜色设置

输入命令"OP"后，在"显示"菜单下，取消勾选"布局元素"中的"显示图纸背景"。接着，单击窗口元素下的"颜色"按钮，按照图1-13和图1-14将二维模型空间中的"统一背景"设置成黑色，同时将"图纸/布局"中的统一背景设置成黑色，单击"应用并关闭"，即可将模型空间和布局空间的背景颜色设置成黑色。

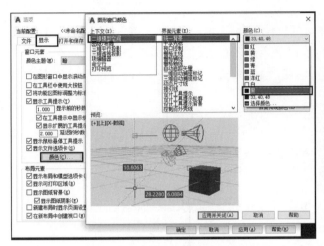

图1-13　模型空间背景颜色设置

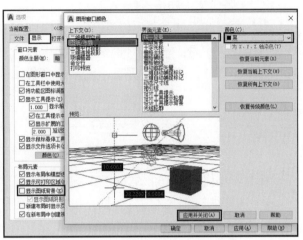

图1-14　布局空间背景颜色设置

（2）图标（十字光标、捕捉标记、拾取框、夹点大小）设置

在"显示"菜单下，如图1-15所示，拖动"十字光标大小"下的滚动条，调整到80%左右。在"绘图"菜单下，如图1-16所示，拖动"自动捕捉标记大小"的滚动条至中间。在"选择集"菜单下，如图1-17所示，拖动"拾取框大小"和"夹点尺寸"的滚动条均至三分之一处。

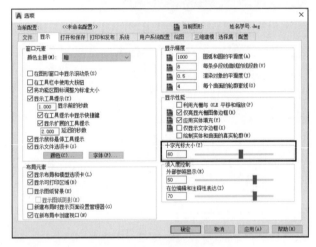

图1-15　十字光标大小设置

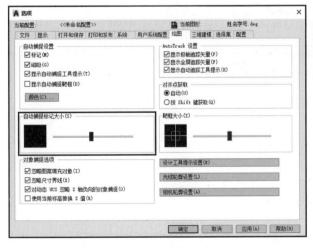

图1-16　自动捕捉标记大小设置

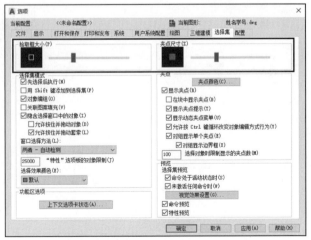

图1-17　拾取框大小和夹点尺寸设置

3. 插入比例和系统图形单位

（1）插入比例单位设置为毫米

输入命令"OP"后按空格键或回车键确认，在弹出的"用户系统配置"菜单下，如图1-18所示，单击"插入比例"，将"源内容单位"和"目标图形单位"都调整成毫米，当再插入图形时，系统会自动将源文件单位转换成目标单位，即毫米（mm）。

（2）系统图形单位设置为毫米

设置方式如图1-19所示，从菜单栏"格式"下单击"单位"选项（或命令行输入"UN"后按空格键），在弹出的"图形单位"对话框中，将"插入时的缩放单位"下拉窗口中选择"毫米"单位，小数精度通常精确到0。此时，已经完成AutoCAD正式绘图之前系统和界面的基本设置。

图1-18　插入比例单位设置

图1-19　系统图形单位设置

在AutoCAD经典界面工作空间下，通过"选项"（快捷键"OP"）面板下进行绘图空间的三步基础设置，设置一次再次开机后无须重复设置。这个过程主要包含的重要知识点有：一是文件的备份，有两种备份格式；二是转存、系统设置进行低版本文件的存储，方便图纸接收方无障碍查看和编辑图纸；三是单位设置，将其系统单位设置成以毫米（mm）为单位。

本节任务点：

任务点1：按照图1-9~图1-12，进行文件保存位置、版本、备份及时间设置。

任务点2：按照图1-13~图1-17，进行模型、布局背景颜色、十字光标、捕捉标记、拾取框、夹点大小设置。

任务点3：按照图1-18和图1-19，练习插入比例以及进行系统图形毫米单位设置。

1.1.3　文件的创建和管理

能力模块

文件的创建与保存；Acme CAD Converter版本转换器的使用；AutoCAD图形素材的跨文件粘贴、复制；AutoCAD不同类型文件的导出与输出。

1. 文件的创建与保存

2014版本首次打开AutoCAD系统即会创建一个名为"Drawing1.dwg"的文件，通常需要进行保存

（快捷键"Ctrl+S"），指定保存位置和执行文件重命名操作。保存文件时，可在文件名下方调整保存文件的版本，如果在选项设置（快捷键"OP"）中未设定默认的低版本（一般为2007版本）保存，可在此处进行版本调整。

如图1-20所示，2022版本首次打开可以在"开始选项卡"，选择"新建"，选用默认的acadiso.dwt样板文件，即可创建名为"Drawing1.dwg"的文件。同样也需要进行保存（快捷键"Ctrl+S"），指定保存位置，并进行图纸文件重命名。

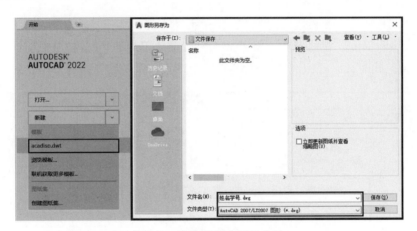

图1-20　保存或创建默认文件

补充：版本转换器的使用。当遇到高于当前使用的计算机软件版本的AutoCAD文件时是打不开的（即低版本软件打不开高版本文件），需要借助Acme CAD Converter插件进行版本转换，降低版本后才能打开文件。具体步骤为：打开转换器插件，单击"文件"菜单，打开高版本AutoCAD文件（此时只可预览，但不能编辑），再次单击"文件"菜单后选择"另存为"，将高版本的AutoCAD文件降低版本（通常情况下选择2007版本）后覆盖原文件，此时即可用低版本软件打开该文件。

（1）打开AutoCAD已有文件

2014版本如果不想在默认创建的文件中进行绘图，可在文件选项卡位置关掉Drawing1.dwg文件，单击"文件"菜单栏中的"打开"按钮（或在命令行输入"Open"），打开已有的文件。2022版本如图1-21所示，可以在"开始选项卡"中，选择"打开"即可打开已有的文件。此时，在软件界面的标题栏能够显示当前文件的保存名称，拖拽"标题栏"能够实现界面面板窗口的缩小和整体移动。

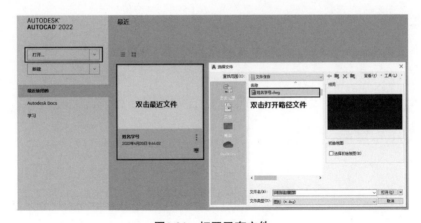

图1-21　打开已有文件

（2）创建新文件

如果不想使用系统自带的初始文件，想重新创建一个新文件，一是可在"文件"菜单栏，单击

"新建"按钮；二是直接使用快捷键"Ctrl+N"进行创建。如果习惯了命令行输入操作的方式，同样也可以采用第三种方法，即通过命令行输入"New"来实现文件创建。

无论使用哪一种方式，都会弹出选择样板的菜单栏，在没有习惯使用素材样板之前，通常会选用默认的acadiso.dwt选项（双击或选择后单击打开）。创建完成后要及时进行文件的保存（快捷键"Ctrl+S"），此时是以覆盖原文件的方式进行文件保存的。如需增加储存文件，需根据如图1-22所示，执行另存为操作，重新指定文件保存路径和文件名称后，在原有文件基础上增加一个新的备份文件。

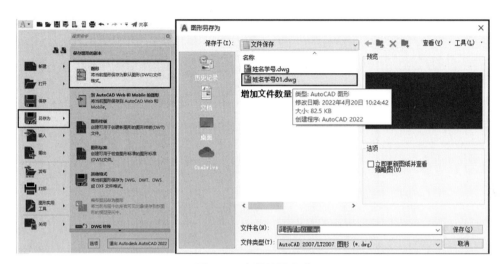

图1-22 文件的另存为

关于新文件的保存位置及命名方式：为方便进行AutoCAD文件的查找和管理，需要将新建文件放置到文件夹中（非在计算机桌面随意堆放），保证备份文件（格式为.bak）产生后会和源文件在同一目标文件夹中。

文件或文件夹需要结合实际进行命名，对于初学者来说，可以以"章节的案例名称（或命令名称）"+"日期"进行命名，例如"文件创建0718"，如需提交作业，命名则为"课程次序"+"姓名学号"，方便教师进行评阅；对于实习生来说，可以以"项目名称"+"设计内容"+"修改方案序号"+"日期"的方式酌情进行命名，例如"高中项目一层第一稿0909"，保证项目有阶段性的备份文件，方便进行检索和修改；对于从业者用于项目预算、指导施工或项目竣工备份的图纸，一般会有自己的完整的项目文件夹体系（表1-1），文件夹和图纸文件的命名应严格按照施工图目录或内容进行命名，方便图纸查找和项目对接。

表1-1 实际项目与施工图相关的文件夹及文件命名示例

文件夹名称	项目名称		
	原始图纸	参照文件	工作文件（文件夹及内部文件内容）
文件名称	建筑底图	1. 图框 2. 图例素材（门窗、铺装、开关插座、标注、索引） 3. 以往相似项目图库素材	1. 表单：封面、目录、设计说明、材料表 2. 平面：尺寸定位、平面布置、地面铺装、顶棚布置、机电点位、顶棚灯具定位、灯具连线图 3. 立面：立面索引的所有立面图 4. 节点大样：顶棚、墙身、地面、固定家具节点 5. 门窗列表：平面中门窗平立面及节点图

在绘图过程中进行文件保存是非常必要的一个环节，一方面是在新建文件时要养成及时保存文件的习惯；另一方面是在绘图过程中要及时进行保存（覆盖原文件）或另存（增加新文件）。另存文件

原则上是按照项目流程绘制到一定的节点进行的文件另存，保证主文件受损后可再次恢复打开备份文件，或是需要查看之前的初稿方案时能够及时找到。当忘记另存文件时，可参照图1-10找到同一目标文件夹下的.bak备份文件进行恢复（将".bak"修改成".dwg"）。当一开始就忘记保存文件，且主文件受损出错打不开时，可参照图1-9找到缓存.sv\$文件进行文件恢复（即将".sv\$"修改为".dwg"）。

2. 图形素材的跨文件复制、粘贴

在AutoCAD制图过程中经常需要将自建文件中的图形素材复制到新建文件中，或将外部素材图形导入到自建文件时，就需要掌握跨AutoCAD图形的复制、粘贴技巧，包含一系列快捷键操作流程："Ctrl+C"复制、"Ctrl+N"新建、"Ctrl+V"粘贴到新建文件，指定图形插入坐标位置（0，0），最后输入命令"Z"、按空格键，再输入命令"A"、按空格键实现粘贴图形在视口中的最大化显示。下面将结合一个图形案例素材演示复制、粘贴过程。

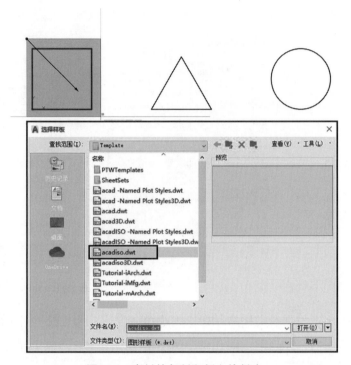

步骤一：图形素材的复制和新文件创建。如图1-23所示，从左上向右下方向，框选自建文件中需要复制的矩形图形后，执行快捷键"Ctrl+C"复制该图形。然后利用快捷键"Ctrl+N"创建一个新文件（选定系统默认的acadiso.dwt样板），选择"打开"后

图1-23　素材的复制和新文件创建

会创建出一个新文件，再指定文件路径及名称，保存文件。

补充：通过命令行输入"W"写块功能，在面板中单击选择对象，模型空间中框选需要另存的图形，指定新的文件名和路径后单击"确定"按钮，即可完成图形文件的快速另存。

步骤二：图形素材的粘贴和指定插入点。只有首次在新建文件插入粘贴的图形素材时，才需要"指定插入点"：在新建文件中执行快捷键"Ctrl+V"进行粘贴，指定图形插入远点坐标位置（0，0）。此时可能看不到粘贴插入的图形素材，需要将图形进行视图最大化显示（输入命令"Z"后按空格键，输入二级命令"A"后按空格键），才能看到图形显示在视口界面中。插入图形的最大化视图显示同样也可以利用双击鼠标滚轮（中轴）来实现。

如图1-24所示，尝试再次从自建文件中复制下一个素材三角形，切换到新文件绘图界面进行粘贴。此时无须指定插入点，可直接能够预览到并指定粘贴素材的位置。注意当连续从一个文件复制其他图形时，需要通过按"ESC"键取消掉之前的选定对象，否则会被重复进行选择和复制。视口最大化的命令行显示如下：

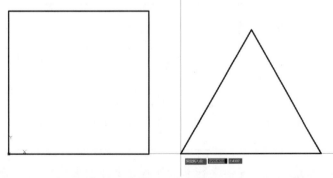

图1-24　素材的粘贴和指定插入点

命令: Z

ZOOM

指定窗口的角点，输入比例因子（nX 或 nXP），或者

[全部（A）/中心（C）/动态（D）/范围（E）/上一个（P）/比例（S）/窗口（W）/对象（O）] <
实时>: a 正在重生成模型。

注意：为方便找到界面中的绘制图形，同时便于后期将AutoCAD图形导入三维软件中进行模型创建，无论是自己创建绘制的AutoCAD图形还是粘贴使用图库素材，尽可能将其放置在绘图界面坐标原点附近。

3. 不同类型文件的导出与输出

作为以二维图形绘制为主的软件，AutoCAD会根据使用需求导出或输出不同的文件格式，既可以提供二维图形样板，在样板中继承图层、标注和文字样式；同样也可以输出三维模型，导入三维建模软件中进行进一步编辑。

（1）导出

导出的文件格式类型主要是根据软件自身或软件对外部关联软件的需要，如需要导出当前文件的图层、标注样板文件，可在"文件"菜单中执行"另存为"命令，在"文件类型"的下拉列表框中有3种格式的图形样板，文件扩展名分别是.dwt和.dws。在一般情况下.dwt文件是标准的样板文件，如图1-25所示，通常将一些规定的标准样板文件导出设成.dwt文件；.dws文件则是包含标准图层、标注样式、线型和文字样式的样板文件。

图1-25 .dwt样板文件的导出

如图1-26所示，本书主要讲授AutoCAD应用于绘制三种类型的图纸：第一种是二维平面图，包含基本的三视图及标注等基本内容；第二种是二维轴测图，适宜进行定制家具的轴测图尺寸表达；第三种是三维建模，可直接利用绘制的二维图形进行模型创建，创建的三维模型可以通过.dwg文件格式直接导入三维软件（SketchUp或3dsMax）中，即可实现模型的二次创作、材质赋予和渲染。当需要将AutoCAD二维平面图形导入三维建模软件建模时，同样另存为.dwg文件格式，注意导入时调整AutoCAD和三维软件单位之间的一致性（如均为毫米单位），否则会导致图形比例失真（一般会被放大10倍）。

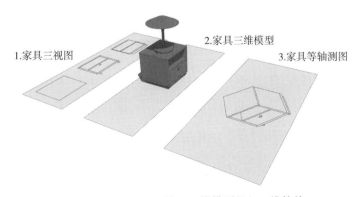

图1-26 AutoCAD二维、三维模型导入三维软件

（2）输出

输出特指为打印输出，主要是指虚拟打印，将模型空间或布局空间中的图纸虚拟输出为可利用图片浏览器打开的图片，常用的输出格式为.JPG和.PDF格式（表1-2）。其中图纸输出打印的图幅大小以及输出比例会根据图纸内容来决定，打印的具体操作步骤会在第6.5节进行具体步骤阐述。

表1-2　AutoCAD虚拟打印的输出格式及特征

输出格式	.JPG	.PDF
特征	常用格式，图片浏览器方便打开	可按照打印图幅输出；可从PDF返回到AutoCAD
缺点	以像素为单位，无法实现打印图纸尺寸输出；尺寸清晰度与线宽往往不匹配	转换成可直接观察的.JPG格式过程较为复杂

注意：①PDF格式文件转化成AutoCAD可编辑文件的方法：在AutoCAD命令行输入"PDFATTACH"，按照文件路径载入PDF文件即可，转化的前提是该PDF本身是由AutoCAD打印输出的；②PDF格式文件转化成.JPG格式图片的方式，可以通过PhotoShop完成，也可以通过PDF编辑器Adobe Acrobat XI Pro来完成。③JPG图片转化成AutoCAD文件的方法，可借助R2V软件导入图片后进行灰度处理后，提取界限明晰的线条处理成.dwg格式文件。

补充：AutoCAD文件传输过程中需要进行打包操作，保证文件在其他计算机中打开时，外部参照、字体文件和格栅图像文件不会丢失。在文件菜单中的"电子传递"中，单击"传递设置"，再单击"修改"，将包含的选项全部勾选后再按"确定"按钮，即可生成AutoCAD关联文件的压缩包文件，打开前注意先将压缩包解压。

本节任务点：

任务点1：按照图1-20 保存默认文件Drawing1.dwg，存放到桌面的新建文件夹（命名为"AutoCAD学习"）中，AutoCAD文件命名方式为"新建文件+日期"。

任务点2：参照图1-23和图1-24的步骤，实现素材的跨文件粘贴、复制。

1.2　视图基础操作命令

1.2.1　视图操作：平移、缩放、旋转和三维视角

能力模块

视图的平移；视图和图形的缩放及最大化显示；图形边界设置；视图的三维角度和视觉样式的切换与恢复。

在学习视图的平移和缩放之前，需要认识到视图平移、缩放的目的是为了观察图形，所以视图平移和缩放，不会对图形自身的位置和大小产生影响。

1. 视图的平移

视图平移的方式有三种：如图1-27所示，最简便的方式是按住鼠标滚轮（中轴），即可实现视图的平移。第二种可以在命令行输入"PAN"，按空格键后，通过按住鼠标左键控制视图平移，按空格键（或右击退出）后可恢复鼠标左键的选择功能。最后一种可以通过"视图"菜单栏中的"平移"按钮或工具栏中的平移图标实现多种模式的视图平移操作，按空格键（或右击退出）后可恢复鼠标左键

的选择功能。

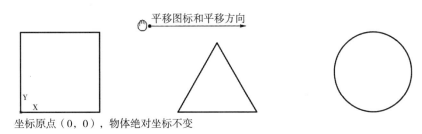

图1-27　AutoCAD视图平移图标显示和平移过程

2. 视图的缩放

（1）绘图区的视图缩放和最大化显示

通过滑动鼠标滚轮能够实现视图的缩放，方便观察全局以及修改图纸局部细节，且通常配合视图的平移（按住鼠标滚轮）一起使用。其中，滚轮缩放相当于使用了快捷命令"ZOOM"。"ZOOM"命令配合二级命令，能够实现"全部绘图区最大化显示"（按快捷键"Z"和空格键，再按快捷键"A"和空格键）、"选择对象最大化显示"（按快捷键"Z"和空格键，再按快捷键"O"和空格键）和"框选窗口最大化显示"（按快捷键"Z"和空格键，再按快捷键"W"和空格键）三种图形放大效果。其具体介绍如下：

绘图区的视图最大化显示，如图1-28所示，执行命令"Z"和按空格键后，执行二级命令按快捷键"A"和空格键，或直接双击鼠标滚轮（中轴），此时即可看到视口界面中的图形已经最大化显示。视图范围的大小由视图中所有图形的总边界决定。如果视图最大化后发现图形仍然较小，说明图形边界过大，或者边界附近有多余的图形，可框选删除（或按"Delete"键）后再次进行绘图区的最大化显示操作。

图1-28　整体图形的视图最大化显示

（2）单个图形和窗口范围的视图最大化显示

绘图区视图的缩放，一般是按住鼠标滚轮（中轴）前后滑动实现放大和缩小，如果要实现一个图形在视图中的最大化显示，也可以参照上述绘图区视图最大化显示的操作逻辑，选定需要视图放大的图形后，按快捷键"Z"和空格键，再执行二级命令，即按快捷键"O"和空格键，如图1-29所示，即可看到选定图形的最大化显示。同样，根据二级命令提示，如果想通过框选窗口的形式实现局部图形的最大化显示，可以在按快捷键"Z"和空格键，再执行二级命令，即按快捷键"W"，按住鼠标右键框选一定范围图形后再按空格键，实现框选窗口范围内的图形最大化显示。

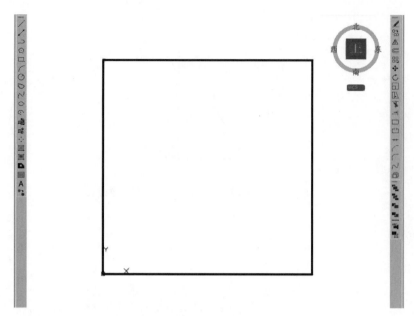

图1-29　选定图形的视图最大化显示

3. UCS 视图的旋转

在AutoCAD世界坐标系（WCS）绘图过程中，对于整体有角度倾斜的图形，在绘制时会比较麻烦，用户可以根据自己的需要设置一个以倾斜线为基准的新的参考坐标系，这个坐标系称为用户坐标系（User Coordinate System），简称为UCS。通过输入"UCS"，就可以根据不同的条件设置用户坐标系，通常有两种方式：①设置新的坐标原点，旋转某个轴向，以某个对象为基准设置坐标系；②以利用三维模型的某个面来定义UCS，方便后续建模。

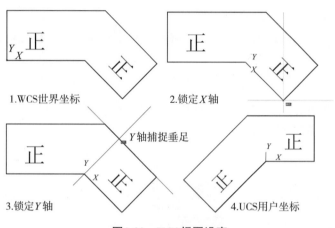

图1-30　UCS视图设定

二维平面图形绘制过程中，通过UCS视图重新指定X和Y轴，实现在新的坐标系绘制图形的目的，适合于带有倾斜角度的室内空间的图纸绘制，临时性将倾斜的空间或造型转正，绘制完成后再恢复到原始的坐标系。

步骤一：UCS视图设定和图形绘制。如图1-30所示，在命令行输入"UCS"后按空格键，在视图中指定基点后重新设定X轴和Y轴，此时会发现背景网格也发生了旋转，会以倾斜线临时重定坐标。在此基础上即可绘制与倾斜线平行和垂直的直线。

步骤二：图形视图转正。命令行输入"Plan"后按空格键，即可将X轴和Y轴倾斜线摆正，如图1-31所示，在此基础上开启正交（快捷键为"F8"）绘制的直线会与原有的倾斜线方向一致，会更加便捷。

步骤三：UCS视图的恢复。遇到不同角度的图纸，可再次调整UCS坐标。绘制完成后在命令行输入"UCS"后按两次空格键，再在命令行输入"Plan"后按两次空格键，如图1-32所示，即可恢复原有的世界坐标系（WCS）。

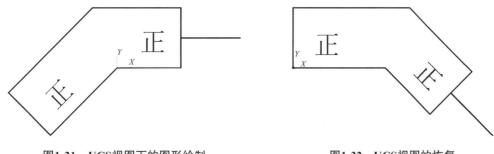

图1-31　UCS视图下的图形绘制　　　　　　图1-32　UCS视图的恢复

4. 三维视角的切换与恢复

在AutoCAD中进行三维建模，需要将模型空间视图切换到透视图角度，同时将视觉样式调整为"概念"样式，这样就可以实时观察到三维实体模型。除了可以建模外，还可以将模型赋予材质，布置灯光并进行初步渲染。当然AutoCAD主要还是用于二维图形绘制，本书中讲到的三维建模部分主要集中在第5章，主要目的是为了掌握基本形体创建的建模逻辑，能够实现简单家具模型的创建，为之后进行三维建模软件（SketchUp或3dsMax）的学习打下基础。

步骤一：三维视角的切换。通常情况下，按住"Shift"键和鼠标滚轮（中轴）即可实现场景从二维向三维视角的切换。随着鼠标滚轮（中轴）的滚动，可以360度旋转视角观察模型，同时也可以松开"Shift"键按住鼠标滚轮（中轴）实现视口的平移操作。

三维视角的切换同样也可以通过单击视图左上角的视图控件，选择西南、东南、东北、西北等轴测选项实现透视图切换，在此基础上按住"Shift"键和鼠标滚轮（中轴），如图1-33所示，可以进行三维模型的观察和模型创建。

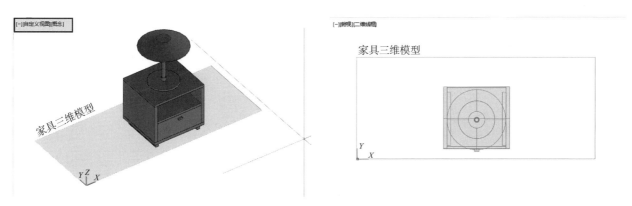

图1-33　三维视角下的模型显示　　　　　　图1-34　三维视角恢复成二维平面模式

步骤二：二维线框样式的恢复。如图1-34所示，在命令行输入"Plan"，再按两次空格键，即可恢复成平面视角。同时需要将界面左上角的视觉样式调整回原来的"二维线框"，才能进行基本二维图形的绘制和编辑。

本节任务点：

任务点1：参照图1-27和图1-28，实现图形文件的视口平移和绘图区的最大化显示。

任务点2：参照图1-29，选择部分图形后实现单个图形和窗口范围的视图最大化显示。

任务点3：参照图1-30~图1-32，实现UCS视图的设定，以及图形绘制和UCS视图的恢复。

任务点4：参照图1-33和图1-34，实现三维视角与二维平面视图之间的切换。

1.2.2 图形管理：选择、删除和恢复

能力模块

图形的多种选择方式；绘图删除、撤销和恢复。

1. 图形选择

点选（默认加选）、框选（左窗口，右交叉；"F"键栏选）和"Shift"键减选（点选或框选）、"Ctrl+A"键全选（"RE"键刷新）和"ESC"键全不选。

选择绘图对象的方式较多，需要根据实际需求灵活做出选择，大致分为以下类型：

（1）点选（加选）、框选（左窗口，右交叉；"F"键栏选）和减选

1）点选（加选）：如图1-35所示，点选的基本对象单元依次为点、线、多段线、面域和图块，连续点选默认为图形加选模式。

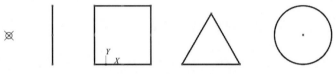

图1-35　点选的对象类型

2）框选（左窗口，右交叉；"F"键栏选）：当需要选择的对象较多，可采用框选方式进行批量对象的加选。在AutoCAD中有从左上角到右下角的"窗口框选"和由右下角到左上角的"交叉框选"两种模式。

①窗口框选：如图1-36a所示，当对象比较独立且完整显示在视图中时，可采用窗口框选模式（也可称为左框选），框选范围显示颜色为蓝色。由于AutoCAD默认加选模式，可多次执行窗口框选，如果多选对象可进行减选操作（即按住"Shift"键进行点选或框选）。

②交叉框选：如图1-36b所示，当需要选择的对象没有完全显示在视图中，或想通过框选部分造型即可选择整体图形时，可采用交叉框选模式（也可称为右框选），框选范围显示颜色为绿色。

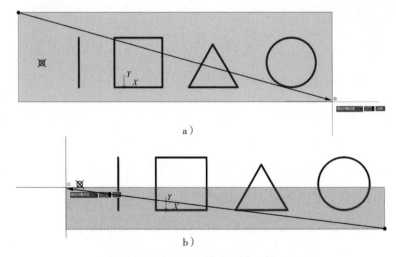

a）

b）

图1-36　左右框选类型的图形模拟对应

③框选过程中的栏选操作：如果遇到选择对象在狭长空间中，利用框选不易直接选定时，可采用框选命令下的二级命令栏选按快捷键"F"键进行操作。如图1-37所示，框选一点范围后命令行输入命令"F"后按空格键确定，即可将矩形的框选模式转化成线状的栏选，与栏选线交叉的图形按空格键

后都会被选定。

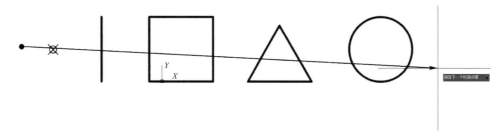

图1-37　左右框选下的栏选命令

　　3）减选：减选操作是在加选对象过多的情况下，按住"Shift"键配合左右框选能够进行图形对象的减选。如图1-38所示，首先全部点选各个对象，然后根据实际需求按住"Shift"键结合点选、框选（左右或栏选）依次减选掉所有对象。

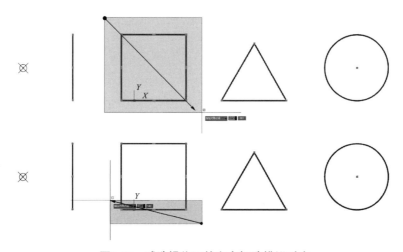

图1-38　减选操作下的左右框选模拟对应

　　（2）全选和全不选

　　当需要全部选择绘图区图形时，只需要快捷键"Ctrl+A"。全部选择对象后，通常可继续执行复制（快捷键"Ctrl+C"）、剪切（快捷键"Ctrl+X"）、成块（快捷键"B"）或刷新（快捷键"RE"）操作。其中复制、剪切常用于图形备份或跨文件的图形粘贴。成块是将属于同一图形的各个部分创建成整体可移动的图块，可点选后实现图块整体移动，双击图块进入内部编辑器后可进行内部图形的编辑，包含添加拉伸、旋转、缩放等动态图块的动作属性。

　　存在一种情况，当打开AutoCAD新文件时，带有圆形、圆弧的图形呈现出多边形锯齿状（图1-39a），这属于分段数显示不够。可以通过三种方式进行调整：

　　1）方法一：将对象全部选择（按"Ctrl+A"键）后，执行RE（Redraw）刷新（命令行输入"RE"），即可恢复弧形或圆形的细分和平滑度（图1-39b）。

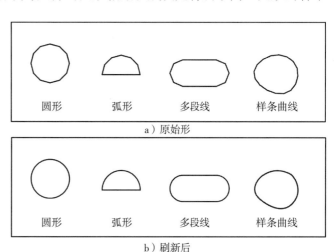

图1-39　全选对象后的刷新操作前后比较

2）方法二：命令行输入"OP"后按空格键，在选项对话框的"显示"选项卡中设置"平滑度"，平滑度的默认设置是1000（有些AutoCAD版本的默认值是100）。如图显示弧形平滑除样条曲线都受到了影响，且当绘图内容较少时，可将分段数调整至20000。

3）方法三：可以通过修改变量，输入命令"WHIPARC"后按空格键确定，默认设置为"0"，如果设置为"1"，圆和弧无论如何放大缩小，都会平滑显示。

2.图形的删除、绘图步骤撤销和恢复

删除主要通过"Delete"键（或命令"E"），恢复删除对象（命令"OOPS"），绘图撤销（快捷键"Ctrl+Z"，快捷键"U"和空格键可一直撤销）、恢复撤销（快捷键"Ctrl+Y"）

（1）绘图删除

当绘图出现错误需要删除部分图形对象时，可选定（点选或框选）图形对象后，通过键盘上的"Delete"键进行删除。或是命令行输入"E"后选择需要删除的图形对象，再按空格键确定即可。当想恢复上一个删除对象时，可在命令行输入"OOPS"后按空格键即可，而且这个命令不会受到之后绘图操作步数的影响，是专门针对误删除对象的恢复操作。

（2）绘图步骤的撤销

绘图完成或在绘图过程中，如果想回到上一个操作图形状态时，需要执行撤销（快捷键"Ctrl+Z"）命令。如果撤销步数过多，可恢复撤销（快捷键"Ctrl+Y"）命令。如果需要多次撤销，可利用命令"U"，可通过一直按空格键撤回到该文件图形绘制的原始状态。

关于图形的快速选择技能补充：通过在命令行输入"QSE"快速选择命令，可利用颜色、图层或线型等因素进行图形对象选择。可以提前框选筛选范围（应用到当前选择模式），也可以勾选"应用到整个模型空间的图形"。

本节任务点：

任务点1：参照图1-35，利用点选进行对象单元类型的选择。

任务点2：参照图1-36和图1-37，利用框选和栏选模式进行对象的加选操作。

任务点3：参照图1-38，结合点选、框选和栏选模式进行对象的减选操作。

任务点4：尝试利用两种删除方式删除对象，并进行撤销和恢复撤销命令练习。

本章小结

通过本章学习，基本了解AutoCAD软件的界面功能区位置及用途，掌握通过三步操作，实现开机的基本系统、界面颜色和图标大小等绘图环境的设置；掌握文件的创建、保存、跨文件复制粘贴，使初学者养成及时保存文件的习惯；结合文件格式的导出和输出，了解AutoCAD软件与三维软件之间的关联性；通过视图操作和图形管理，在了解基本图形单元类型的同时，在软件界面中熟练控制视图和图形选择，为第二章的学习打下基础。

第2章 基本绘图命令

本章综述：本章主要学习AutoCAD软件的基本绘图命令，主要分为点线类、多边形类和圆弧类三种，并结合机械制图和室内家具图形案例进行综合练习。让初学者在了解基本图形类别的基础上养成良好的命令输入、图形绘制习惯，为有关编辑命令章节的学习打下较好的图形绘制基础。

思维导图

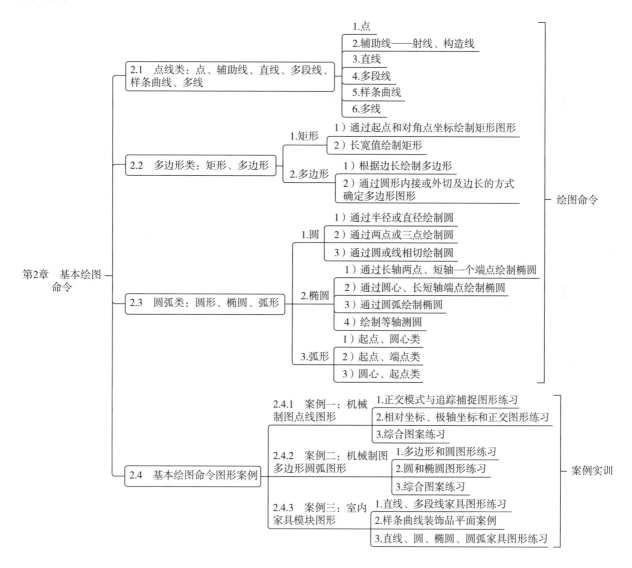

2.1 点线类：点、辅助线、直线、多段线、样条曲线、多线

能力模块

点、辅助线、直线、多段线、样条曲线、多线绘图命令行的快捷键输入；图形绘制的流程；图形

的应用场景拓展。

AutoCAD中绘图命令的执行，主要是通过两种方式：一是通过单击"绘图工具条"中对应的"命令图标"；二是在"命令行"输入"绘图命令"后按空格键（或按回车键），之后再根据命令提示输入距离或半径等数值内容，或输入二级命令实现进一步操作。从绘图习惯和效率来看，输入"绘图命令"的方式更为快捷，所以初学者需要尽快记忆并适应输入"绘图命令"的绘图方式。

在进行单张图形绘制时，通常会给绘图空间设置一个"绘图边界"，方便在边界内找到绘制的图形。绘图边界的命令为"LIMITS"。在命令行输入"LIMITS"后按空格键，根据命令行提示，先输入左下角边界的（X，Y）坐标点，一般是原点坐标（0，0），注意是英文输入法。按空格键后根据命令行提示再输入右上角的角点坐标（按照单张图纸最大尺寸来定），假设为（2100，2970），单位默认是"mm"，也就是设置在2100~2970mm这个矩形范围内进行图纸绘制。如果同时绘制多张图纸，则没有必要设置图形边界。

1. 点

在命令行输入"PO"，即可通过单击绘图区生成"点"图形。要想将点显示在视图中，需要调整点的显示样式。在"格式"菜单中，选取"点样式"（或在命令行输入"PT"或"DDPT"）。如图2-1所示，对视图中点的显示样式进行调整。调整点样式后如果发现点样式过大，可利用鼠标滚轮放大视图图形后，在命令行输入"RE"或"REGEN"后按空格键，实现点样式图形大小的整体刷新。

（1）捕捉模式

为了保证绘图的精确性，AutoCAD提供了对象捕捉功能，设置捕捉对象，如端点、中点、圆心、象限点、交点或最近点等对象后，可准确地捕捉到图形上对应的设置对象，实现高效、精确地绘制图形。具体步骤如下：

1）在命令行输入"OS"，打开"对象捕捉"选项卡，如图2-2所示，可以通过"对象捕捉模式"选项组中的各复选框确定自动捕捉模式，即可使AutoCAD自动捕捉到这些对象；"启用对象捕捉"复选框用于确定是否启用自动捕捉功能；"启用对象捕捉追踪"复选框则用于确定是否启用对象捕捉追踪功能，在多段线命令部分将详细介绍该命令的功能。

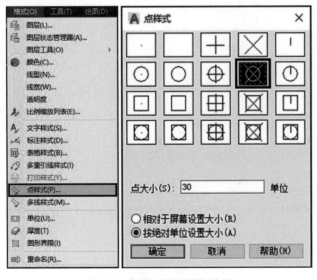

图2-1　点样式的调整和绘制

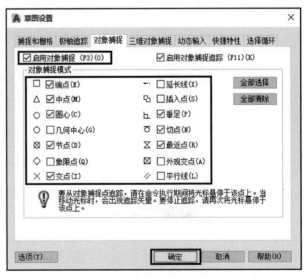

图2-2　对象捕捉的设置面板

2）按"F3"键，启用对象自动捕捉功能后，如图2-3所示，在绘图过程中，当鼠标指针位于自动捕捉模式中设置的对应点附近时，对象上显示出捕捉到相应点的小标签，AutoCAD会自动捕捉到这些点，此时右击捕捉这些点，可作为新图形绘制的起点或端点。

补充：在绘图时，鼠标指针会提供了一个命令界面，以便启用动态输入功能，工具栏提示将在鼠标指针附近显示信息（命令、数量或坐标），该信息会随着鼠标指针移动实现动态更新，以帮助用户不依赖命令行提示而专注于绘图区域。右击状态栏上的"动态输入"按钮或按快捷键"F12"都可以打开和关闭动态输入功能。

（2）点的用途

1）点作为符号在绘图中的作用：通过均分命令（在命令行输入"DIV"）能够在线段上产生均匀的点（设置点样式），可作为图2-4中图形线复制过程中的等分辅助捕捉点。当然，除了利用点样式辅助图形均匀分布，还可以通过偏移（在命令行输入"O"，偏移距离为总长/份数）或复制（在命令行输入"CO"，阵列层级下选择布满）两种方式来完成。

2）点作为图例在绘图中的作用：除了能够作为图形均匀分布的辅助点，点样式还可以作为室内软装图例样式来使用。例如图2-5中，可以更改点样式的形态，作为顶棚布置中的灯具图例。相比导入灯具图块，让点样式自动生成的方式更加快速灵活，适合小户型灯具样式比较单一的情况。

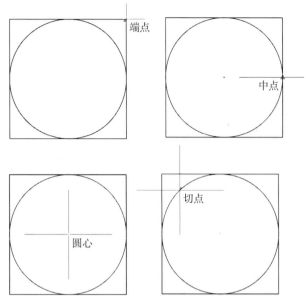

图2-3 对象捕捉绘图显示

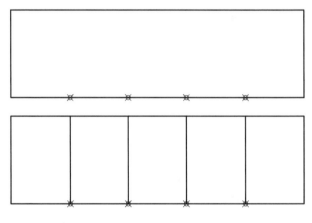

图2-4 点样式的绘图辅助

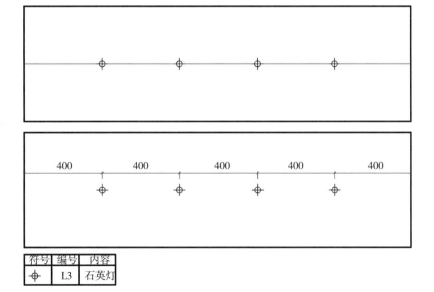

符号	编号	内容
⊕	L3	石英灯

图2-5 点样式的图例表示

2. 辅助线——射线、构造线

射线和构造线的区别：射线是单向无限延伸，构造线是双向无限延伸，两者在AutoCAD绘图中通常作为辅助线使用。例如，在三视图绘制时，可作为不同视图造型之间的延伸辅助线。

1）射线RAY可以根据起点和通过点创建，起点和通过点的位置可采用捕捉点（按"F3"键）辅助完成。射线绘制的步骤：

在命令行输入"RAY"后按空格键，捕捉起点后，依次将端点、中点作为通过点，完成射线图形的绘制。

2）构造线通常作为图形绘制中的辅助线，如利用平面绘制水平和垂直方向的构造线，辅助生成前视图和左视图的边界，同时也可以修剪生成的图形。构造线绘制的步骤：

如图2-6所示，在命令行输入"XL"后按空格键，输入"H"后按空格键可绘制水平构造线，输入"V"绘制垂直构造线，输入"A"绘制指定角度的构造线，输入"B"绘制角平分构造线，输入"O"可绘制偏移构造线。

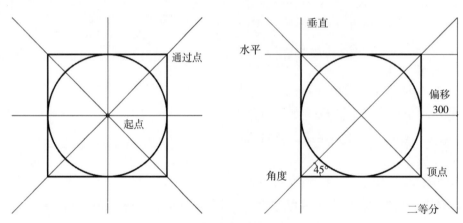

图2-6 射线和构造线

3. 直线

直线是绘图中使用频率最高的图形，在学习直线命令前，先了解绘图空间的两种坐标系以及对应的三种点坐标的输入方式。

（1）绝对坐标系

绝对坐标（相对性）：以原点作为基点，模型空间中的任何一点都有一个唯一的坐标值。此时如需输入绝对坐标，前加上符号"#"（可按"Shift+3"键），绝对坐标输入格式为：（#X，Y）。如图2-7所示，以（#200，200）为例，X、Y坐标的数值正负，与处在以（0，0）坐标原点为中心的象限位置决定。

绝对坐标的数值坐标输入较为烦琐，在动态捕捉开启时（快捷键为F12），坐标的输入默认为相对坐标，通常是AutoCAD图形绘制的基本模式，绘

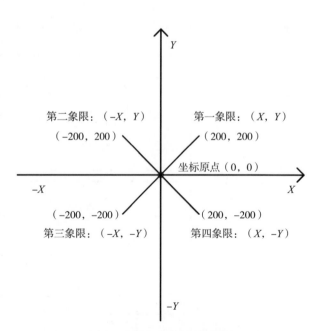

图2-7 象限与点坐标值的正负

图坐标基于上一点产生，而不是基于世界坐标原点（0，0），由此绘图效率得到较大提高。

（2）相对坐标系

1）相对坐标（相对性）：以某点作为参照产生的坐标值，所以相对坐标是变化的。

相对直角坐标：动态捕捉开启后，世界坐标系将变成相对坐标系，点的绘制都是以上一点或某点作为参照来确定的，输入格式为（X，Y），相对坐标在计算和输入上要简单一些。如图2-8所示，A点（200，200）是绝对坐标，而B点的绝对坐标为（400，400），而相对于A点，B点的相对坐标为（200，200）。

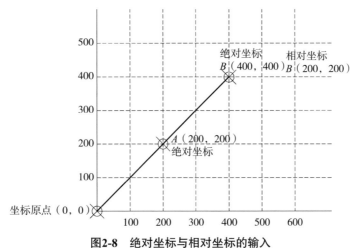

图2-8　绝对坐标与相对坐标的输入

2）极轴坐标：以距离和角度来定位点的位置。逆时针方向角度为正数，顺时针为负数。

在相对坐标模式（动态捕捉开启）下的极轴坐标输入格式为"距离值+'Shift'键+'<'键+角度值"，如图2-9所示，以距离和角度来定位点的位置。以坐标中心和第一象限延长线为0°，向上逆时针方向角度为正数，向下顺时针方向角度为负数。

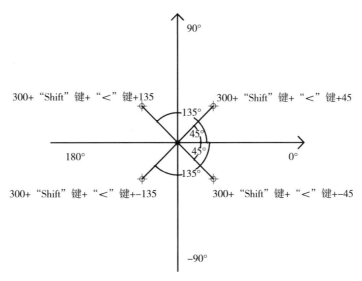

图2-9　相对坐标模式下的极轴坐标输入（正数和负数）

3）相对坐标模式（动态捕捉开启）下的极轴坐标：AB线按照图2-10所示，夹角向下为"-45°"，以A为起点，输入"200"+按"Shift"键+按"<"键+输入"-45"后按空格键，即可完成AB线段的绘制。

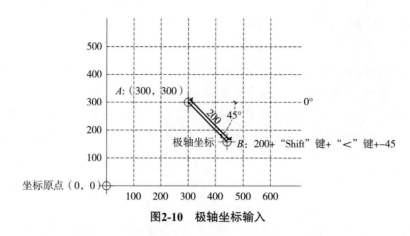

图2-10 极轴坐标输入

补充：如图2-11所示，开启动态捕捉后，默认世界坐标系变成相对坐标系，默认所有点的输入都为相对坐标，如需输入绝对坐标，前加"#"，如点B（#400，400）；关掉动态捕捉后，默认世界坐标系为绝对坐标系，如需输入相对坐标，前加"@"，如点B（@200，200）。通常情况下，为了绘图方便，都是在开启动态捕捉下绘制的，此时，光标处也会同步显示命令及数值输入，使用较为便捷。

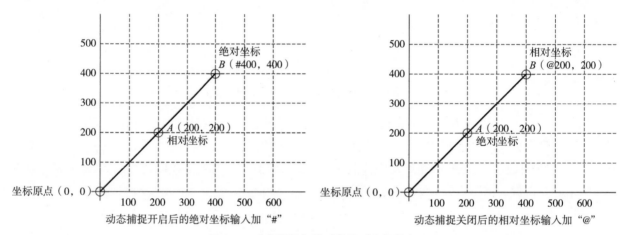

图2-11 动态捕捉与绝对和相对坐标输入

（3）正交模式

如图2-12所示，正交模式打开后（"F8"键可实现开启或关闭），图形绘制能够自动捕捉90°，实现水平或者垂直四个方向，无须输入两个坐标方向上的数值，直接指定垂直方向后输入直线距离即可。正交模式的使用，可以保证所绘制图形的速度和精确度，是AutoCAD中常用的绘图辅助命令。

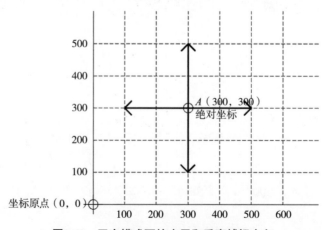

图2-12 正交模式下的水平和垂直捕捉方向

（4）综合练习

下面将三种坐标结合起来进行一整条线段的综合绘制练习，直线绘制的最终效果如图2-13所示，通过一条直线的绘制，学习包含绝对坐标、相对坐标、正交模式下的距离输入和极轴坐标的输入四种直线线段绘制的方法。

1）如图2-14所示，绝对坐标点A（200，200）：绘制A点可在命令行输入"L"再按空格键，指定第一点坐标为坐标原点（0，0），第二点为A点坐标（200，200）。由于A点是相对于坐标原点产生的，既是世界坐标中的唯一绝对坐标值，同时也是相对于原点（0，0）的相对坐标值。

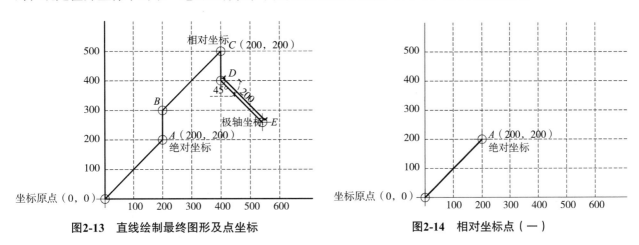

图2-13　直线绘制最终图形及点坐标　　　　　　　图2-14　相对坐标点（一）

2）如图2-15所示，正交模式下的坐标点B：观察B点坐标位置位于A点的垂直方向，距离为100。绘制的方式是以A点作为起点，打开正交模式（按快捷键"F8"），指定垂直向上方向输入"100"后按空格键，然后继续绘制C点。

3）如图2-16所示，相对坐标点C（200，200）：点C绝对坐标为（400，500），相对B点坐标为（200，200）。初次学习时，可针对两种坐标的输入进行比较，会发现直接输入相对坐标（200，200）会更容易一些。

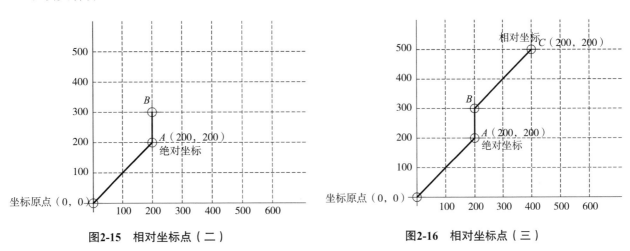

图2-15　相对坐标点（二）　　　　　　　　　　图2-16　相对坐标点（三）

4）如图2-17所示，正交模式下的坐标点D：点D绝对坐标为（400，400），相对点C坐标为（0，-100）。水平或垂直方向的图形绘制可开启正交模式（按"F8"键），指定向下垂直方向输入"100"。

5）如图2-18所示，极轴坐标E的距离为200，角度向下45°，以D为起点，输入"200"+"Shift"键+"<"键+输入"-45"后按空格键，即可完成DE线段的绘制。

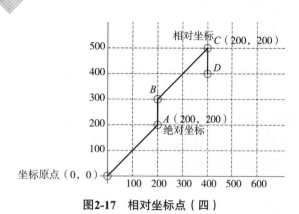

图2-17　相对坐标点（四）

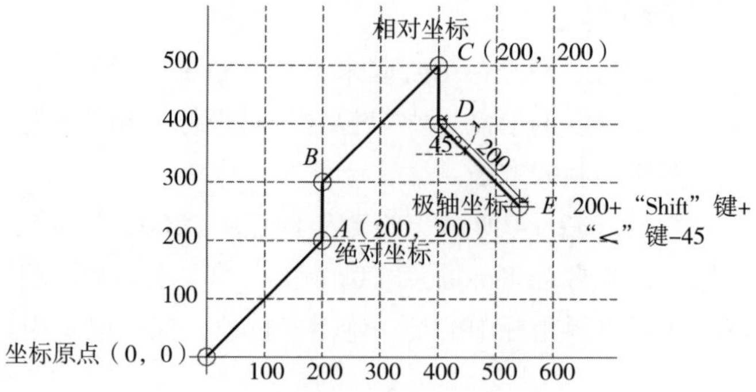

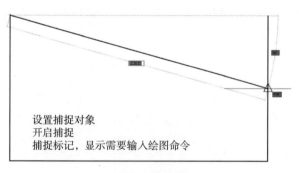

图2-18　相对坐标点（五）

补充：绘制直线时可能存在的问题及其解决方案。

1）捕捉点跳动

现象描述：绘制图形时，十字光标发生跳动。

解决方案：如图2-19所示，按"F8"键关闭捕捉背景栅格。

2）无法显示捕捉点。

现象描述：鼠标指针停留在图形上或附近时，图形上未显示捕捉标记。

解决方案：如图2-20所示，有可能是未开启二维图形捕捉，可以通过按"F3"键进行设置，也可以手动单击状态栏的二维对象捕捉按钮；如果只是部分显示捕捉标记，说明已经开启捕捉，只是没有设置捕捉点，此时可以输入"OS"打开捕捉对象设置面板，进行捕捉点的设置后再进行绘制；另外，也可能是没有输入绘图命令。此种情况也可以参照下述第3个问题的解决办法，临时设定需要的捕捉点。

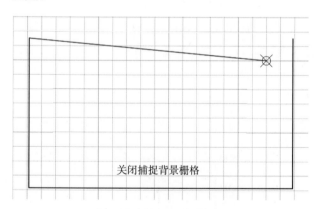

图2-19　关闭捕捉背景栅格

图2-20　显示捕捉点

3）绘图时忘记设定捕捉点，临时设定的方法。

现象描述：在开启二维图形捕捉，进行图形绘制时，忘记开启需要的捕捉点，且不想退出当前图形绘制命令。

解决方案：如图2-21所示，绘图过程中，通过按住"Shift"键，右击选择需要的捕捉点后即可显示对应的捕捉点。临时性的捕捉点设置只是针对当前命令下有效，退出命令后将失效，永久性捕捉设置还是需要通过"OS"命令进行设置。

4）捕捉目标点大小。

现象描述：开启捕捉后，鼠标指针停留在图形布置点上时，自动捕捉标记较小。

解决方案：如图2-22所示，在命令行输入"OP"后，在选项面板中选择"绘图"菜单下设置"自定捕捉标记大小"，向右推拉到1/3处即可。

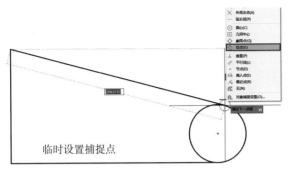

临时设置捕捉点

图2-21　临时捕捉点设置

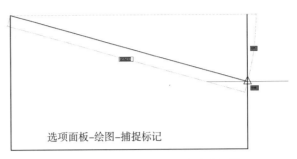

选项面板–绘图–捕捉标记

图2-22　自动捕捉点标记的大小调整

4. 多段线

绘制图形前要对图形的造型和尺寸有足够的了解，观察图形线段是直线还是斜线，斜线是提供了坐标还是角度（决定是用相对坐标还是极轴坐标），以及图形特征，是否闭合（闭合，则可在最后一个点处输入"C"）或对称（可在绘制一半图形后使用镜像命令完成绘制）。先对要绘制的图形有预判再决定选择什么命令进行图形绘制。利用多段线PL可以实现三种图形的绘制：纯直线、直线带圆弧和带线宽的箭头。

（1）纯直线

1）正交开启：观察到图形整体仅由水平和垂直方向的直线构成，每次距离的输入为"200"，选择打开直角方向绘图辅助，即按"F8"键开启正交模式。如图2-23 所示，指定起点后，在指定的水平和垂直方向连续输入"200"。

2）点位置追踪：如图2-24 所示，可以在不输入距离、相对或极轴坐标的情况下，根据已有图形端点的捕捉追踪来确定新绘制直线的端点，也是提升绘图效率的方法之一。

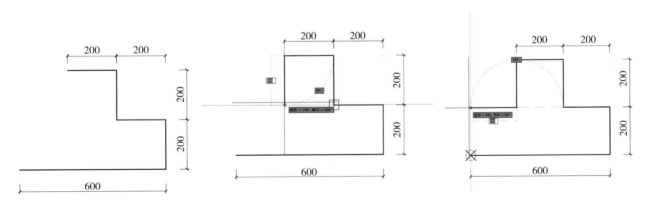

图2-23　正交模式下的线段绘制　　　　　　　　　　图2-24　绘制过程中的追踪辅助

3）C闭合：

图形最终起点和端点如果交接，即实现了图形的闭合。如图2-25 所示，可以通过在命令行输入二级命令"C"来实现。

补充：多段线与直线的区别与转换。

选择多段线时，无论是闭合的，还是未闭合的线条，都会完整选上。而同样步骤绘制的直线，则是分段的需要框选才能完全选择上。在进行面积测量、整体偏移或填充时需要将分段的线合并成完整的多段线，可以采用边界（在命令行输入"BO"）和合并（在

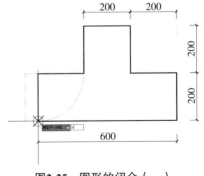

图2-25　图形的闭合（一）

命令行输入"PE"或"J")两种方式:

1)边界命令BO:在AutoCAD经典界面中,单击绘图菜单,找到边界按钮,或是在命令行输入"BO"后按回车键,都可激活边界创建命令面板(图2-26a),单击拾取点后,单击需要闭合和图形内部即可创建一条完整的闭合多段线(默认对象类型为多段线)。创建完成后,生成的多段线与原来的线重合,如图2-26b所示,需要点选多段线后,在命令行输入"M",将其移出。

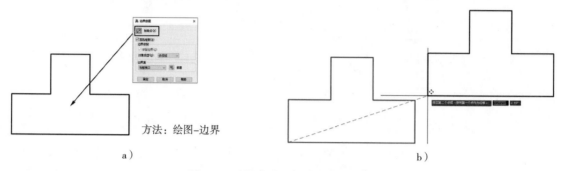

方法:绘图–边界

a)   b)

图2-26 边界多段线生成和移动分离

2)合并命令PE/J:"BO"边界命令针对的是闭合图形的内部边界提取。AutoCAD绘图时,有时要求将未闭合的断线合并成整体图形。另外,边界命令生成的多段线会与原来的线重合,原有的线删除过程较为复杂。如果直接将断线合并成一条完整的多段线,可在命令行输入"PE"或"J":

在命令行输入"PE"后按空格键,选择任意一条断线后按空格键,如图2-27所示,选择合并(按"J"键),框选需要合并的断线后按两次空格键,可将断线合并成多段线。

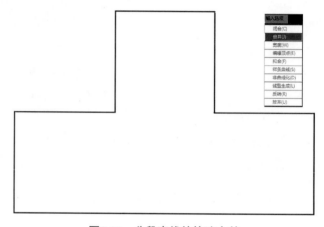

图2-27 分段直线的快速合并

另一方面,可以先选择需要合并的断线后,在命令行输入"J"后按空格键,即可实现断线向多段线的合并。相对来说,这种方法最为方便。

(2)直线带圆弧

1)F8正交开启,绘制直线:如图2-28所示,在命令行输入"PL"后,指定起点,打开正交模式(按快捷键"F8"),输入距离"600"后按空格键,绘制出第一段直线。

2)切换圆弧,绘制弧线:如图2-29所示,根据二级命令行提示,输入"A"后按空格键,切换到圆弧,输入直径"200"后按空格键,完成弧形的绘制。

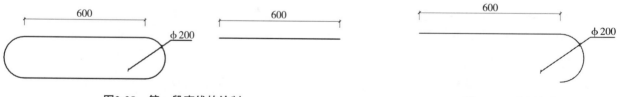

图2-28 第一段直线的绘制   **图2-29 弧线的绘制**

3)切换直线,绘制直线:如图2-30所示,在命令行输入"L",将圆弧切换回直线,输入距离"600"(或端点追踪)按空格键,完成第三段直线造型的绘制。

4）切换圆弧，进行闭合：如图2-31 所示，在命令行输入"A"切换回弧形，此时弧形端点为图形的最后一点，可以捕捉端点绘制，也可直接输入二级命令"CL"闭合，完成图形绘制。

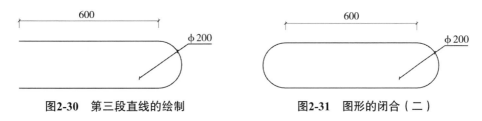

图2-30 第三段直线的绘制　　　　图2-31 图形的闭合（二）

（3）带线宽的箭头

多段线能够通过调整线宽变化来绘制实心箭头图形。首先了解半宽的定义，即为线的宽度的一半数值。当激活线宽命令（快捷键为"H"）后，分别输入起点和端点半宽后，输入距离可实现箭头图形的绘制。

1）设置半宽，绘制直线：如图2-32所示，在命令行输入"PL"后按回车键，指定任意一点作为起点后在命令行输入"H"再按空格键，根据命令行提示输入起点半宽"20"后按空格键，输入端点半宽"20"后按空格键。半宽设置完成后可输入"500"，完成第一段等宽直线。

2）更改半宽，绘制箭头：如图2-33所示，在命令行再次输入"H"后按空格键，重新指定起点半宽"40"后按空格键，输入端点半宽为"0"后按空格键，半宽设置完成后沿水平方向输入"200"后按空格键，完成箭头部分图形，最终图形如2-33所示。

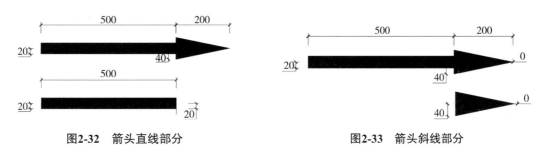

图2-32 箭头直线部分　　　　图2-33 箭头斜线部分

命令行显示如下：

命令: PL

指定起点:

当前线宽为 0.0000

指定下一个点或 [圆弧(A)/半宽(H)/长度(L)/放弃(U)/宽度(W)]: h

指定起点半宽 <0.0000>: 20

指定端点半宽 <20.0000>: 20

指定下一个点或 [圆弧(A)/半宽(H)/长度(L)/放弃(U)/宽度(W)]: 500

指定下一点或 [圆弧(A)/闭合(C)/半宽(H)/长度(L)/放弃(U)/宽度(W)]: h

指定起点半宽 <20.0000>: 40

指定端点半宽 <40.0000>: 0

指定下一点或 [圆弧(A)/闭合(C)/半宽(H)/长度(L)/放弃(U)/宽度(W)]: 200

综合练习：综合命令箭头

通过学习结合使用多段线直线、弧线和箭头三种图形的绘制命令，尝试进行如图2-34所示的综合图形的练习。绘制的思路是：先进行半宽（H）的设定，再绘制由直线（L）转圆弧（A）再转直线

（L）部分，最后改变半宽（H）值绘制箭头部分，即可完成图形绘制，具体步骤如下：

步骤一：如图2-35所示，设置半宽，绘制直线；切换圆弧，绘制弧线。

步骤二：如图2-36所示，切换直线，绘制直线；二次设置半宽，完成箭头绘制。

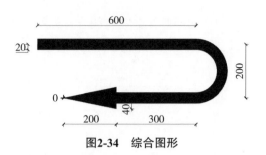

图2-34　综合图形

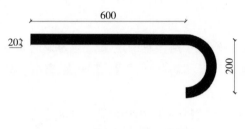

图2-35　半宽设定和直线圆弧转换　　　　图2-36　改变半宽箭头

命令行显示如下：

命令: PL PLINE

指定起点:

指定下一个点或 [圆弧(A)/半宽(H)/长度(L)/放弃(U)/宽度(W)]: h

指定起点半宽 <0.0000>: 20

指定端点半宽 <20.0000>: 20

指定下一个点或 [圆弧(A)/半宽(H)/长度(L)/放弃(U)/宽度(W)]: 600

指定下一点或 [圆弧(A)/闭合(C)/半宽(H)/长度(L)/放弃(U)/宽度(W)]: a

指定圆弧的端点或[角度(A)/圆心(CE)/闭合(CL)/方向(D)/半宽(H)/直线(L)/半径(R)/第二个点(S)/放弃(U)/宽度(W)]: 200

[角度(A)/圆心(CE)/闭合(CL)/方向(D)/半宽(H)/直线(L)/半径(R)/第二个点(S)/放弃(U)/宽度(W)]: L

指定下一点或 [圆弧(A)/闭合(C)/半宽(H)/长度(L)/放弃(U)/宽度(W)]: 300

指定下一点或 [圆弧(A)/闭合(C)/半宽(H)/长度(L)/放弃(U)/宽度(W)]: h

指定起点半宽 <20.0000>: 40

指定端点半宽 <40.0000>: 0

指定下一点或 [圆弧(A)/闭合(C)/半宽(H)/长度(L)/放弃(U)/宽度(W)]: 200

5. 样条曲线

样条曲线是通过多个点控制曲线方向，能够绘制连续性曲线的命令，多用于绘制景观地形等曲线较多的有机造型。操作原理类似于PhotoShop中的钢笔工具，或是SketchUp中的贝兹曲线操作，能够完成开放和闭合两种平滑曲线图形的绘制。下面结合一个地形图的曲线绘制来练习两种样条曲线的绘制。

1）开放样条曲线：如图2-37所示，在命令行输入"SPL"后按空格键，右击指定起点开始绘制，指定第二点时可拉出曲线，以此连续绘制，当绘制结束时可按空格键或右击"确认"按钮来完成。

2）闭合样条曲线：如图2-38所示，闭合的样条曲线类似于卵形，主要操作是在封口上，在命令行输入"SPL"后按空格键，将要完成图形绘制时，输入二级命令"C"闭合，即可完成圆滑闭合的样条曲线。

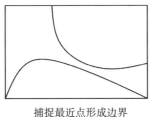  

| 捕捉最近点形成边界 | 开放线条绘制 | 闭合线条绘制 |

图2-37 开放样条线   **图2-38 闭合多段线**

补充：样条曲线转化成多段线，样条曲线的绘制和编辑都是以极少的点控制曲线造型，这样容易进行弯曲图形的绘制和调整。有时需要对样条曲线进行偏移（在命令行输入"O"）操作，偏移后的样条曲线会发现点数增多（图2-39a），调整造型的难度加大，此时可以将样条曲线转化成有明确的点数的多段线，这样可相对容易地进行形态调整和二次编辑。

选择样条曲线后，在命令行输入"Splinedit"后选择"转换为多段线"，设置段数（默认为"10"），段数越少，转化成的多段线平滑度越低，执行偏移命令后的线段点数也不会增加（图2-39b）。

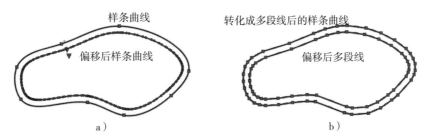

图2-39 样条曲线和转化成多段线后偏移的点数比较

虽然样条曲线能够绘制较为复杂的造型，但仍有一定的局限性，如果想要达到将鼠标画笔同徒手画的效果，可以采用草图（在命令行输入"SKETCH"）命令，如图2-40所示，可以完成类似于景观植物类型的图块。

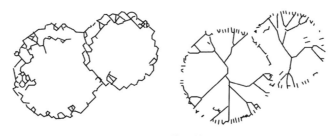

图2-40 草图效果

6. 多线

多线命令能够一次性绘制出两条或多条线段，相当于对多段线执行了偏移命令，因而绘图效率有较大提升，尤其是针对室内墙体及窗户绘制。同时多线还能够执行简单的合并编辑，能够实现室内不同形态交接的墙体之间的合并操作。

（1）多线样式的设置

1）墙体样式：首先进行墙体样式的创建。室内空间墙体的厚度，一般情况下砖墙尺寸外墙厚为240mm，内部墙体厚为180mm、120mm和60mm。在这里，以最常用的240mm外墙厚和120mm内墙厚为例，进行墙体基本多线样式的设置。

如图2-41所示，执行步骤有：在命令行输入"MLstyle"，打开多线样式设置面板，单击标准

"STANDARD"，在此基础上创建新样式"240q"，代表240mm厚的墙体。按照此逻辑，可以在"240q"样式的基础上创建"120q"样式，如图2-42所示，完成120mm厚墙体样式的创建。

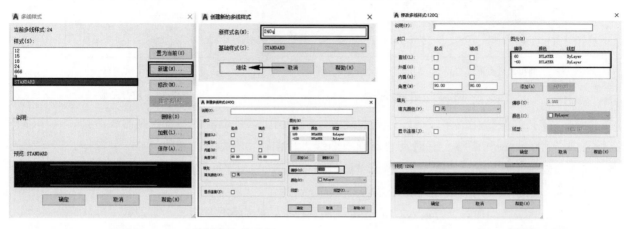

图2-41　240mm厚墙体多线设置　　　　　　　　　图2-42　120mm厚墙体多线设置

注意：如果绘图环境中已经绘制了当前样式的多线，则无法在多线样式编辑器中进行修改操作（修改按钮显示为灰色），要想修改多线的偏移宽度或线的颜色，需要先在绘图区将已经绘制的需要修改样式的多线删除。

2）窗户样式：然后进行窗户样式的创建。窗户多线是在原有墙体的基础上，如图2-43所示，增加两条代表窗户图例宽度（设置为60mm）的线，为了与墙体造型线进行区别，可以在右下角设置两条窗线的颜色为青色（注意不是左侧的填充颜色），同时在左侧面板勾选设置窗户多线的起点和端点使用直线进行封口。

图2-43　240mm厚窗户多线设置

（2）多线墙体窗户绘制

1）对正：设置完墙体和窗户多线的样式后，就可以在多线命令（快捷键"ML"）中引用（二级命令"ST"），引用后的双线需要捕捉轴线进行绘制，对正方式（二级命令"J"）能够决定多线边界与轴网的上、无（居中）、下三种对齐关系。如图2-44所示，通过比较三种对齐关系看出，一般会选择默认的无（居中）对齐方式。

命令行显示如下：

命令: ML

指定起点或 [对正(J)/比例(S)/样式(ST)]: j

输入对正类型 [上(T)/无(Z)/下(B)] <上>: Z

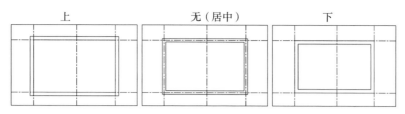

图2-44 上、无（居中）、下三种对齐方式比较

2）比例：根据设置多线样式的尺寸进行比例设置，例如，240mm厚墙体样式中总体厚度设置为24mm，则绘制比例为10（倍），如果是实际1∶1尺寸设置样式，则绘制比例为1。

命令行显示如下：

命令: ML

指定起点或 [对正(J)/比例(S)/样式(ST)]: s

输入多线比例 <20.00>: 1

3）墙体、窗户绘制。

240mm厚墙体样式命令行显示：

命令: ML

指定起点或 [对正(J)/比例(S)/样式(ST)]: st

输入多线样式名或 [?]: 240q

当前设置: 对正 = 上，比例 = 20.00，样式 = 240Q

如图2-45所示，捕捉轴网交点，逆时针方向完成240mm厚墙体的绘制。

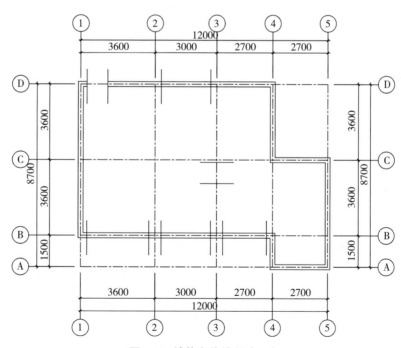

图2-45 墙体多线绘制（一）

240mm厚窗户样式命令行显示如下：

命令: ML

指定起点或 [对正(J)/比例(S)/样式(ST)]: st

输入多线样式名或 [?]: 240C

当前设置: 对正 = 无，比例 = 1，样式 = 240C

如图2-46所示，捕捉轴网完成240mm厚窗户的绘制。

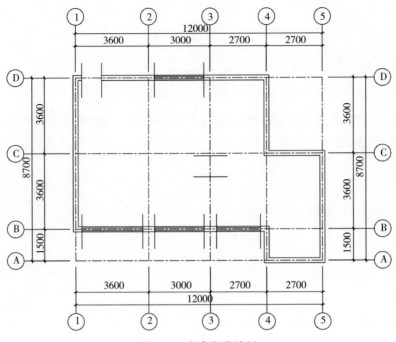

图2-46　窗户多线绘制

120mm墙体样式命令行显示如下：

命令: ML

指定起点或 [对正(J)/比例(S)/样式(ST)]: st

输入多线样式名或 [?]: 120Q

当前设置: 对正 = 上，比例 = 20.00，样式 = 120Q

如图2-47所示，捕捉轴网完成120mm厚墙体的绘制，输入命令"PL"后，参照图2-48完成门的绘制，同时指定起点、圆心和端点来完成圆弧，完成门的绘制。

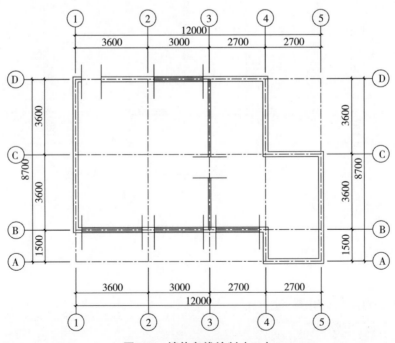

图2-47　墙体多线绘制（二）

（3）多线墙体的编辑

类似于绘图编辑命令里的圆角命令（R半径为0时）能够实现转角线的接口操作，多线自带的编辑器命令（命令行输入"MLEDIT"），能够实现转角合并、T形合并和十字合并三种基本操作。

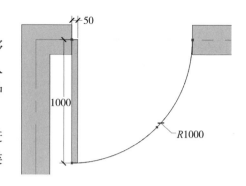

图2-48 门的绘制

通常情况下，墙体绘制过程中不同厚度的墙体绘制需要进行二次编辑，主要集中在转角合并、T形合并、十字合并三种类型。如图2-49所示，完成墙体的剪切。

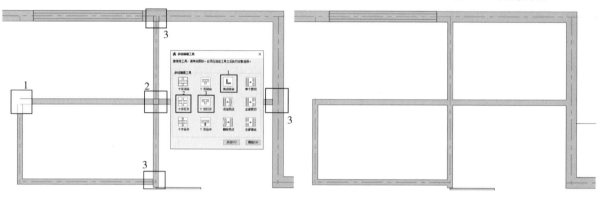

图2-49 多线墙体编辑

在掌握墙体编辑命令基本类型后，进一步完善墙体图形，最终效果如图2-50所示。

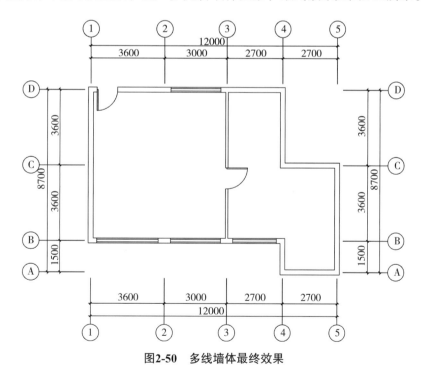

图2-50 多线墙体最终效果

本节任务点：

任务点1：参照图2-1所示的点样式的调整和绘制，设置捕捉后进行点的绘制。

任务点2：参照图2-6，进行射线和构造线的绘制。

任务点3：在了解绝对坐标、相对坐标和极轴坐标后，参照图2-14~图2-18所示步骤绘制直线，最终效果如图2-13所示。

任务点4：参照图2-23~图2-25，进行纯直线的绘制，同时掌握捕捉追踪技巧。

任务点5：参照图2-26和图2-27，掌握将直线转化成多段线的技巧。

任务点6：参照图2-28~图2-31，进行多段线直线与弧线的转换。

任务点7：参照图2-32和图2-33，进行多段线箭头的绘制。

任务点8：在熟练掌握多段线绘制的三种方法后，参照图2-35和图2-36，尝试绘制图2-34的综合箭头图形。

任务点9：参照图2-37和图2-38，绘制地形图案。

任务点10：参照图2-41~图2-43，学会设置不同规格的墙体及窗户样式。

任务点11：参照图2-45~图2-48，捕捉轴网，依次绘制墙体、窗户及门。

任务点12：参照图2-49中的编辑方法，完成如图2-50所示的多线墙体最终效果。

2.2 多边形类：矩形、多边形

能力模块

矩形、多边形图形命令行的快捷键输入；图形绘制的流程；图形的应用场景拓展。

1.矩形

矩形图形的绘制可以利用直线或多段线通过相对坐标的输入进行绘制，也可以在正交模式下进行绘制，可以尝试用这两种方法绘制边长1000mm的矩形，可发现虽然能够绘出图形，但步骤较多。

利用矩形命令绘制图形要相对直线和多段线的方式简单一些，矩形图形主要通过两种方式：一种是指定第一点后，输入对角点坐标的方式确定图形（图2-51）；另一种是通过设定矩形的长宽值来确定图形（图2-52）。

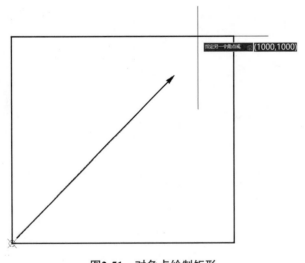

图2-51　对角点绘制矩形

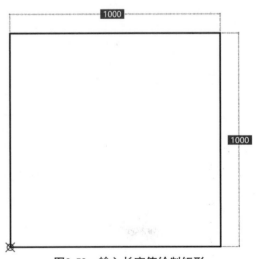

图2-52　输入长宽值绘制矩形

1）通过起点和对角点坐标绘制矩形图形。命令行显示如下：

命令：REC

指定第一个角点

指定另一个角点: @1000,1000

2）长宽值绘制矩形。指定辅助点作为起点后，分别输入长度和宽度数值后，单击放置图形即可完成绘制。命令行显示如下：

命令: REC

指定第一个角点

指定另一个角点或 [面积(A)/尺寸(D)/旋转(R)]: d

指定矩形的长度 <10.0000>: 1000

指定矩形的宽度 <10.0000>: 1000

2. 多边形

如图2-53所示，AutoCAD中，通过边数（分段数）的设定可以实现三角形、矩形、多边形和圆形等多种图形的绘制。多边形绘制既可以通过边长确定图形，也可以结合圆作为边界辅助图形，通过与圆内接或外切来绘制。

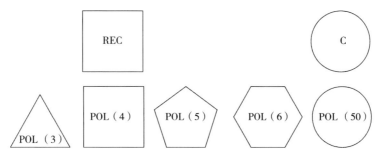

图2-53　不同分段数的多边形

1）根据边长绘制多边形。利用边长绘制多边形如图2-54所示，在命令行输入"POL"，指定边数为3，捕捉辅助点作为起点后，输入二级命令"E"再按空格键，捕捉辅助点后在正交模式下指定水平方向输入边长"500"后按空格键，即可创建边长为500mm的三角形。命令行显示如下：

命令: POL

POLYGON 输入侧面数 <4>: 3

指定正多边形的中心点或 [边(E)]: e

指定边的第一个端点: 指定边的第二个端点: 500

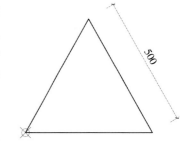

图2-54　边长为500mm的三角形

2）通过圆形内接或外切及边长的方式确定多边形图形。如图2-55所示，设定辅助圆的半径为100mm（捕捉圆图形的象限点），进行内接三角形、外切六边形绘制，最后的五边形是通过捕捉边长进行绘制的。

内接三角形命令行显示如下：

命令: POL

POLYGON 输入侧面数 <3>: 3

指定正多边形的中心点或 [边(E)]:

输入选项 [内接于圆(I)/外切于圆(C)] <I>: I

指定圆的半径:

外接六角形命令行显示如下：

命令: POL

POLYGON 输入侧面数 <3>: 6

指定正多边形的中心点或 [边(E)]:

输入选项 [内接于圆(I)/外切于圆(C)] <I>: C

指定圆的半径:

捕捉边长五边形命令行显示:

命令: POL

POLYGON 输入侧面数 <6>: 5

指定正多边形的中心点或 [边(E)]: e

指定边的第一个端点: 指定边的第二个端点:

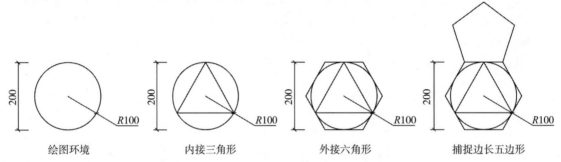

绘图环境   内接三角形   外接六角形   捕捉边长五边形

图2-55　半径为100mm圆的内接和外接多边形

本节任务点：

任务点1：参照图2-51和图2-52，用两种方法绘制矩形。

任务点2：参照图2-54，根据边长进行绘制多边形的练习。

任务点3：参照图2-55，用内接和外切圆的方法创建多边形。

2.3　圆弧类：圆形、椭圆、弧形

能力模块

　　圆形、椭圆、弧形图形命令行的快捷键输入；图形绘制的流程；图形的应用场景拓展。

　　1. 圆

　　1）通过半径或直径绘制圆。如图2-56所示，在命令行输入"C"，捕捉辅助点作为圆心后，默认命令为半径值输入，输入"250"后按空格键。除了半径输入外，也可以在输入"C"绘制圆命令后，再次输入二级命令"D"，切换到直径，输入"500"后按空格键。

　　2）通过两点或三点绘制圆。如图2-57所示，在命令行输入"C"，再输入二级命令"2P"后按空格键，分别捕捉两个点生成圆。再次按空格键后，输入二级命令"3P"后按空格键，可以捕捉三个点生成圆。

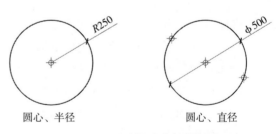

圆心、半径   圆心、直径

图2-56　通过半径或直径绘制圆

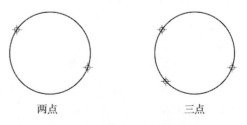

两点   三点

图2-57　通过两点或三点绘制圆

3）通过圆或线相切绘制圆。如图2-58a 所示，在命令行输入"C"，再输入二级命令"T"后按空格键，通过捕捉圆的切点后以输入半径的方式创建圆，两个切点的位置决定了最终生成圆的位置。

2022版本的AutoCAD在草图与注释工作空间中，右击圆图标后的第五种方法，即相切、相切、相切，原理类似于通过三点生成圆，右击图标后分别捕捉三条直线会生成与之相切的圆形（图2-58b）。

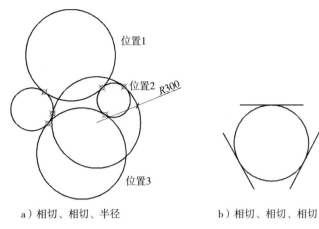

a）相切、相切、半径 b）相切、相切、相切

图2-58 通过圆或线相切绘制圆

2. 椭圆

1）通过长轴两点、短轴一个端点绘制椭圆。如图2-59所示，在命令行输入"EL"，先捕捉长轴起点和端点，再根据命令提示捕捉短轴端点，完成依据轴端点确定椭圆的绘制。

2）通过圆心、长短轴端点绘制椭圆。如图2-60所示，在命令行输入"EL"，再次输入二级命令"C"，先捕捉中心点后，再依次拾取长轴右侧和短轴上部的端点，完成依据中心点和长短轴端点确定椭圆的绘制。

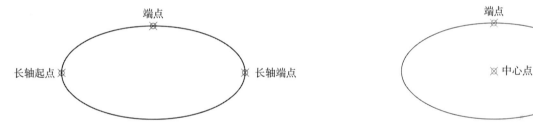

图2-59 长轴两点、短轴一个端点绘制椭圆 **图2-60 通过圆心、长短轴端点绘制椭圆**

3）通过圆弧绘制椭圆。在草图与注释工作空间中，右击椭圆图标，再右击"椭圆弧"按钮。如图2-61所示，分别捕捉圆弧的两个端点，输入短轴的半轴长度"100"，指定圆弧角度或再次捕捉两个端点作为圆弧范围。

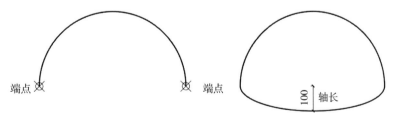

图2-61 通过圆弧绘制椭圆

4）绘制等轴测圆。等轴测图中的圆是倾斜且带透视角度的，无法直接用圆来绘制，需要利用椭圆中的"绘制圆"命令来完成，关于等轴测图的绘制将在第3.7小节中具体展开讲解。

首先需要将坐标系切换到等轴测坐标，输入命令"DS"，将捕捉类型修改为"等轴测捕捉"。按快捷键"F5"将视图调整为等轴测平面俯视角度。然后绘制等轴测中的圆形，如图2-62所示，在命令行输入"EL"后，输入二级命令"I"，捕捉等轴测图中的圆心，再捕捉半径，完成等轴测图中的圆形绘制。

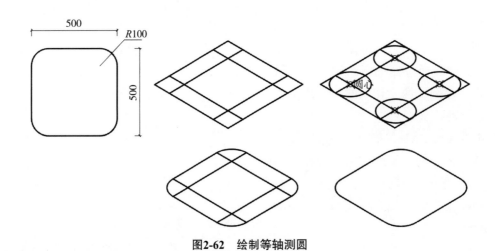

图2-62　绘制等轴测圆

3. 弧形

弧线绘制一般可通过连续捕捉三个点生成，也可以通过捕捉起点、终点、圆心配合输入角度进行绘制，其方法大致分为三类。

1）起点、圆心类。利用起点和圆心绘制弧形如图2-63所示，在命令行输入"A"，捕捉起点后，输入二级命令"C"按空格键后捕捉圆心，然后根据命令提示捕捉端点，或捕捉完圆心后输入三级命令"A"设置角度，或输入三级命令"L"切换到弦长，输入弦长数值"300"后按空格键生成圆弧。

图2-63　起点、圆心类弧形

2）起点、端点类。利用起点和圆心绘制弧形如图2-64所示，在命令行输入"A"，捕捉起点后，输入二级命令"E"按空格键后捕捉端点，输入三级命令"A"设置角度（120°），或捕捉起点和端点后输入三级命令"D"切换到相切方向，或是输入三级命令"R"，输入半径值"250"生成弧形。

图2-64　起点、端点类弧形

3）圆心、起点类。利用圆心和起点绘制弧形如图2-65所示，在命令行输入"A"，捕捉起点后，输入二级命令"C"按空格键，捕捉圆心后，可以通过捕捉起点和端点生成弧形，也可以捕捉圆心和起点后，输入二级命令"A"设置角度（120°），或输入二级命令"L"切换到弦长，输入弦长数值"300"后按空格键生成圆弧。

图2-65　圆心、起点类弧形

本节任务点：

任务点1：参照图2-56~图2-58，掌握圆形绘制的方法。

任务点2：参照图2-59~图2-61，掌握椭圆形绘制的方法。

任务点3：参照图2-62，基本了解等轴测图中圆形的绘制方法。

任务点4：参照图2-63~图2-65，掌握弧形绘制的方法。

2.4 基本绘图命令图形案例

2.4.1 案例一：机械制图点线图形

能力模块

绝对坐标，相对坐标，正交模式，极轴坐标命令；图形绘制命令的选择及组合；图形绘制的先后关系。

1. 正交模式与追踪捕捉图形练习

绘图思路：首先观察图2-66，整体形态以水平、垂直方向的直线构成。由此首先想到打开正交模式（快捷键"F8"），同时图形在等高、等长部分适当利用追踪捕捉，结合闭合命令完成图形绘制。

1）正交模式下的距离数值输入。捕捉起点后，开启正交模式，根据距离数值输入"14、50、26、14、6、7、8、43"，完成第一部分直线造型，完成后如图2-67所示。

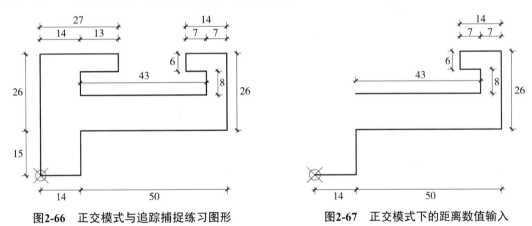

图2-66 正交模式与追踪捕捉练习图形　　　　图2-67 正交模式下的距离数值输入

2）追踪捕捉与闭合图形。如图2-68所示，完成追踪捕捉过程，在最后一点时输入二级命令"C"，完成图形的闭合。

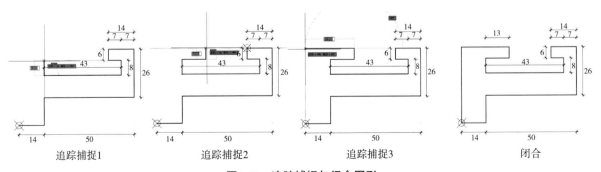

追踪捕捉1　　　　追踪捕捉2　　　　追踪捕捉3　　　　闭合

图2-68 追踪捕捉与闭合图形

2. 相对坐标、极轴坐标和正交图形练习

绘图思路：首先观察图2-69，整体形态以直线构成，判断是由相对坐标（X，Y）还是极轴坐标形式，最后结合闭合命令完成图形绘制。

1）正交模式下的距离数值和极轴坐标输入。如图2-70所示，在命令行输入"L"按空格键，捕捉起点后，开启正交模式，指定水平方向后输入数值"20"后按空格键。根据直线距离和角度，按照极轴坐标格式输入后，生成斜线。

2）正交模式下的距离数值，极轴坐标输入和闭合。如图2-71所示，打开正交模式，指定水平和垂直方向后依次输入数值"10，12"。关掉正交模式，根据距离和角度（正值120°）确定是极轴坐标后，输入"16"+按"Shift"键+按"<"键+输入"120"完成第二段斜线的绘制。最后，结合闭合命令完成图形绘制。

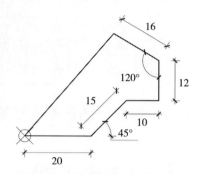

图2-69　相对坐标、极轴坐标和正交图形

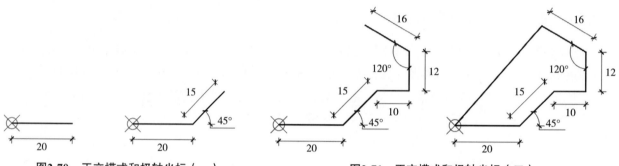

图2-70　正交模式和极轴坐标（一）　　　　图2-71　正交模式和极轴坐标（二）

3. 综合图案练习

绘图思路：首先观察图2-72中的尺寸标注类型，包含相对坐标、极轴坐标等点坐标的输入方法。如图2-73所示，在命令行输入"L"后按空格键，捕捉起点，开启正交模式，指定水平方向后输入数值"10"。关闭正交模式，输入相对坐标值（15，15）完成第一段斜线的绘制。

再次开启正交模式，依次输入数值"25，15，10，35"完成直线绘制。根据距离和角度（正值135°）确定是极轴坐标后，输入"16"+按"Shift"键+按"<"键+输入"135"，完成第二段斜线的绘制。水平方向输入距离值"40"后，结合闭合命令完成图形绘制。

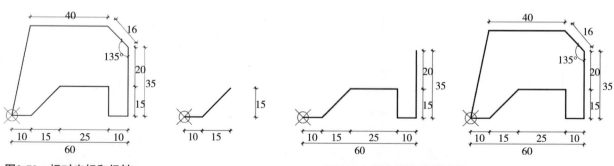

图2-72　相对坐标和极轴　　　　图2-73　综合图案绘制过程
　　　　坐标图案

本节任务点:

任务点1：参照图2-67和图2-68，掌握正交模式与追踪捕捉技巧。

任务点2：参照图2-70和图2-71，掌握正交模式与极轴坐标技巧。

任务点3：参照图2-73，掌握相对坐标、极轴坐标等点坐标的综合输入方法。

2.4.2　案例二：机械制图多边形圆弧图形

能力模块

多边形、圆、椭圆命令的案例应用；图形绘制命令的选择及组合；图形绘制的先后关系。

1. 多边形和圆图形练习

绘图思路：首先观察图2-76，主要是由多边形和圆形构成，而多边形的生成与圆的内接和外切有关，具体绘制步骤如下：

1）多边形绘制。如图2-74所示，在命令行输入"C"，捕捉交点根据直径（小圆为16mm，大圆为25mm）绘制辅助圆形。输入"POL"后，输入段数"6"，捕捉小圆圆心后选定为内接六边形，捕捉交点生成多边形。输入"POL"后，输入段数"8"，捕捉大圆圆心后选定为外切八边形，捕捉象限点生成多边形。

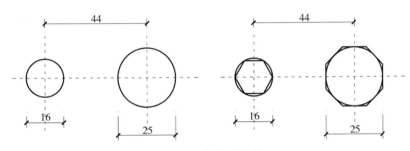

图2-74　多边形绘制

2）圆形绘制。如图2-75所示，在命令行输入"C"，再输入二级命令"D"后，捕捉交点根据半径（小圆为13mm，大圆为19mm）绘制辅助圆形，完成图形绘制。

3）外切圆绘制。如图2-76所示，在命令行输入"C"，再输入二级命令"T"后，捕捉大、小圆下方生成切点后，输入相切圆的半径值"50"，完成图形绘制。

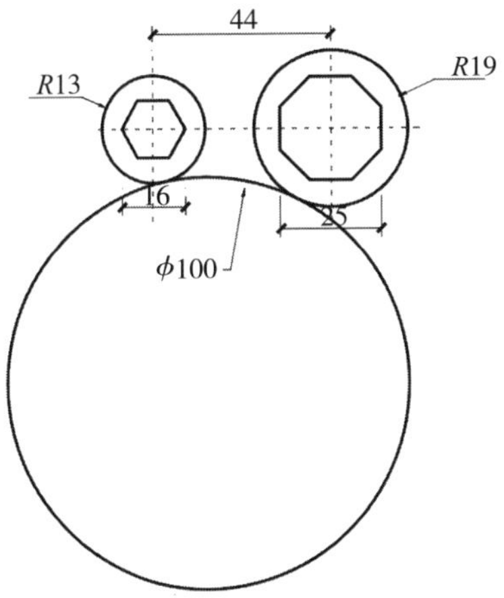

2. 圆和椭圆图形练习

绘图思路：首先观察图2-78，主要是由圆形和椭圆构成。具体绘制步骤如下：

1）圆形和椭圆绘制。如图2-77所示，在命令行输入"C"，再输入二级命令"R"，根据半径值进行圆形绘制。圆形绘制完成后，绘制椭圆。在命令行输入"EL"，再输入二级命令"C"，捕捉中心点后分别输入两个轴的值"3.5，2"，生成椭圆图形。

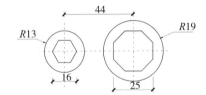

图2-75　圆形绘制

图2-76　相切圆绘制（一）

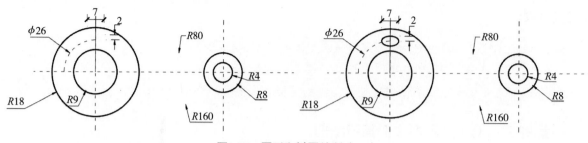

图2-77 圆形和椭圆绘制（一）

2）相切圆绘制。如图2-78所示，在命令行输入"C"，再输入二级命令"T"后，捕捉大、小圆下方（辅助线外侧）两个切点后，输入相切圆的半径值"160"，完成第一个外接圆图形绘制。按空格键后再次执行绘圆命令，输入二级命令"T"后，捕捉大、小圆上方的切点后，输入相切圆的半径值"80"。

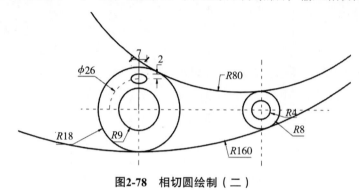

图2-78 相切圆绘制（二）

3. 综合图案练习

绘图思路：首先观察图2-80，主要是由圆形、椭圆和正交、极轴坐标的直线构成。具体绘制步骤如下：

1）圆形和椭圆绘制。如图2-79所示，在命令行输入"C"，再输入二级命令"R"后按空格键，捕捉辅助线交点，根据半径值"8"绘制圆形。在命令行输入"EL"，再输入二级命令"C"，捕捉中心点后分别输入两个轴的值"24，12"，生成第一个椭圆图形。同样，在命令行输入"EL"，再输入二级命令"C"，捕捉中心点后分别输入两个轴的值"7，4"，生成第二个椭圆图形。

2）直线绘制。如图2-80所示，在命令行输入"L"后按空格键，捕捉起点并开启正交模式，指定水平方向后输入数值"39"。根据距离和角度（负值30°）确定是极轴坐标后，输入"15"+按"Shift"键+按"<"+输入"-30"，完成斜线的绘制，最后捕捉切点完成直线的绘制。

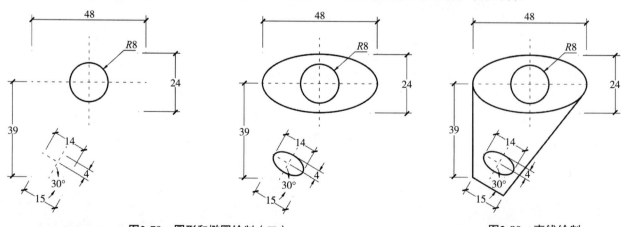

图2-79 圆形和椭圆绘制（二）　　　　　　　　图2-80 直线绘制

本节任务点：

任务点1：参照图2-74和图2-75，掌握多边形和圆图形的绘制技巧。

任务点2：参照图2-77和图2-78，掌握圆和椭圆图形的绘制技巧。

任务点3：参照图2-79和图2-80，综合掌握圆、椭圆、正交模式和极轴坐标图形的绘制技巧。

2.4.3 案例三：室内家具模块图形

能力模块

直线、多段线、圆、椭圆、圆弧命令的案例应用；图形绘制命令的选择及组合；图形绘制的先后关系。

1. 直线、多段线家具图形练习

通过绘制椅子、沙发和茶几三个家具，进行有关直线、多段线命令的案例练习。

1）直线命令——椅子平面案例。首先观察图2-81是由直线构成的椅子平面图形，可使用快捷键"F8"打开正交模式，以辅助绘制水平和垂直方向的直线。

绘制步骤如图2-82所示，先绘制外部轮廓，再处理内部细节。在学会编辑命令后，可利用偏移（即在命令行输入"O"）命令完成横向直线的图形绘制。

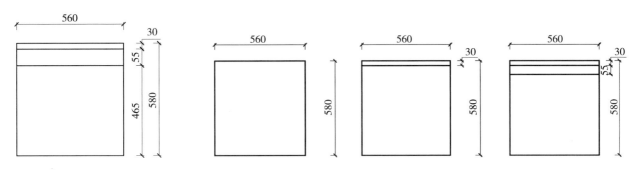

图2-81 直线命令——椅子
平面案例

图2-82 椅子平面图形绘制过程

2）直线命令——沙发平面案例。在绘制椅子案例的基础上，根据图2-83标注尺寸，利用直线命令完成沙发图形的绘制。

参照图2-84步骤，在正交模式下，先利用直线或多段线命令绘制外部轮廓线，再捕捉端点和中点绘制沙发座位的边线，完成图形绘制。学习编辑命令后，可利用偏移命令（快捷键为"O"）实现轮廓线的偏移（距离为100mm），相比只用直线命令绘制要更加快捷。

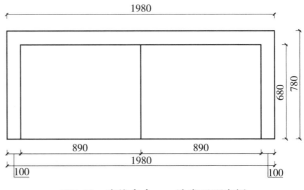

图2-83 直线命令——沙发平面案例

3）多段线命令——茶几平面案例。用多段线命令绘制的图形，相对于用直线命令分段绘制的图形，更利于整体移动、镜像和偏移等编辑操作。如图2-85所示，在正交模式下，采用多段线(快捷键为"PL")命令进行茶几平面图形绘制。

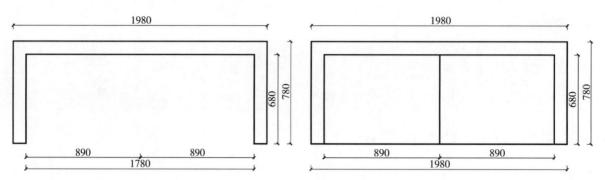

图2-84 沙发平面图形绘制过程（一）

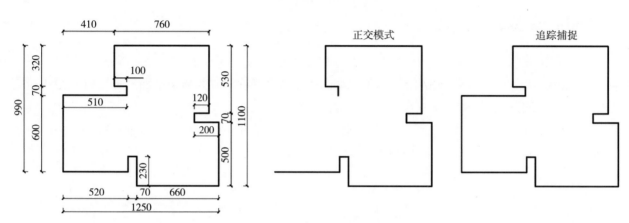

图2-85 茶几平面案例及绘制过程

2. 样条曲线装饰品平面案例

样条曲线主要用于曲线图形的绘制，通过图2-86中的山形装饰品平面图绘制，练习样条曲线的绘制和顶点图形编辑技巧。如果想先偏移后再调整形状，需要先将样条曲线转化成多段线后再执行（在命令行输入"Splinedit"后选择转换为多段线，并设置段数为10），以此控制点数，方便进行图形外轮廓节点编辑。

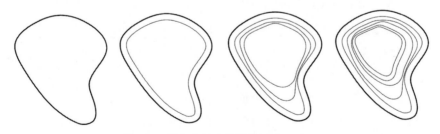

图2-86 样条曲线命令装饰品平面案例

3. 直线、圆、椭圆、圆弧家具图形练习

1）直线和圆命令——台灯平面案例。台灯案例的平面图形，如图2-87所示，主要由直线和圆形构成，其中直线的交点可作为圆形绘制的圆心。

如图2-88所示，在命令行输入"L"后按空格键，绘制380mm长度的水平直线后，捕捉中点分别向上、下两个方向绘制竖向190mm的直线，再以直线交点作为圆心依次绘制半径为125mm和275mm的两个圆,完成台灯平面的绘制。

2)直线、圆弧和椭圆命令——沙发平面案例。通过直线、圆弧和椭圆三种图形命令能够绘制绝大多数的室内家具。以图2-89所示沙发为例,主要由直线、圆弧和椭圆构成,直线绘制完后,可以作为圆弧绘制的端点。

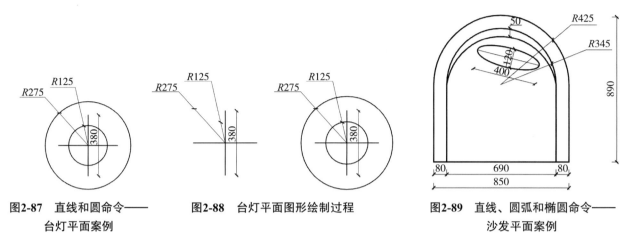

图2-87 直线和圆命令——　　图2-88 台灯平面图形绘制过程　　图2-89 直线、圆弧和椭圆命令——
　　台灯平面案例　　　　　　　　　　　　　　　　　　　　　　　　沙发平面案例

具体绘制步骤:在命令行输入"L"后按空格键,绘制长度为566mm的垂直直线后,再横向绘制长度为850mm的直线,向上可追踪捕捉竖向直线端点,绘制其余内部直线。连接端点绘制横向辅助直线,在命令行输入"A"后按空格键,采用起点、半径和端点的方式绘制圆弧,命令行显示如下:

命令: A

ARC

指定圆弧的起点或 [圆心(C)]:

指定圆弧的第二个点或 [圆心(C)/端点(E)]: c

指定圆弧的圆心:

指定圆弧的端点(按住 Ctrl 键以切换方向)或 [角度(A)/弦长(L)]:

半径为345mm的圆弧绘制方法同上,第三段圆弧不是正圆弧,需要先捕捉中点向下绘制50mm的直线,然后采用捕捉连续点的方式绘制圆弧。椭圆的绘制,需在命令行输入"EL"按空格键,捕捉线的交点作为中心点后依次输入长短轴的数据"200,60",由此生成椭圆图形(图2-90)。命令行显示如下:

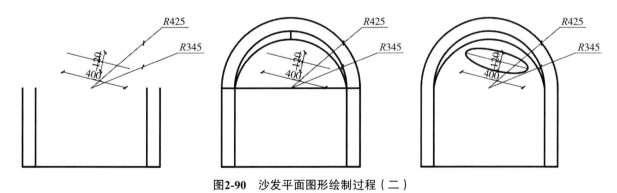

图2-90 沙发平面图形绘制过程(二)

命令: EL

ELLIPSE

指定椭圆的轴端点或 [圆弧(A)/中心点(C)]: c

指定椭圆的中心点:

指定轴的端点: 200

指定另一条半轴长度或 [旋转(R)]: 60

本节任务点:

任务点1:参照图2-82,用直线命令绘制椅子平面图形。

任务点2:参照图2-84,用直线命令绘制沙发平面图形。

任务点3:参照图2-85,用多段线命令绘制茶几平面图形。

任务点4:参照图2-86,用样条曲线命令绘制装饰品平面图形。

任务点5:参照图2-88,用直线和圆命令绘制台灯平面图形。

任务点6:参照图2-90,用直线、圆弧和椭圆命令绘制沙发平面图形。

本章小结

通过本章学习,了解AutoCAD软件的基本绘图命令,掌握点线类基本图形的绘制方法,重点是直线坐标的输入方法,多段线的三种绘制应用以及利用多线进行室内墙体、窗户的绘制;对于多边形类图形的绘制重点学习矩形的两种画法,即多边形利用边长,以及与圆的内接和外切创建的方法;对于圆弧类图形的绘制,需了解并掌握多种圆、圆弧和椭圆的绘制方法,可根据已知条件灵活进行选择。本章内容除了有针对单一命令的案例练习外,同时包含命令之间组合练习的案例,最后结合室内家具图块进行综合命令的应用。基本图形的绘制为第3章基本编辑命令奠定了图形基础。

第3章 基本编辑命令

本章综述： 本章主要学习AutoCAD软件的基本编辑命令，采用比较的方法将具有相同操作逻辑的命令集合到一起进行讲解，在完成针对单一编辑命令的案例后结合室内家具图形进行综合练习。让初学者在了解基本图形编辑的基础上灵活选择、切换和运用合适的编辑命令，为室内空间场景图纸的绘制打下较好的基础。

思维导图

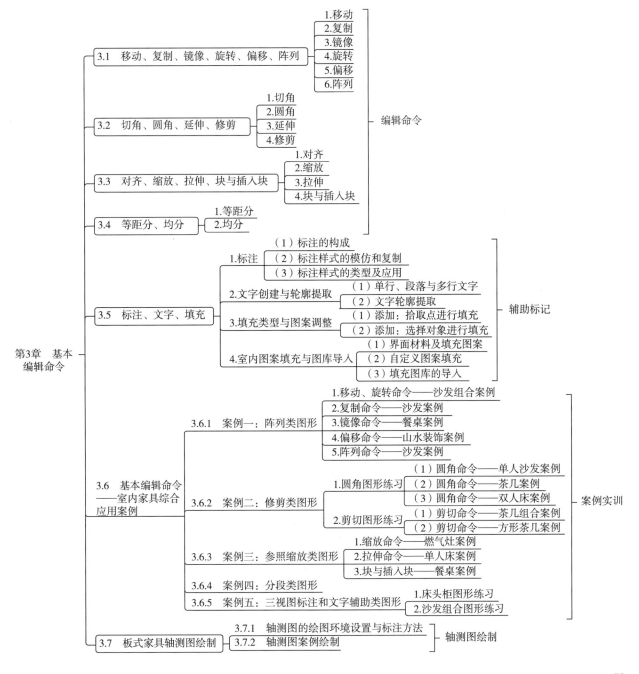

3.1 移动、复制、镜像、旋转、偏移、阵列

能力模块

移动、复制、阵列命令的基本逻辑、操作流程与比较；镜像命令；旋转与参照旋转命令；偏移命令。

通过绘图命令学习，可以总结出AutoCAD中命令的执行有三种方式：一种是通过单击编辑工具条中的图标（学习初期）；第二种是先在命令行输入命令并按空格键，再选择执行命令的图形对象；最后一种是先选择图形对象再进行命令的输入，此种方式主要用于图形编辑。从操作效率上来讲，先选择图形对象再输入命令的方式更快捷，也适合多数的命令，只有极少部分的命令必须先输入命令再选择图形对象，如等距分和均分命令。

1. 移动

移动命令是工程制图中最常用的编辑命令之一，能够实现绘制图形、图块的移动，包含距离移动、捕捉移动和相对移动三种。下面通过讲解矩形图形案例的绘制介绍这三种移动方式。

1）距离移动。如图3-1所示，实现矩形图形沿水平方向移动500mm，命令行显示如下：

命令: M

MOVE 找到 1 个

指定基点或 [位移(D)] <位移>:

指定第二个点或 <使用第一个点作为位移>: 500

2）捕捉移动。如图3-2a所示，实现矩形图形从一捕捉点到另一捕捉点的移动，捕捉点的类型如图3-2b所示，包括端点、中点和中心点（需要追踪捕捉）。捕捉移动的命令行显示如下：

命令: M

MOVE 找到 1 个

指定基点或 [位移(D)] <位移>:

指定第二个点或 <使用第一个点作为位移>:

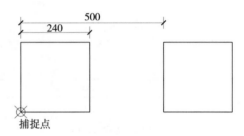

图3-1 距离移动

3）相对移动。如图3-3所示，实现矩形图形捕捉参照直线端点进行移动，命令行显示如下：

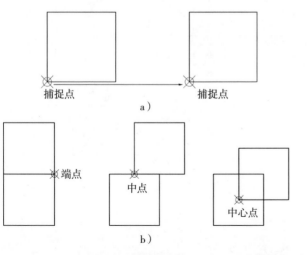

图3-2 捕捉移动（一）

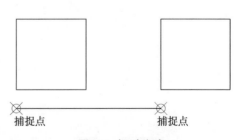

图3-3 相对移动

命令: M

MOVE 找到 1 个

指定基点或 [位移(D)] <位移>:

指定第二个点或 <使用第一个点作为位移>:

2. 复制

此处讲解的复制是指单个图形的跨文件或原文件内进行复制。如图3-4所示，可采用通用的"Ctrl+C"键（或"Ctrl+Shift+C"键带基点复制）来实现，粘贴时用"Ctrl+V"键（或"Ctrl+Shift+V"键粘贴为块）。如果需要连续复制，则需要依靠复制命令（CO）来完成。

图3-4　复制粘贴和粘贴成块

由于复制命令是在移动命令的基础上产生的，因此也能够实现距离复制、捕捉复制和相对移动复制三种模式，除此以外，还可以实现图形按照固定距离或均分（布满）的阵列。

1）输入距离复制。如图3-5所示，实现矩形图形在水平方向分别复制并移动500mm、1000mm、1500mm，命令行显示如下：

命令: CO

COPY 找到 1 个

当前设置: 复制模式 = 多个

指定基点或 [位移(D)/模式(O)] <位移>:

指定第二个点或 [阵列(A)] <使用第一个点作为位移>: 500

指定第二个点或 [阵列(A)/退出(E)/放弃(U)] <退出>: 1000

指定第二个点或 [阵列(A)/退出(E)/放弃(U)] <退出>: 1500

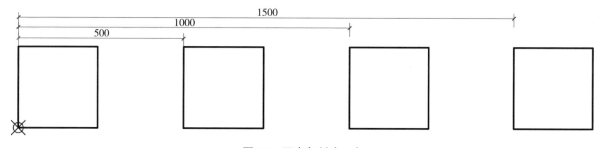

图3-5　距离复制（一）

2）捕捉移动复制。如图3-6所示，实现矩形图形从端点捕捉复制到另一个图形的捕捉点（端点、中点和中心点），命令行显示如下：

命令: CO

COPY 找到 1 个

当前设置: 复制模式 = 多个

指定基点或 [位移(D)/模式(O)] <位移>:

指定第二个点或 [阵列(A)] <使用第一个点作为位移>:

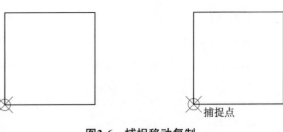

图3-6　捕捉移动复制

3）相对移动复制。如图3-7所示，实现矩形图形捕捉参照直线两个端点进行移动复制，命令行显示如下:

命令: CO

COPY 找到 1 个

当前设置: 复制模式 = 多个

指定基点或 [位移(D)/模式(O)] <位移>:

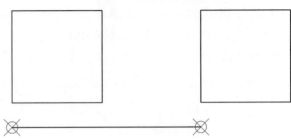

图3-7　相对移动复制

指定第二个点或 [阵列(A)] <使用第一个点作为位移>:

相对移动复制的使用频率要比捕捉图形上的基点进行复制要高，尤其适合于固定间距对象的移动复制。如图3-8所示，先利用距离移动300mm后，再捕捉间距参照点进行相对移动复制，保证复制对象之间的间距（60mm）一致。

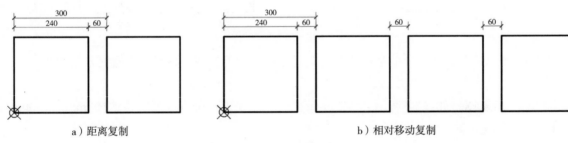

a）距离复制　　　　　　　　　　　　　　b）相对移动复制

图3-8　相对移动复制的应用

4）复制阵列。如图3-9所示，矩形图形在固定距离下实现阵列复制，命令行显示如下:

命令: CO

COPY 找到 1 个

当前设置: 复制模式 = 多个

指定基点或 [位移(D)/模式(O)] <位移>:

指定第二个点或 [阵列(A)] <使用第一个点作为位移>: a

输入要进行阵列的项目数: 3

指定第二个点或 [布满(F)]: <正交 开> 300

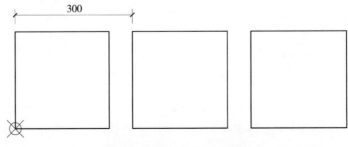

图3-9　固定距离的阵列复制

如图3-10所示，在固定距离内实现布满模式的阵列复制，命令行显示如下：

命令: CO

COPY 找到 1 个

当前设置: 复制模式 = 多个

指定基点或 [位移(D)/模式(O)] <位移>:

指定第二个点或 [阵列(A)] <使用第一个点作为位移>: a

输入要进行阵列的项目数: 3

指定第二个点或 [布满(F)]: f

指定第二个点或 [阵列(A)]:

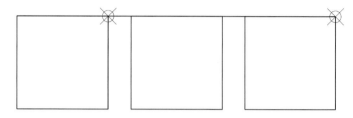

图3-10　布满模式下的阵列复制

3. 镜像

镜像工具的使用主要用于形态对称的图形绘制，通过绘制一半图形再通过对称轴进行镜像操作的方式提升绘图效率。如图3-11a所示，通过一条水平或垂直的镜像轴能够实现图形的镜像反转，在这个过程中可以通过选择"是否保留源对象"来进行源对象的保留或删除。命令行显示如下：

命令: MI

MIRROR 找到 1 个

指定镜像线的第一点: 指定镜像线的第二点:

要删除源对象吗？[是(Y)/否(N)] <N>:y

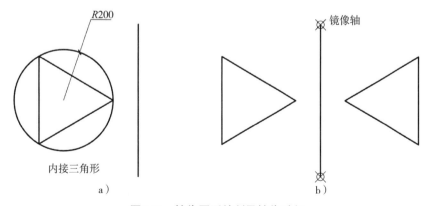

图3-11　镜像图形绘制及镜像过程

4. 旋转

旋转命令一方面可以实现图形按照特定的角度旋转，在旋转过程中可以选择复制来保留源对象；另一种是参照旋转，找对齐轴进行旋转捕捉。

1）指定角度旋转。如图3-12所示，实现矩形图形在顺时针方向旋转45°，其中顺时针角度输入为负数，反之逆时针旋转角度为正数，命令行显示如下：

命令: RO

ROTATE

UCS 当前的正角方向: ANGDIR=逆时针 ANGBASE=0

找到 1 个

指定基点:

指定旋转角度，或 [复制(C)/参照(R)] <0>: −45

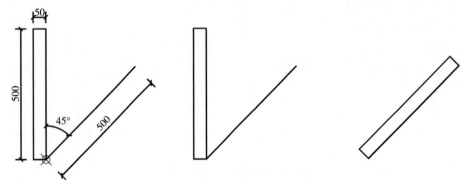

图3-12　顺时针旋转图形

2）参照旋转。如图3-13所示，以矩形图形一侧的轴作为参照轴进行参照旋转，在输入"R"参照后，先拾取源对象的旋转轴（第一点和第二点），再捕捉参照轴端点（第三点）进行对齐，命令行显示如下：

命令: RO

ROTATE

UCS 当前的正角方向: ANGDIR=逆时针 ANGBASE=0

找到 1 个

指定基点:

指定旋转角度，或 [复制(C)/参照(R)] <315>: r

指定参照角 <0>: 指定第二点:

指定新角度或 [点(P)] <0>:

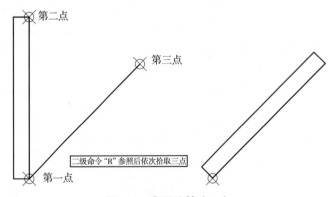

图3-13　参照旋转（一）

补充: DCAN角度约束命令。如图3-14所示，输入"DCAN"命令后捕捉两条夹角直线生成约束角度，通过双击激活角度，可将角度45°灵活修改成60°或者其他角度。

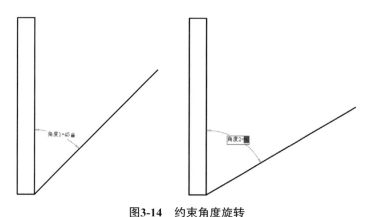

图3-14　约束角度旋转

5. 偏移

偏移命令是在复制、缩放和阵列命令的基础上产生的，能够实现物体按照一定距离和方向实现连续的缩放复制。单次偏移如图3-15a所示，设定完偏移距离后，通过拾取对象按照指定方向进行单次偏移，每次拾取的对象可以不一致。如果需要更换偏移距离，需要在拾取对象前按空格键确定后再次按空格键，重复偏移命令进行偏移距离值的更换。命令行显示如下：

命令: O OFFSET

当前设置: 删除源=否　图层=源　OFFSETGAPTYPE=0

指定偏移距离或 [通过(T)/删除(E)/图层(L)] <通过>: 50

指定要偏移的那一侧上的点，或 [退出(E)/多个(M)/放弃(U)] <退出>:

选择要偏移的对象，或 [退出(E)/放弃(U)] <退出>:

命令:

命令: OFFSET

当前设置: 删除源=否　图层=源　OFFSETGAPTYPE=0

指定偏移距离或 [通过(T)/删除(E)/图层(L)] <50.0000>: 20

选择要偏移的对象，或 [退出(E)/放弃(U)] <退出>:

指定要偏移的那一侧上的点，或 [退出(E)/多个(M)/放弃(U)] <退出>:

如果需要针对一个对象实现连续多次的偏移，可在设定完偏移距离后，选择对象输入二级命令"M"，通过连续的单击实现多次偏移。最终效果如图3-15b所示。

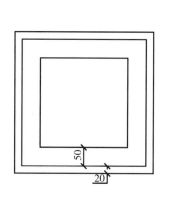

a）偏移50mm后再偏移20mm

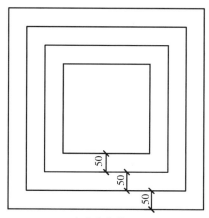

b）多次偏移50mm

图3-15　偏移

6. 阵列

阵列工具集合了移动、旋转、复制、路径跟随等编辑逻辑，同时具有动态参数化的一般特征，即可以通过单击图形进行行列数值及间距的重新输入和修改调整。通过阵列命令能够实现矩形阵列、路径阵列和极轴阵列三种类型的图形操作。

1）矩形阵列。矩形阵列对于行和列数量的调整逻辑，类似于Excel表格中实现行、列数量及间距的调整。如图3-16所示，默认生成的矩形阵列为三行四列的图形，该图形包含矩形和三角形夹点类型，其中矩形夹点用于移动整体图形，夹点用于行、列数值设置，中间三角形夹点则用于行、列间距的数值设置，操作起来同动态图块（第4章）一样灵活方便。

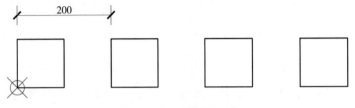

图3-16　矩形阵列（一）

如图3-17所示，由于通过复制（可在命令行输入"CO"）命令，也能够实现类似阵列的图形效果。除了距离复制外，也能够通过输入二级命令"A"实现图形对象的距离复制或布满操作，因而在图形绘制量不大的情况下，常使用复制命令替代阵列命令实现图形的阵列效果。

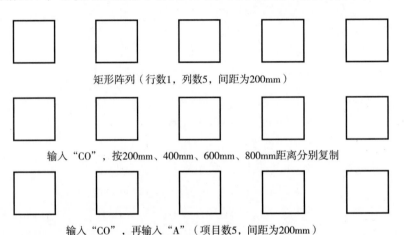

矩形阵列（行数1，列数5，间距为200mm）

输入"CO"，按200mm、400mm、600mm、800mm距离分别复制

输入"CO"，再输入"A"（项目数5，间距为200mm）

图3-17　矩形阵列与相对复制和复制阵列比较

熟练掌握图3-17中的三种阵列方法后，还可以拓展出图3-18中的复制方式，即先指定距离复制一个，然后捕捉间距端点进行相对复制，这种方法也比较常用。

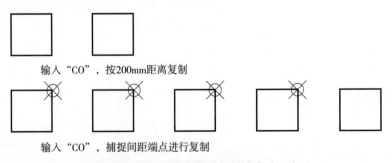

输入"CO"，按200mm距离复制

输入"CO"，捕捉间距端点进行复制

图3-18　距离复制和相对复制结合（一）

2）路径阵列。如图3-19所示，路径阵列能够实现图形对象沿着某一指定路径方向进行复制，同时间距也是可以通过夹点进行动态调整，路径的形态既可以是直线、曲线，也可以是闭合的多段线、圆形。在三维建模中会学习到的一些命令，例如3dsMax中的间隔工具就是在此逻辑上产生的。

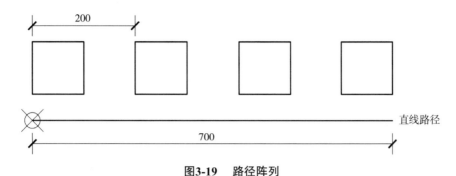

图3-19　路径阵列

路径阵列过程中，要注意阵列图形对象与路径之间的位置关系，会直接影响到最终的阵列效果。通过图3-20可以看到，原始图形（用于阵列的第一个图形）距离路径曲线越近，最终阵列的对象分布间隔越均匀。

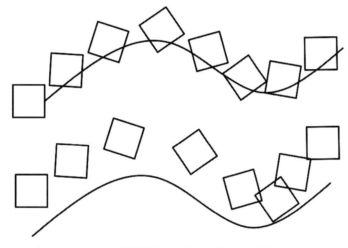

图3-20　路径阵列中阵列对象的位置影响

3）极轴阵列。极轴阵列，也就是旋转阵列。如图3-21所示，极轴阵列能够实现图形围绕中心圆点旋转复制360°。当阵列图形完成后，可以通过夹点调整图形与圆形路径之间的间距，以及总体图形的填充角度。对于阵列图形数量（项目数）的调整只有极轴阵列命令输入过程中才可以调整（图3-21d）。

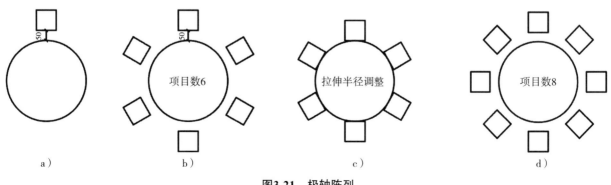

a）　　　　　　　　b）　　　　　　　　c）　　　　　　　　d）

图3-21　极轴阵列

本节任务点：

任务点1：参照图3-1~图3-3，练习矩形图案的距离移动、捕捉移动和相对移动的操作。

任务点2：参照图3-5~图3-7，练习矩形图案的距离复制、捕捉移动复制和相对移动复制的操作，并结合距离复制和捕捉复制完成图3-8的效果的绘制。

任务点3：参照图3-9和图3-10，结合命令行提示实现矩形图案的固定距离的阵列复制和布满阵列的复制。

任务点4：参照图3-11，完成内接三角形的绘制，并捕捉轴线实现三角形的镜像。

任务点5：参照图3-12和图3-13实现矩形图形按照指定角度和参照边进行旋转的操作。

任务点6：参照图3-15，先指定距离进行偏移，然后执行多次偏移。

任务点7：参照图3-16、图3-19和图3-21，练习矩形图形的矩形阵列、路径阵列和极轴阵列的操作。

3.2 切角、圆角、延伸、修剪

能力模块

切角、圆角命令的基本逻辑、操作流程与比较；延伸、修剪命令的基本逻辑、操作流程与比较。

1. 切角

切角命令能够实现图形转角斜切效果，按照命令执行的次数可划分为单个切角、多个切角和多段线切角三部分。

1）单个切角。实现矩形图形（边长200mm）单个转角的切角效果，切角量为50mm，如图3-22b所示。命令行显示如下：

命令: CHA

（"修剪"模式）当前倒角距离 1 = 50.0000，距离 2 = 0.0000

选择第一条直线或 [放弃(U)/多段线(P)/距离(D)/角度(A)/修剪(T)/方式(E)/多个(M)]: d

指定 第一个 倒角距离 <0.0000>: 50

指定 第二个 倒角距离 <50.0000>: 50

选择第一条直线或 [放弃(U)/多段线(P)/距离(D)/角度(A)/修剪(T)/方式(E)/多个(M)]:

选择第二条直线，或按住 Shift 键选择直线以应用角点或 [距离(D)/角度(A)/方法(M)]:

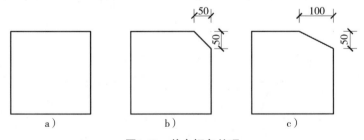

图3-22 单个切角处理

操作完成后，尝试修改切角量（分别为100mm和50mm），再执行命令拾取线段，弄清楚两个数值与选择对象之间的对应关系，最终效果如图3-22c所示。

2）多个切角。单个切角执行完后，如果需要连续操作，可以再次按空格键重复进行切角操作，也可以输入二级命令"M"，实现矩形图形多个转角的切角效果，切角量为50mm，如图3-23b所示。

操作完成后，尝试修改切角量（分别为100mm和50mm），再执行命令拾取线段，熟练掌握两个切角数值与选择切角线段对象之间的对应关系，最终效果如图3-23c所示。

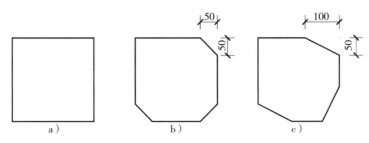

图3-23　多个切角处理

3）多段线切角。多段线切角能够通过输入二级命令"P"，拾取闭合完整多段线，实现对整个图形所有转角的切角处理，切角量为50mm，如图3-24b所示。

操作完成后，尝试修改切角量（分别为50mm和100mm），再执行二级命令"P"后拾取多线段，最终效果如图3-24c所示。

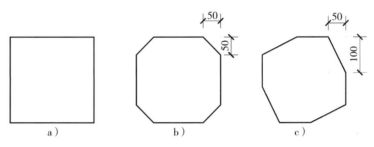

图3-24　多段线切角处理

2. 圆角

圆角命令能够实现图形转角处呈现圆角平滑处理，基本逻辑和切角一致，也可以实现单个、多个和整个多段线的图形编辑。

1）单个圆角。实现矩形图形单个转角的圆角效果，切角量为50mm，最终效果如图3-25b所示。命令行显示如下：

命令:FILLET

选择第一个对象或[放弃(U)/多段线(P)/半径(R)/修剪(T)/多个(M)]: r

FILLET指定圆角半径：50

选择第一个对象或[放弃(U)/多段线(P)/半径(R)/修剪(T)/多个(M)]:

选择第二个对象，或按住 Shift 键选择对象以应用角点或[半径(R)]

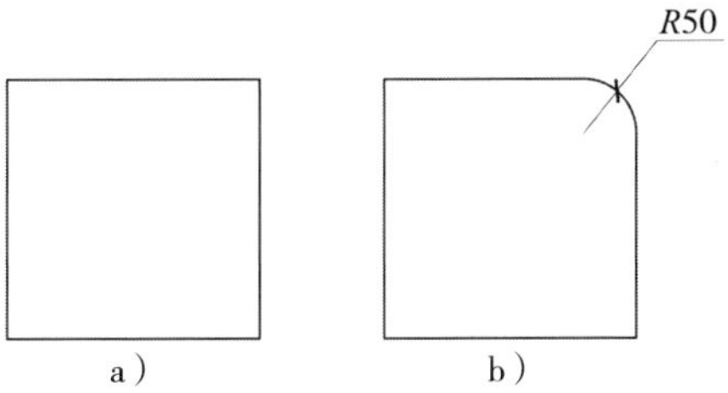

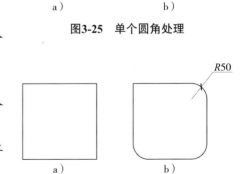

图3-25　单个圆角处理

图3-26　多个圆角处理

2）多个圆角。单个圆角执行完后，如果需要连续操作，可以再次按空格键重复进行操作，也可以输入二级命令"M"，实现矩形图形多个转角的圆角效果，圆角半径值为50mm。最终效果如图3-26b所示。

3）多段线圆角。多段线圆角能够通过输入二级命令"P"，拾取闭合完整多段线，实现对整个图形所有转角的圆角处理，圆角半径值为50mm。最终效果如图3-27b所示。

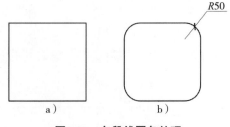

4）圆角的图形闭合操作。当圆角半径为0时，能够实现相邻两条直线相交闭合，是延伸命令的补充。圆角的图形闭合的实现可以在命令行输入"F"后，进入二级命令"R"，将其设置成"0"，也可以在"F"命令后按住"Shift"键，拾取需要闭合的图形，实现圆形闭合效果，最终效果如图3-28所示。

图3-27　多段线圆角处理

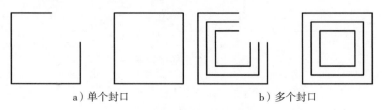

a）单个封口　　　　　b）多个封口

图3-28　图形闭合处理

注意：圆角和偏移命令之间的先后执行会影响到绘图的最终效果。一般情况下，在绘制有圆角造型的双线图形时，要先进行圆角处理再进行偏移，否则会出现图3-29a所示的错误（偏移线转角半径不同）。如果先进行圆角，再进行偏移，则会生成正确的图形（如图3-29b所示的效果）。

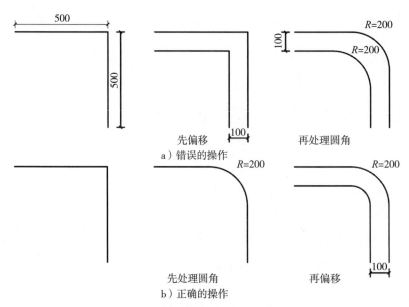

先偏移　　　　　　再处理圆角

a）错误的操作

先处理圆角　　　　　再偏移

b）正确的操作

图3-29　圆角和偏移命令的先后关系

3. 延伸

延伸命令能够使线段端点向一个方向延长，并与指定的线段相交，除实现基本延伸功能外，还能用于线段之间的剪切。

1）线的延伸。首先选择需要延伸到的线或图形，在命令行输入"EX"后，点选或框线延伸对象，则实现了选择对象的图形延伸，最终效果如图3-30b所示。命令行显示如下：

命令: EX

当前设置:投影=UCS，边=无

选择边界的边... 找到 1 个

选择要延伸的对象，或按住 Shift 键选择要修剪的对象

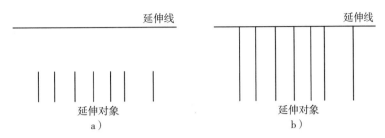

图3-30 延伸命令

2）延伸命令的修剪用法。延伸过程中，如果按住"Shift"键可以选择交叉线进行修剪操作，最终效果如图3-31b所示。命令行显示如下：

命令: EX

当前设置:投影=UCS，边=无

选择边界的边... 找到 1 个

选择要延伸的对象，或按住 Shift 键选择要修剪的对象

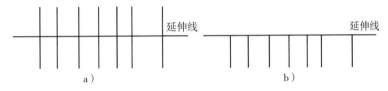

图3-31 延伸命令的修剪功能

4. 修剪

修剪编辑是在图形编辑中常使用的，能够实现三种用法：选择切割线，输入命令后按空格键一次，以及全选线，输入命令后按空格键一次和选择切割线，输入命令后按空格键一次，再输入"F"后进行栏选。下面通过简单的线性修剪讲解这三种线段修剪用法。

1）选择切割线，输入命令后按空格键一次。当切割对象非常明确为一条直线或多段线时，可选择切割线执行修剪命令，对于修剪对象可以选择单击选择或框选两种模式，最终效果如图3-32所示。命令行显示如下：

命令: TR

当前设置:投影=UCS，边=无

选择剪切边... 找到 1 个

选择要修剪的对象，或按住 Shift 键选择要延伸的对象

图3-32 修剪命令用法（一）

2）全选线，输入命令后按空格键一次。如果不能确定唯一切割线，修剪复杂图形时，可以将所有的线段都选择后进行修剪，此时，图形线和切割线可互相转化，拾取需要修剪的线段，最终效果如图3-33所示。

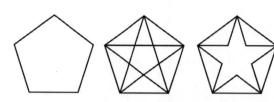

图3-33　修剪命令用法（二）

3）选择切割线，输入命令后按空格键一次，再输入"F"后进行栏选。对于选取狭窄或不易框选的情况，可以选择输入修剪命令后，输入二级命令"F"栏选进行剪切对象的选择，最终效果如图3-34所示。命令行显示如下：

命令: TR

当前设置:投影=UCS，边=无

选择剪切边... 找到 2 个

选择要修剪的对象，或按住 Shift 键选择要延伸的对象或

[栏选(F)/窗交(C)/投影(P)/删除(R)/放弃(U)]: f

指定第一个栏选点:

指定下一个栏选点或 [放弃(U)]:

指定下一个栏选点或 [放弃(U)]:

指定下一个栏选点或 [放弃(U)]:

指定下一个栏选点或 [放弃(U)]:

选择要修剪的对象，或按住 Shift 键选择要延伸的对象

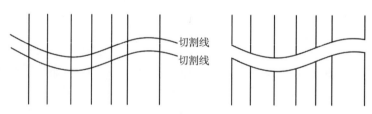

图3-34　修剪命令用法（三）

修剪过程中如果按住"Shift"键可以临时实现图形线段的延伸操作，在命令操作过程中可根据需要灵活进行切换。

本节任务点：

任务点1：参照图3-22，完成矩形图形的切角，首次切角量两个边均为50mm。二次切角时调整为100mm和50mm，同时观察数据输入和拾取边顺序的对应关系。

任务点2：参照图3-23，输入切角数据后，通过二级命令"M"完成矩形图形的多次切角，同样需要更换两次切角数据。

任务点3：参照图3-24，输入切角数据后，通过二级命令"P"实现对整个图形所有转角的切角处理。

任务点4：参照图3-25～图3-27，完成矩形图形的单次、多次和整个多段线的圆角处理。

任务点5：参照图3-28，通过调整切角量实现矩形图案的封口处理。

任务点6：参照图3-30和图3-31，完成线的延伸以及修剪命令。

任务点7：参照图3-32～图3-34，掌握线的三种修剪方法。

3.3 对齐、缩放、拉伸、块与插入块

能力模块

对齐、缩放命令的基本逻辑、操作流程与比较；等比、参照与不等比缩放；拉伸命令；块与插入块命令。

1. 对齐

对齐命令能够通过设定源点和目标点的方式，实现源对象与目标对象之间的对齐，分为带基点移动对齐、参照旋转对齐和参照缩放对齐。

1）带基点移动对齐。当完成两次源点和对齐点选择完成后，如果选择"不基于对齐点缩放对象"，则会按照第一个源点位置实现点对点的捕捉移动，最终效果如图3-35所示。命令行显示如下：

命令: AL

指定第一个源点:

指定第一个目标点:

指定第二个源点:

指定第二个目标点:

指定第三个源点或 <继续>:

是否基于对齐点缩放对象？ [是(Y)/否(N)] <否>:

2）参照旋转对齐。指定完两个源点和对齐点后，如果选择"不基于对齐点缩放对象"，图形会自动进行旋转对齐，比参照旋转（先进行端点对齐，后进行参照旋转）要更加快捷，最终效果如图3-36所示。

3）参照缩放对齐。在逻辑上与参照缩放一致，如果选择基于对齐点缩放对象，则原有的对齐点会参照指定的对齐点进行参照缩放。在命令行最后选择是否基于对齐点缩放对象时，选择"是"，则会将源点之间的间距，缩放成参照对齐目标点的距离，在是否基于对齐点缩放对象时选择"是"，最终效果如图3-37所示。

2. 缩放

1）等比例缩放。缩放命令能够通过输入数值实现图形的等比例缩放。例如，先等比例放大2倍，然后再缩小两倍（0.5倍），最终效果如图3-38所示。命令行显示如下：

命令: SC

SCALE 找到 1 个

指定基点:

指定比例因子或 [复制(C)/参照(R)]: 2

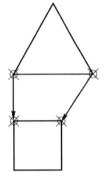
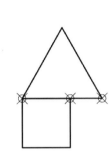

图3-35 带基点移动对齐

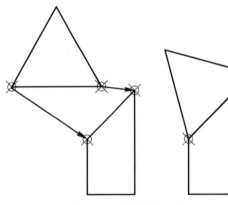

图3-36 参照旋转对齐

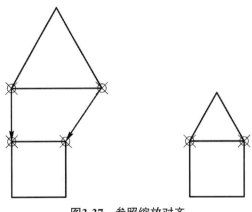

图3-37 参照缩放对齐

命令: 指定对角点或 [栏选(F)/圈围(WP)/圈交(CP)]:

命令: SCALE

找到 1 个

指定基点:

指定比例因子或 [复制(C)/参照(R)]: 0.5

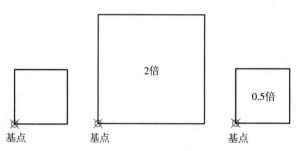

图3-38　等比例缩放

2）参照缩放（图3-39a）。当没有固定或整数倍数的缩放比例时，一是可以将图形参照一条直线或数值进行缩放，最终效果如图3-39b所示，命令行显示如下：

命令: SC

SCALE 找到 1 个

指定基点:

指定比例因子或 [复制(C)/参照(R)]: r

指定参照长度 <1.0000>: 指定第二点:

指定新的长度或 [点(P)] <1.0000>:

二是通过输入最终边长800mm确定缩放比例，最终效果如图3-39c所示。

命令行显示如下：

命令: SC

SCALE 找到 1 个

指定基点:

指定比例因子或 [复制(C)/参照(R)]: r

指定参照长度 <1.0000>: 指定第二点:

指定新的长度或 [点(P)] <1.0000>:800

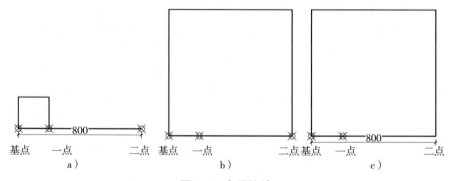

图3-39　参照缩放

3）不等比例缩放。无论是等比例缩放还是参照缩放，都是等比例缩放，如果需要单独设置图形的某一条轴线进行倍数或固定数值的缩放，需要进行不等比例缩放。如图3-40所示，打开创建成块的图形的特性（选择对象后右击"特性"，或按快捷键"Ctrl+1"）对话框后，在"X比例"处输入"500/200"，则会实现图形沿*X*轴方向由200mm缩放成500mm的效果。

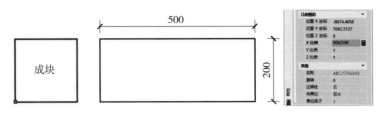

图3-40 不等比例缩放（一）

如果已经安装源泉工具箱插件，可以实现两种方式的图形不等比例缩放：一是通过命令"SCX"，分别设定*X*轴（600/250）和*Y*轴（300/250）的比例；二是通过输入二级命令"R"，利用矩形框选的形式进行不等比例缩放，最终效果如图3-41所示。

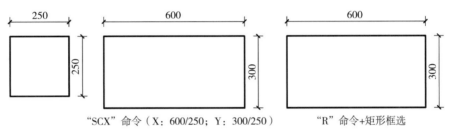

"SCX"命令（X：600/250；Y：300/250）   "R"命令+矩形框选

图3-41 不等比例缩放（二）

3. 拉伸

1）距离拉伸。从右下往左上方向框选拉伸图形的一半图形对象，并捕捉拉伸点后，沿水平方向输入数值可实现造型的拉伸。此过程需注意两点，一是拉伸对象必须为多段线或线，不能是图块；二是框选范围是部分图形而不是全部，如果框选全部图形后拉伸，相当于图形整体进行移动，起不到拉伸效果。最终效果如图3-42所示。命令行显示如下：

命令: S

拉伸由最后一个窗口选定的对象...找到 1 个

指定基点或 [位移(D)] <位移>:

指定第二个点或 <使用第一个点作为位移>: 150

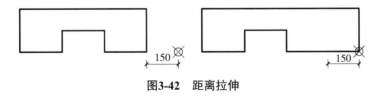

图3-42 距离拉伸

2）捕捉拉伸。通过拉伸基点捕捉到某一点也可以实现图形拉伸效果，其中捕捉点往往会选择最近点或垂足为主。如图3-43所示，在指定拉伸基点后打开捕捉（快捷键为"F3"），再点取捕捉点作为拉伸距离。

图3-43 捕捉拉伸

3）拉长。有时在对绘制的直线或圆弧进行直线或弧长标注时，发现直线标注不是整数，此时可以在不用重新绘制的情况下，将直线强制拉伸总长（二级命令"T"）到指定数值（例如，将"999"拉长至"1000"），最终效果如图3-44所示。

图3-44 拉长

命令行显示如下：

命令: LEN

选择对象或 [增量(DE)/百分数(P)/全部(T)/动态(DY)]:

当前长度: 999

选择对象或 [增量(DE)/百分数(P)/全部(T)/动态(DY)]: t

指定总长度或 [角度(A)] <1.0000>: 1000

选择要修改的对象或 [放弃(U)]:

补充：如果执行拉长命令后，线段的标注数值没有自动发生变化，则需要在"选项"面板（或在命令行输入"OP"）找到用户系统配置，勾选关联标注中的"使新标注可关联"。

4. 块与插入块

实现图形对象整体移动最直接的方式是将其创建成块。在室内空间中，软装元素中的家具、灯饰和绿植等，都是以图块素材的形式创建和使用的。AutoCAD软件中的图块大致分为静态图块和动态图块两种，其中动态图块除了具有静态图块的一般图形特征外（整体性），还能够通过拉伸或单击不同类型的操作实现图块造型的延长、镜像、旋转、阵列复制、更换图块等效果。

1）创建图块。创建图块的方式有两种，如图3-45所示，一是可以通过复制、粘贴的方式，使图形粘贴为块（快捷键为"Ctrl+Shift+V"）。另一种方式是框选图形后输入命令"B"，打开块编辑器，对新块命名后，指定插入点（移动图块的夹点位置，一般在图形左下角），即可完成图块的创建。两者的区别在于，复制粘贴的方式创建图块的速度较快，但无法指定图块的名称及插入点（插入点位置可在图块编辑器中修改）。

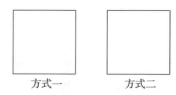

图3-45 创建图块的两种方法

2）插入图块。图块创建后会作为素材储存在软件的图块库中，方便下次使用时进行插入。插入块的同时可以实现如图3-46所示效果，在图形某一轴向上按照倍数（X轴：2；Y轴：2）或数值比例尺（X轴：500/200），可实现图形的不等比例缩放。

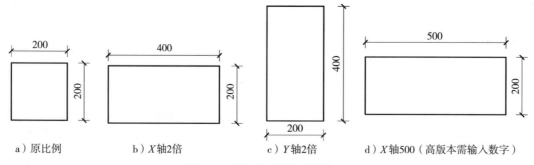

a）原比例　　　b）X轴2倍　　　c）Y轴2倍　　　d）X轴500（高版本需输入数字）

图3-46 插入块时进行比例修改

本节任务点：

任务点1：参照图3-35～图3-37，实现源对象与目标对象之间的移动对齐、旋转对齐和参照缩放三种效果。

任务点2：参照图3-38和图3-39，实现矩形图形的等比例和参照缩放。

任务点3：参照图3-40和图3-41，通过图块属性和插件方式，实现矩形图形的不等比例缩放。

任务点4：参照图3-42和图3-43，框选部分图形后完成矩形图形的距离拉伸和捕捉拉伸。

任务点5：参照图3-44，通过拉长命令实现直线总长的强制拉伸。

任务点6：参照图3-46，对插入的块进行比例修改。

3.4　等距分、均分

能力模块

等距分、均分命令的基本逻辑、操作流程与比较。

1. 等距分

等距分，能够使线段按照一定的间距生成点图形，以作为图形移动或复制的参照点。在该操作中，线段起点不显示点样式，当线段不足间距距离时，也不会产生点样式。如图3-47a所示，输入命令"ME"后，拾取线段，输入每一段线的间隔数值"400"后按回车键，即可实现线段的等距分。以图3-47b所示的顶棚图形的灯位布置为例，利用等距分命令实现顶棚平面的灯位划分，间距为150mm（实际工程中按要求调整间距值）。

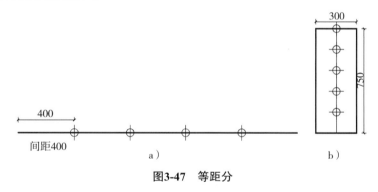

图3-47　等距分

2. 均分

均分命令使用频率较高，能够实现线段的均匀划分，可作为图形对象移动或复制的捕捉点。如图3-48a所示，输入命令"DIV"后，拾取线段，输入划分的段数数值"5"后按回车键，即可实现线段的均分效果。

以图3-48b所示的顶棚图形的灯位布置为例，当对灯具间距没有具体要求时，可以利用均分命令将直线均分为5段，保证整体造型对称均等。

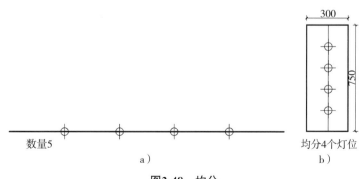

图3-48　均分

本节任务点：

任务点1：参照图3-47，设置完点样式后，利用等距分命令，每隔400mm进行线的划分，同时完成灯位的等距分练习。

任务点2：参照图3-48，设置完点样式后，利用均分命令，将直线平均分成5段，同时完成灯位的均分练习。

3.5　标注、文字、填充

能力模块

标注样式的模仿和复制；标注样式的类型及应用；文字样式与轮廓提取；填充类型与图案调整；室内图案填充与图库导入。

1.标注

（1）标注的构成

标准的标注样式包含三个特征：适当性、完整性和层次性。以建筑图纸标注为例，适当性是指图纸按比例标注后能够清晰观察到标注图形的尺寸既能够满足电子阅览，还能保证打印后清晰明确；完整性是指标注图形的尺寸没有漏缺，同时标注要有针对性，不能随意标注没有目的性，例如内部标注具有明确对象的图纸标注，如原始墙体尺寸、地面铺装尺寸和顶棚灯具定位图；层次性是指标注的美观性和递进分层，方便观察，例如外部标注要包含总尺寸、轴间尺寸和门窗尺寸三层标注。标注的规范性直接影响到图纸的解读以及美观性。

如图3-49所示，标注的主体部分由标注文字（高度）、尺寸线、箭头（类型、大小）和尺寸界线构成，同时还包括超出尺寸线、起点偏移量，文字从尺寸线偏移，文字位置等内容。了解标注的基本构成，能够有助于针对性地创建或修改适合图形比例的标注样式。

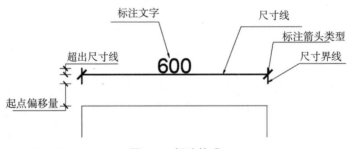

图3-49　标注构成

（2）标注样式的模仿和复制

模仿标注样式的目的：进一步明确构成标注各个部分在调整面板的具体位置，以及数值调整的范围在样式中的具体反馈和显现。学会模仿是自主创建标注样式的重要前提，同时也能够对复制的标注样式素材，按照自己需求进行各部分参数的自定义修改。

如图3-50所示，在标注样式修改面板中，对标注尺寸线中的超出尺寸线、起点偏移量以及箭头样式、大小进行调整（图3-50a），同时进行文字高度和全局比例的设置（图3-50b）。为了保证标注时方便捕捉起点，最终标注效果整齐，可以进行固定长度的尺寸界线的设置（图3-50a）。设置完成后，在标注起点捕捉时，能够忽略起点偏移量，不必对齐所有的标注起点，将所有的尺寸界限设置成固定长度（比较适合初学者）。

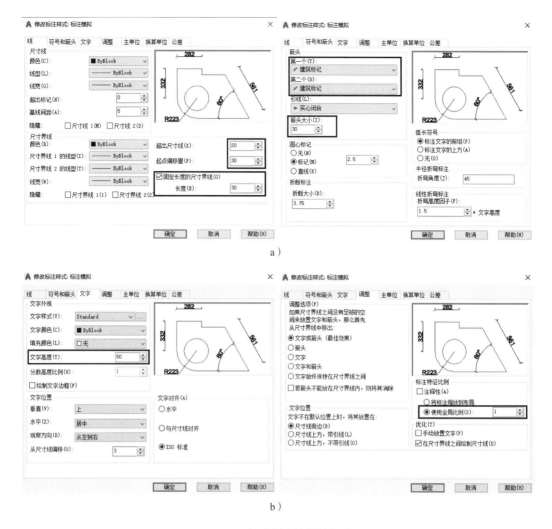

a）

b）

图3-50　标注样式的模仿创建

标注样式的复制：掌握手动设置标注的方法后，既可以自主创建标注样式，也可以对标注进行快速调入、修改和使用。复制不同比例尺的标注，能够大大提升标注速度，按"Ctrl+2"键打开设计中心面板（图3-51），在"打开的图形"菜单下，单击"标注样式"，将需要复制的标注例如"标注模拟"，拖拽到新文件视图，即可实现该标注样式的复制。可以尝试该方法将常用的标注样式设置成样板（单击"文件"菜单，选择"另存为"并以.dwt格式保存，设置样板文件保存路径），方便进行调用。

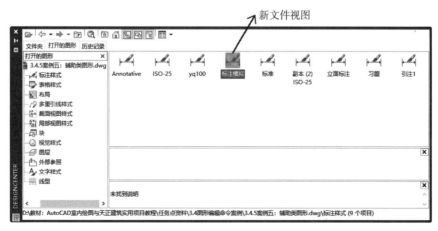

图3-51　标注样式的复制

（3）标注样式的类型及应用

针对不同的图形会有不同的标注类型，例如水平直线（线性、连续）、斜线（对齐）、角度（角度）、弧形（弧长）、圆形（半径、直径）。同时在标注过程中还会有诸如连续标注等辅助工具，或是放置双层标注辅助线和固定的起点偏移量值，都能够保证标注样式的适当性、完整性和层次性。

如图3-52所示，不同标注样式类型的标注及应用过程步骤：

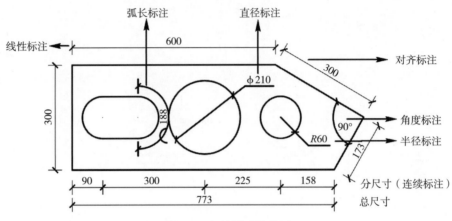

图3-52　标注样式的类型

1）用于放置双层标注的辅助线创建：根据图形尺寸确定文字高度，进而决定每层标注尺寸线之间的间距。通常情况，1∶100的比例尺的建筑外层标注可以偏移600mm，但具体情况视图形的输出比例来定。如图3-53a所示，按照图纸大小比例，将辅助线偏移距离定为50mm。通常情况下可以绘制图纸的最外部轮廓，或用合并命令合并图形图纸的最外部轮廓，也可用多段线重新描绘图纸的最外部轮廓后进行偏移。

2）尺寸标注。标注过程通常先进行内侧分尺寸的标注，并利用连续标注辅助完成同一方向的分尺寸，再进行总尺寸标注。也可以先进行线性标注（图3-53b、c），再进行对齐标注，半径、直径标注，弧长和角度标注（图3-54）。

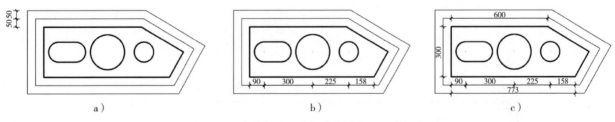

a）　　　　　　　　　　　b）　　　　　　　　　　　c）

图3-53　先进行分尺寸标注再进行总尺寸标注

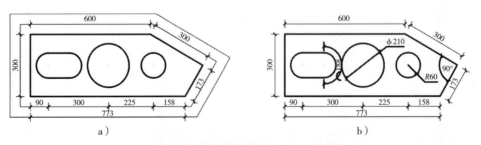

a）　　　　　　　　　　　　　b）

图3-54　先进行线性标注再进行其他标注

2. 文字创建与轮廓提取

（1）单行、段落与多行文字

1）先在"格式"菜单里设置文字样式后，在命令行里输入单行文字的命令"DT"，如果是段落文字则需输入"T"，如果是多行文字则输入"MT"。三者的区别在于：单行文字输命令"DT"按空格键后单击视图界面即可输入文字，段落文字输入命令后还要在屏幕上拖动鼠标指针确定文字的范围，多行文字可通过按回车键切换到下一行进行文字输入。以图3-55所示的"文字"为例，单行文本（图3-55a）的命令行显示如下：

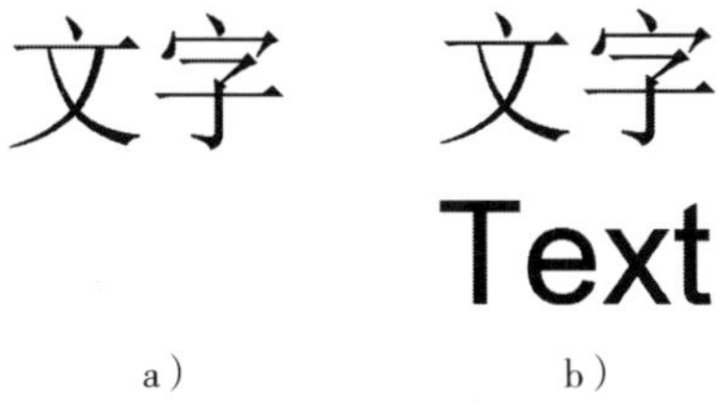

图3-55 单行文字和多行文字

单行文字命令: DT

当前文字样式: "Standard" 文字高度: 100.0000 注释性: 否 对正: 左

指定文字的起点 或 [对正(J)/样式(S)]:

指定高度 <100.0000>:

指定文字的旋转角度 <0>:

输入要添加的文字

注意：单行文字输入完成后不是按回车键也不是按空格键退出，而是需要在屏幕空白处单击一下后，按"ESC"键退出文字命令。

在命令行输入多行命令"MT"按空格键后，框选文本范围时会弹出文本格式菜单，包括设置文本样式和字体大小等，文本行的切换是通过回车键来完成的（图3-55b）。文本输入完成后单击文本格式菜单的"确定"按钮（或单击视图界面空白处）即可结束该命令。

2）单行文字与多行文字的切换。多行文字转换为单行文字：使用分解命令"Explode"。选中多行文字，在命令行输入分解命令"X"后按回车键，启动分解命令，系统会自动将多行文字进行分解。

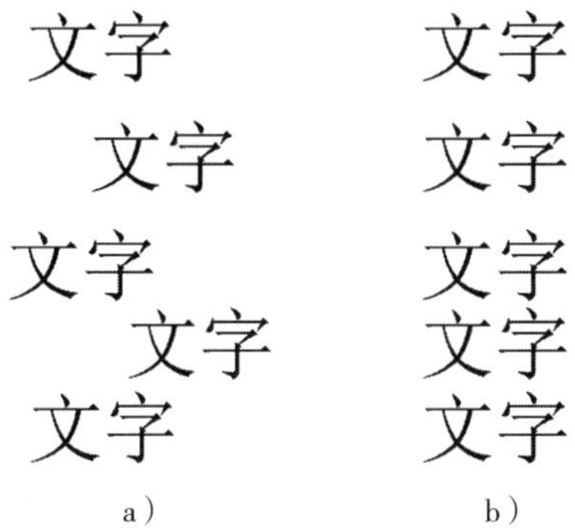

单行文字转换为多行文字：使用"TXT2MTXT"命令。框选住分解后的全部单行文字，在命令行中输入"TXT2MTXT"按回车键确认，或者单击界面上方菜单栏中的"拓展工具"，再选择"文本工具"，在下拉列表中选择并单击"合并成段"按钮，即可启动合并单行文字成段命令。

图3-56 文字对齐

段落文字对齐如图3-56a所示，当多段文字尤其在材料索引时，为了将各个段落文字对齐，在AutoCAD的2022版本中可先选择要对齐的文字对象后输入"TA"命令，再选择要对齐到的文字对象，即可实现各个段落文字的对齐（图3-56b）。

（2）文字轮廓提取

AutoCAD中的文字属于填充文字，都是由边界线和内部颜色填充构成的。在一些情况下，例如对文字图形进行二维雕刻时，只需要提取文字的边线，而在AutoCAD中直接输出文字是无法执行雕刻任务的。此时可提取出文字的轮廓，输入"TXTEXP"将会得到文字的轮廓边线，注意高版本软件提取文字轮廓线需要对生成的内部斜线（图3-57a）进行修剪，最终效果如图3-57b所示。

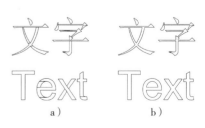
图3-57 文字轮廓提取

3. 填充类型与图案调整

AutoCAD的填充部分主要用于装饰材料的区分，同时增加图纸的美观度。关于填充命令主要包含两个知识点：一是填充图案主要包括两大类，图案类（纯色，图案）和渐变色；二是填充区域的选择方式有内部拾取点和选择完整填充对象两种，同时还包括通过对图形边界的公差调整，实现对未完全封口图形的填充。

（1）添加：拾取点进行填充

在AutoCAD经典界面模式下，在命令行输入"H"后按空格键，会弹出图案填充和渐变色的设置面板（图3-58），首先设置需要填充的图案类型是颜色或图案，然后选择"添加：拾取点，"再单击模型空间闭合图形的内部点，即可实现图案填充。

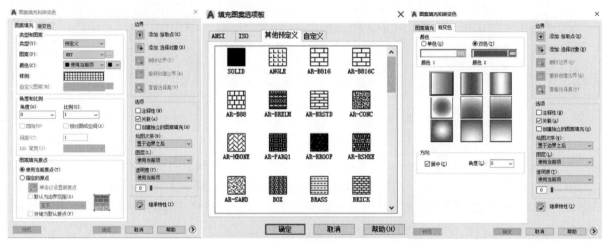

填充单色　　　　填充图案　　　　　　　　填充渐变色

图3-58　填充类型

图案填充时，可以选择"预览"按钮，提前看到填充后的效果，如果不满意，可进行图案的更换。如图3-59所示，填充指定原点，也就是平面铺装中的铺装基准点，需要在填充面板中进行指定。图案的纹理比例大小和方向可以在这个面板中进行调整，也可以在完成图案填充后通过命令行输入调整命令来进行二次调整。

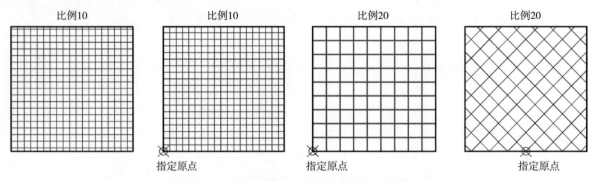

比例10　　　　　　比例10　　　　　　　比例20　　　　　　比例20

指定原点　　　　　指定原点　　　　　　指定原点　　　　　指定原点

图3-59　填充图案的比例、原点和角度调整

图形内部填充区域的确定过程：首先检查图形是否闭合。如果没有闭合，软件在分析内部孤岛、查找填充边界时需要大量运算时间，计算量太大甚至会出现图形崩溃的情形，所以在填充之前注意文件的保存备份。另外，也可以参照图3-60所示，通过调整允许的间隙公差范围（指定公差单位数值，范围内可以忽略间隙并继续进行填充），实现图形内部的图案或颜色填充。

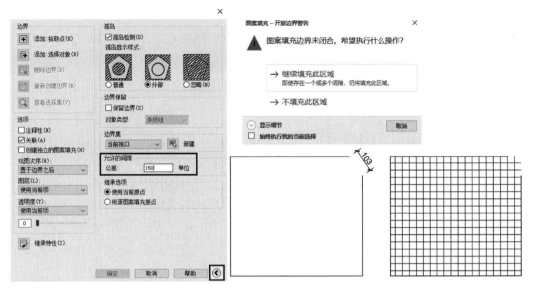

图3-60 调整允许间隙后的填充

（2）添加：选择对象进行填充

如果需要填充的图形为完整闭合的基本图形对象，例如矩形、多边形或圆弧类闭合图形，则可直接以"添加选择对象"的方式进行填充边界的选择（图3-61），相对于拾取图形内部点确定填充边界的方法更加流畅（拾取图形内部方式计算过程较为卡顿，需提前保存文件）。如果边界为断线或复杂边界，可尝试先进行断线的合并，或是采用边界命令重新生成一个可用于填充的图形对象。

4. 室内图案填充与图库导入

（1）界面材料及填充图案

1）室内填充的装饰材料图案，能够表现不同的材质肌理，既能够通过图案造型划分层次，增加图纸内容的可识别性，还能够使图纸表现内容更加完整，具有空间效果图表达不了的整齐、规范和美观。

图3-61 选择对象进行填充

2）填充材料的基本类型。室内设计中的填充图案类型，如图3-62所示，可大致划分为平面填充、立面填充和剖面填充三大部分。其中以平面填充图案为例，按材质类型大致又可分为地板、石材、地毯、卵石、毛石、砖墙等；根据不同的纹理可划分为深纹理石和浅纹理理石；根据不同的铺装形式又可分为方块地毯、拼花地板等。这些都是材料文字索引的图像补充，能够直观感受具体的样式，对于设计方案的理解起到辅助作用。

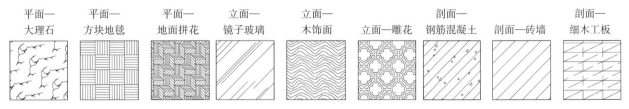

| 平面—大理石 | 平面—方块地毯 | 平面—地面拼花 | 立面—镜子玻璃 | 立面—木饰面 | 立面—雕花 | 剖面—钢筋混凝土 | 剖面—砖墙 | 剖面—细木工板 |

图3-62 平面、立面和剖面填充图案

77

（2）自定义图案填充

1）设定自定义图案成块。如图3-63所示，首先将原有的图块炸开（在命令行输入"X"）后，重新成块。然后，复制图像，后粘贴成块，或是在命令行输入创建块的命令"B"，指定名称和插入点来创建。

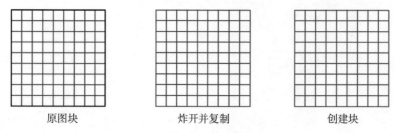

原图块　　　　　　　炸开并复制　　　　　　创建块

图3-63　设定自定义图案成块

2）在命令行输入"SUP"按空格键后，点选填充图案时图案会显示边界，此时，根据命令提示，指定边界的对角点，接着再按空格键（图3-64），即完成填充图案的拾取，下一步即可指定图形边界区域进行填充。

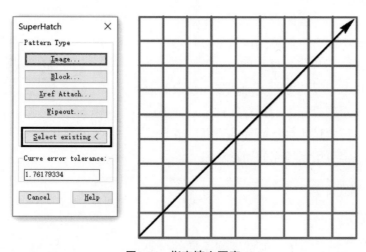

图3-64　指定填充图案

3）点取需要填充的图形内部，确定填充区域后按空格键即可完成自定义图案的填充，最终效果如图3-65所示。

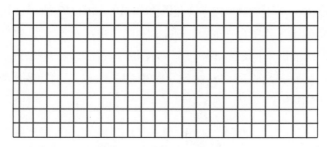

图3-65　指定闭合图形填充

注意：如图3-66所示，自定义图案的填充与"H"命令下图案的填充的区别在于能否指定填充原点，"H"命令下的图案填充是可以指定填充原点的。因此，自定义图案比较适合对铺装基准没有特殊要求的图案填充。

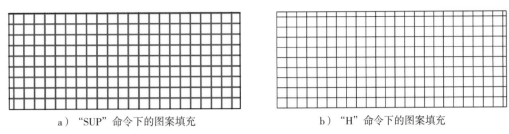

a）"SUP"命令下的图案填充　　　　　　b）"H"命令下的图案填充

图3-66　自定义图案与填充命令下的图案原点比较

（3）填充图库的导入

通过图库的导入，可以丰富原有的填充图案类型，绘制更多材料样式和表现层次的平面、立面图。具体步骤如下：

步骤一——目标文件夹图库导入：找到AutoCAD快捷方式后右击打开属性窗口，单击"打开文件所在的位置"以打开软件安装目标文件，如图3-67所示，打开"Support"文件夹后将解压的填充图案文件夹拖拽进入，或者通过复制粘贴导入。

图3-67　图库文件夹的导入

步骤二——文件路径的粘贴：单击填充图案后右击"复制地址"，打开AutoCAD后，在命令行输入"OP"后，在"文件"面板下找到"支持文件搜索路径"，如图3-68所示，单击"添加"按钮，将复制的地址进行粘贴后，再单击"确定"按钮。

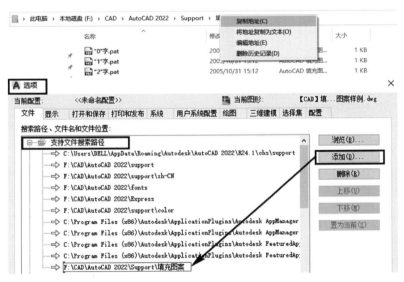

图3-68　文件路径的粘贴

步骤三——图库的调用：在命令行输入"H"后打开"图案填充"面板，如图3-69所示，单击"样例"，在"自定义"面板中可以看到加载的图库，选择相应的图案后单击"确定"按钮即可加载。

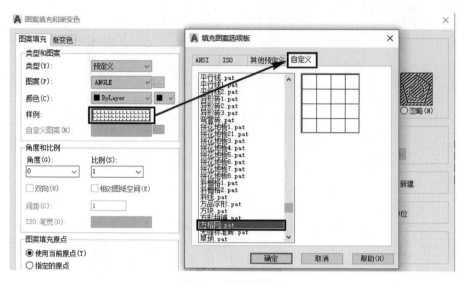

图3-69　图库的调用

补充：图库文件夹的支持路径添加，也可以通过在命令行输入"OP"，打开"选项"窗口，在文件面板中依次单击"支持文件搜索路径""添加"和"浏览"按钮，即可加载已经解压好的图库文件夹。

本节任务点：

任务点1：参照图3-50，在系统自带标注的基础上创建新的标注样式，并参照一种标注样式在"修改 标注样式：标注模拟"面板中对各项进行逐一修改。

任务点2：参照图3-51，打开有标注样式的新文件，将其中的标注样式复制到当前文件中。

任务点3：参照图3-53和图3-54，练习不同标注样式类型的标注及应用过程。

任务点4：参照图3-55，练习单行文字和多行文字的输入。

任务点5：参照图3-57，创建文字，提取文字的边线后进行图形修复，保证文字轮廓为完整的多段线。

任务点6：参照图3-63～图3-65，打开图库素材后，按照步骤进行填充图案的创建和新图形的填充。

任务点7：参照图3-67～图3-69，导入图库素材，并进行填充使用。

3.6　基本编辑命令——室内家具综合应用案例

通过编辑命令的学习能够得知，部分编辑命令存在共通的绘图逻辑，命令之间也可以根据先后执行顺序的不同产生多种组合方式，所以同一图形会有多种绘制方式。合理选择和组合命令能够体现对编辑命令的熟练掌握程度，同时也是对逻辑能力和独立解决问题能力的培养。本节根据基本编辑命令的分类，设置室内家具作为实例进行专项练习，从绘制单一家具图块向家具组合过渡逐步实现图形绘制技能的提升。

3.6.1 案例一：阵列类图形

能力模块

图形的捕捉移动；参照旋转；复制阵列；镜像；偏移；极轴阵列。

1. 移动、旋转命令——沙发组合案例

绘图思路：首先观察图3-70，整体形态主要通过移动和旋转命令完成沙发组合的绘制。其中双人沙发通过捕捉中点，实现点对点的捕捉移动；茶几通过追踪矩形地毯的中心执行点对点移动；落地灯通过创建两点圆，捕捉其圆心进行移动；单人沙发主要通过参照旋转来完成，这也是本案例的操作难点。

具体步骤如下：

（1）捕捉移动

步骤一：利用快捷键"OS"设置好基本的捕捉点（端点、中点、圆心）后，打开对象捕捉。在命令行输入"C"后按空格键，利用两点生成圆（图3-71a）。

步骤二：选择落地灯图形，在命令行输入"M"后按空格键，将落地灯捕捉圆心到圆心，沙发捕捉中点到端点，茶几捕捉圆心到中心。其中茶几捕捉移动到圆心的确认方式是沙发中缝点追踪到地毯边中点形成的交点（图3-71b）。

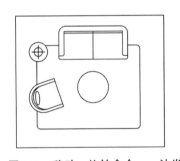

图3-70 移动、旋转命令——沙发
组合案例

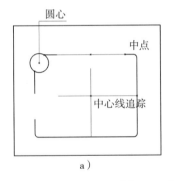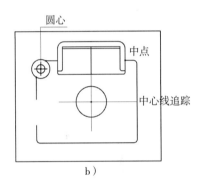

a)　　　　　　　　　　　　b)

图3-71 捕捉移动（二）

（2）参照旋转

步骤三：如图3-72a所示，选择沙发图形，在命令行输入"M"后按空格键，将沙发端点捕捉到射线端点。

步骤四：如图3-72b所示，再次选择沙发图形，在命令行输入"RO"后按空格键，指定端点作为基点后输入二级命令"R"后按空格键实现参照旋转。然后依次点取基点、沙发边端点以及射线与地毯的交点（也可以是射线上的其他点），完成沙发图块的参照旋转操作。

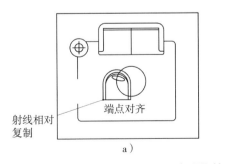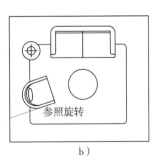

a)　　　　　　　　　　　　b)

图3-72 参照旋转（二）

2. 复制命令——沙发案例

绘图思路：首先观察图3-73，整体形态主要通过组合倒圆角的矩形单元绘制而成。其中可以实现这种效果的命令包括矩形阵列、复制命令下的阵列或是通过输入距离进行复制。这些命令的熟练掌握和灵活操作是本案例绘制的重点。

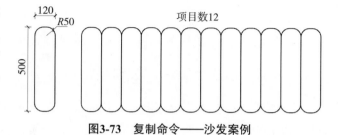

图3-73　复制命令——沙发案例

三种绘制方法的具体步骤如下：

（1）矩形阵列

步骤一：选择以单个圆角矩形图案作为基本素材，在命令行输入"AR"后按空格键，选择矩形阵列模式。

步骤二：单击生成的图形（四行四列图形），将行数调整为1，列数为12，同时调整间距为120mm，完成沙发图形绘制。最终效果如图3-74所示。

（2）复制阵列

选择以单个圆角矩形图案作为基本素材，在命令行输入"CO"后按空格键，再输入二级命令"A"后输入项目数"12"，捕捉横向宽度作为项目间距，完成沙发图形绘制。最终效果如图3-75所示。

（3）距离复制

步骤一：选择以单个圆角矩形图案作为基本素材，在命令行输入"CO"后按空格键，沿水平方向依次输入项目间距为"120、240、360、480、600"，完成沙发一半的图形绘制。

步骤二：框选已经创建的一半图形，在命令行输入"CO"后按空格键，进行图形复制完成沙发图形创建，也可以在命令行输入"MI"后按空格键，捕捉最右侧边作为镜像轴，完成沙发图形的绘制。最终效果如图3-76所示。

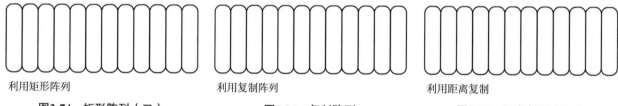

利用矩形阵列

图3-74　矩形阵列（二）　　　图3-75　复制阵列　　　图3-76　距离复制（二）

利用复制阵列　　　利用距离复制

除了以上方法外，如图3-77a所示，选择第一个图形输入距离（560mm）复制后，可以选择复制出来的第二个图形进行相对复制，捕捉点为第一个图形的右端点到第二个图形的右端点；也可以在复制到一半图形时，框选前面已经绘制的图形进行相对复制，或者选择以镜像复制形式完成图形绘制（图3-77b）。

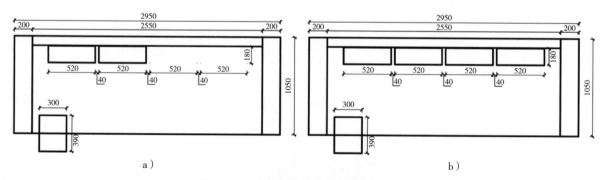

a）　　　　　　　　　　　　　　　b）

图3-77　距离复制和相对复制结合（二）

3. 镜像命令——餐桌案例

绘图思路：首先观察图3-78，六个座椅图形的对称主要通过镜像命令完成，重点在于镜像轴端点的选择，既可以捕捉第一点后，将端点、中点或垂足点作为第二点，也可以沿着水平或垂直正交方向捕捉任意点来完成镜像轴的确定。

具体步骤如图3-79所示，框选三个座椅后，在命令行输入"MI"后按空格键，确定桌边中点作为第一个镜像点后，发现第二个捕捉点受花卉图形干扰，此时可以沿着水平正交方向上的任意一点来确定镜像轴。

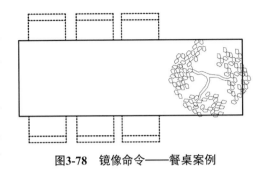

图3-78 镜像命令——餐桌案例

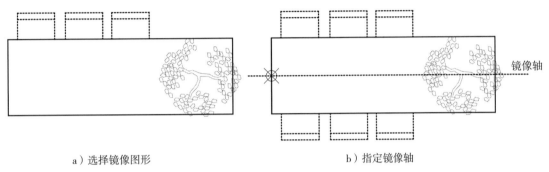

a）选择镜像图形   b）指定镜像轴

图3-79 镜像过程

4. 偏移命令——山水装饰案例

绘图思路：观察山水装饰图块主要由自由曲线和圆形构成。本案例主要练习图形的多次偏移，具体步骤如下：

步骤一：选择圆形图案，在命令行输入"O"后按空格键，输入偏移间距"150"后再按空格键。输入二级命令"M"后按空格键，指定偏移方向为向外偏移，即可实现圆形的多次连续偏移（图3-80）。两组图形操作方法一致，如果需要对两个图形同时执行偏移，需要借助源泉工具箱中的"SF"命令。

步骤二：框选（从左上到右下）装饰图形后，在命令行输入"M"后按空格键，移动位置如图3-81a所示。点选左侧装饰图形最外侧圆图形作为切割线，在命令行输入"TR"后按空格键，拾取右侧装饰图形处于切割圆内侧的部分弧形，则完成的切割图形效果如图3-81b所示。

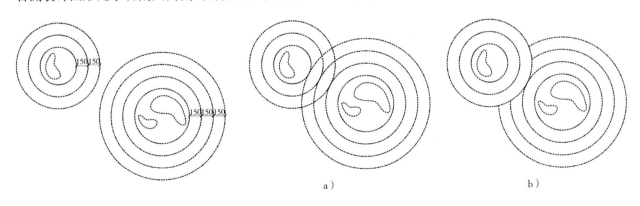

a）   b）

图3-80 偏移图形   图3-81 偏移过程中的移动和修剪

如果每次偏移的距离不同，需要在执行完第一次偏移后，需要按空格键再次进行距离的修改，如图3-82中的沙发案例，依次修改偏移距离为130、40、600，偏移完成后即可捕捉端点绘制直线，完成图形绘制。

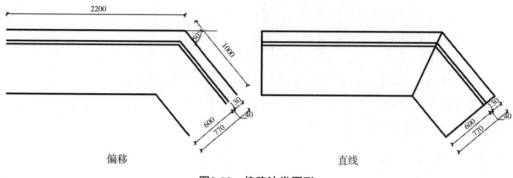

图3-82　偏移沙发图形

5. 阵列命令——沙发案例

1）矩形阵列。

绘图思路：观察图3-83沙发图块主要由倒圆角的矩形构成，本案例主要练习图形的矩形阵列，具体步骤如下：

步骤一：选择以单个圆角矩形图案作为基本素材，在命令行输入"AR"后按空格键，选择矩形阵列模式。

步骤二：单击生成的图形（三行四列图形）（图3-84a），将行数调整为4，列数为10，同时调整间距为100mm，完成沙发图形绘制。最终效果如图3-84b所示。

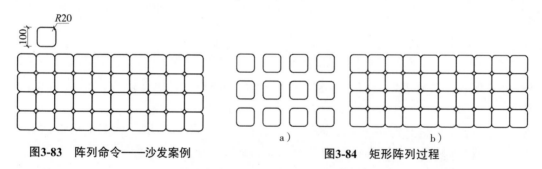

图3-83　阵列命令——沙发案例　　a）　　b）　　图3-84　矩形阵列过程

除了矩形阵列外，还能通过复制命令中的相对复制和阵列复制来完成。如图3-85所示，首先将一个倒圆角矩形复制10个。接下来可以通过以框选第一排图形捕捉中点向下复制三次的方式来完成，也可以以框选第一排图形后再次执行复制命令下的二级命令阵列来完成沙发图形的绘制。

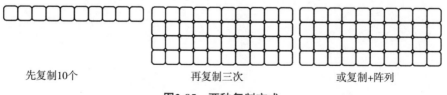

先复制10个　　再复制三次　　或复制+阵列

图3-85　两种复制方式

2）极轴阵列命令——床头灯和餐桌案例。

绘图思路：观察图3-86床头灯图块的灯罩部分主要由线的环形复制生成，本案例主要练习图形的极轴阵列，具体步骤如下：

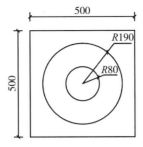
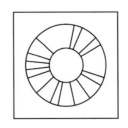

图3-86　极轴阵列命令——床头灯案例

步骤一：选择构成灯罩的单线线段作为基本元素，在命令行输入"AR"后按空格键，选择极轴阵列模式，单击圆心后生成阵列，输入二级命令"I"，输入项目数"30"后按空格键退出。命令行显示如下：

命令: AR

ARRAY 找到 1 个

输入阵列类型 [矩形(R)/路径(PA)/极轴(PO)] <矩形>: PO

类型 = 极轴　关联 = 是

指定阵列的中心点或 [基点(B)/旋转轴(A)]:

选择夹点以编辑阵列或 [关联(AS)/基点(B)/项目(I)/项目间角度(A)/填充角度(F)/行(ROW)/层(L)/旋转项目(ROT)/退出(X)] <退出>: i

输入阵列中的项目数或 [表达式(E)] <6>: 30

步骤二：将极轴阵列的图形炸开（快捷命令为"EX"），随机选择部分线段后删除，最终效果如图3-87所示。

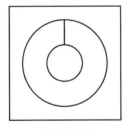
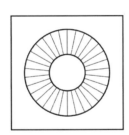
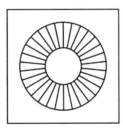
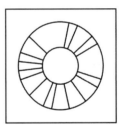

a）基础图形　　　　b）极轴阵列，项目数30　　　　c）炸开　　　　d）删除

图3-87　极轴阵列图形绘制过程

用极轴阵列绘制餐桌：极轴阵列通常用于家具的环形阵列，以餐桌图块为例，选择椅子图块后在命令行输入"AR"后按空格键，选择极轴阵列模式，单击圆心后，实现以极轴阵列复制图形。为了图块非对称的自然效果，可将椅子旋转一定角度后再进行阵列操作，最终效果如图3-88所示。

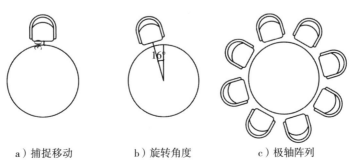

a）捕捉移动　　　　b）旋转角度　　　　c）极轴阵列

图3-88　极轴阵列餐桌绘制过程

本节任务点：

任务点1：参照图3-71和图3-72，利用移动、旋转命令完成沙发组合图案的绘制。

任务点2：参照图3-74~图3-76，分别用矩形阵列、复制阵列、距离复制完成沙发图案的绘制。

任务点3：参照图3-79，利用镜像命令完成餐桌图案的绘制。

任务点4：参照图3-80和图3-81，利用偏移、移动和修剪命令完成山水装饰图案的绘制。

任务点5：参照图3-84和图3-85，分别用矩形阵列、相对复制和阵列复制完成沙发图案的绘制。

任务点6：参照图3-87和图3-88，利用极轴阵列命令完成床头灯和餐桌图案的绘制。

3.6.2 案例二：修剪类图形

能力模块

图形的圆角；图形剪切。

1.圆角图形练习

（1）圆角命令——单人沙发案例

绘图思路：首先观察图3-89所示的圆角单人沙发案例，主要应用到圆角、偏移、修剪命令，辅助延伸、移动、炸开命令，可以采用两种方法进行图形创建。

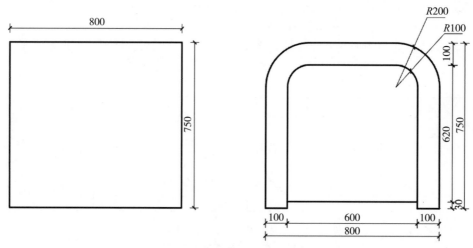

图3-89 圆角单人沙发案例

方法一步骤如下：

步骤一：在命令行输入"REC"后按空格键，矩形尺寸为800mm×750mm。

步骤二：在命令行输入"O"后按空格键，向内侧方向偏移距离100mm，使用"X"命令将两个矩形炸开。使用"EX"延伸命令使内部两条垂直线与底边相交。

步骤三：在命令行输入"M"后按空格键，将内部矩形下方的横边向下移动70mm的距离，使用修剪命令，框选内部两条垂直线作为剪切线，完成沙发座椅部分的修剪。

步骤四：在命令行输入"F"后按空格键，输入二级命令"R"，指定半径为200mm，连续拾取沙发两个转角边线。再次按空格键激活圆角命令，指定半径为100mm，最终完成的图形效果如图3-90a、b所示。

方法二步骤如下：

步骤一：创建800mm×750mm矩形后，使用"X"命令将矩形炸开后，再框选除底边外的三条边，在命令行输入"J"后将其合并成一条线，然后对其进行偏移。

步骤二：在命令行输入"O"后按空格键，将合并的线向内侧方向偏移100mm的距离，再利用直线命令绘制内侧底边短线，并利用移动命令将其向上移动30mm的距离。

步骤三：使用修剪命令完成沙发座面部分的修剪，重复方法一中的圆角命令步骤完成沙发图形的创建，最终完成的图形效果如图3-90a、c所示。

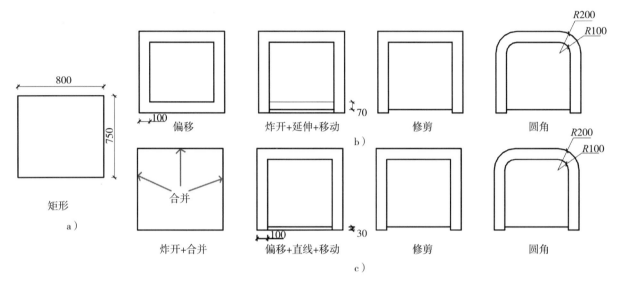

图3-90 单人沙发案例绘制过程

（2）圆角命令——茶几案例

当图形中出现多个相同圆角半径的造型时，可通过加载圆角的二级命令实现连续多次的圆角操作。如图3-91所示茶几造型圆角半径阳角部分为30mm，阴角部分为15mm。

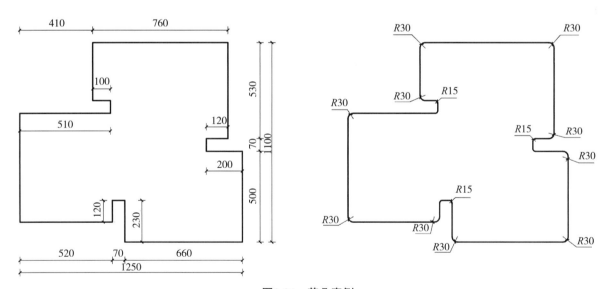

图3-91 茶几案例

步骤一：在命令行输入"PL"后按空格键，同时打开正交模式（快捷命令为"F8"），根据图3-91中的尺寸进行外轮廓线的绘制，最后相交处可输入"C"进行图形闭合（图3-92a）。

步骤二：在命令行输入"F"后按空格键，输入二级命令"R"，指定半径为30mm，再输入二级命令"M"，依次点取外轮廓阳角转角处两条线段，完成效果如图3-92b所示。

步骤三:重复上个步骤,即在命令行输入"F"后按空格键,输入二级命令"R",指定半径为15mm,再输入二级命令"M",依次点取外轮廓阴角转角处两条线段,完成效果如图3-92c所示。

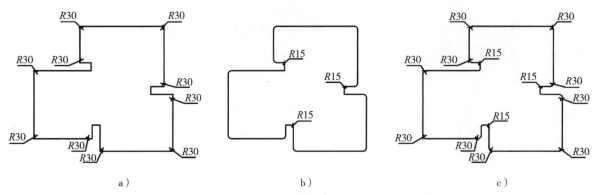

a)   b)   c)

图3-92 茶几案例绘制过程

（3）圆角命令——双人床案例

绘图思路:通过观察图3-93所示的双人床图形,发现圆角半径有100mm和135mm两种,其中床脚有两处圆角,被子有两种圆角半径值,枕头造型整个多段线圆角值相同,基于此确定圆角命令中二级命令"M"（多个）和"P"（多段线）需要灵活切换使用。具体步骤如下:

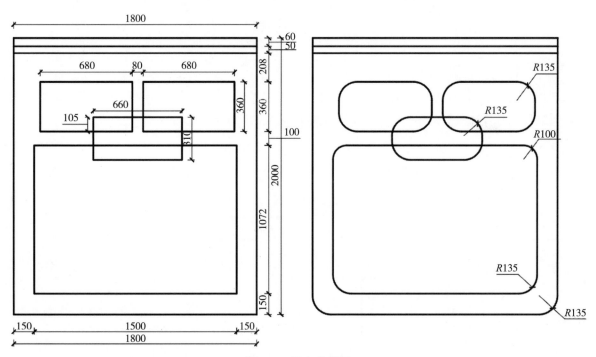

图3-93 双人床案例

步骤一:框选床脚和被子造型后,在命令行输入"F"后按空格键,再输入二级命令"R"后按空格键,输入半径值135mm后再按空格键,输入二级命令"M"后分别拾取需要转换为圆角值为135mm的边,完成后按空格键结束当前命令。

步骤二:再次按空格键激活圆角命令,输入二级命令"R"后按空格键,设置半径值为100mm,输入二级命令"M"后分别拾取需要转换为圆角值为100mm的边,完成后按空格键结束当前命令。

步骤三:框选或点选三个枕头图案后,在命令行输入"F"后按空格键,再输入二级命令"R"后按空格键,输入半径值135mm后按空格键,输入二级命令"P"后分别拾取三个枕头的多段线,完成后按空格键结束当前命令（图3-94）。

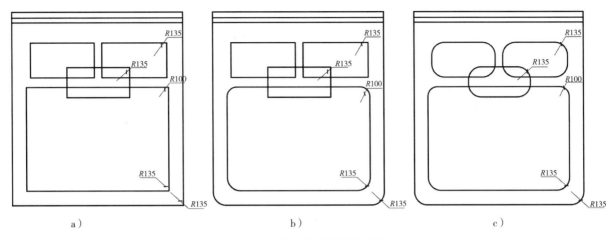

a）　　　　　　　　　　　　b）　　　　　　　　　　　　c）

图3-94　双人床案例绘制过程

2.剪切图形练习

（1）剪切命令——茶几组合案例

绘图思路：如图3-95所示的圆弧形茶几组合案例主要练习图形之间的剪切，最终效果如图3-95c所示。主要步骤如下：

a）样条曲线　　　　　　　b）捕捉移动　　　　　　　c）剪切

图3-95　茶几组合案例绘制过程

步骤一：将绘制好的两个茶几样条线，通过移动命令叠加到一起。

步骤二：选择左侧茶几样条线作为切割线，在命令行输入"TR"后按空格键，点取右侧茶几造型的交叉部分，完成茶几图案绘制。

（2）剪切命令——方形茶几案例

在进行图形剪切时，既可以先选取用于剪切的线段后执行剪切命令，也可以同时将参与剪切和被剪切的线段全部选择后执行剪切命令，图3-96中的案例主要利用两条相交的双线剪切茶几桌面矩形来完成，具体方法如下：

方法一：框选两条交叉双线后，在命令行输入"TR"后按空格键，先点选与茶几桌面交叉的部分线段，再点选交叉部分多余线段。

方法二：框选整个图形后，在命令行输入"TR"后按空格键，对照最终图形效果，点选需要剪切的线段。

方法三：由于需要剪切的线段可由一条共同穿过的线段同时剪切，因此，可以在全部选择图形执行剪切命令后，输入二级命令"F"后按空格键，绘制一条可以横穿所有需要剪切的线段后按空格键，即可快速完成图案绘制。此种方法比较适合剪切短小集中、方向不一致等不易进行图形框选的线段。

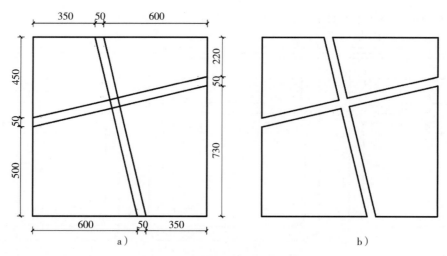

图3-96 方形茶几案例绘制过程

本节任务点：

任务点1：参照图3-90，采用两种方法完成单人沙发图案的绘制。

任务点2：参照图3-92，利用圆角命令中的二级命令"M"，完成茶几图案的绘制。

任务点3：参照图3-94，综合应用圆角命令中的二级命令"M"和"P"，完成双人床图案的绘制。

任务点4：参照图3-95和图3-96，利用剪切命令完成两种茶几图案的绘制。

3.6.3 案例三：参照缩放类图形

能力模块

图形的比例和参照缩放；图形拉伸。

1. 缩放命令——燃气灶案例

绘图思路：如图3-97所示的燃气灶案例主要练习倍数缩放（0.6倍）和参照缩放（由95mm缩放到105mm）两种缩放形式，具体步骤如下：

步骤一：选择单个燃气灶图形，以"复制"（快捷键为"Ctrl+C"）和"粘贴为块"（快捷键为"Ctrl+Shift+V"）的方式将其创建成图块，最终效果如图3-98a所示。

步骤二：选择创建好的图块，在命令行输入"CO"后按空格键，复制两次后生成三个图形。

步骤三：选择第二个需要缩放的图块，在命令行输入"SC"后按空格键，点取圆心作为基点，输入倍数值"0.6"后按空格键，完成以倍数缩放图案的操作。

步骤四：选择三个需要缩放的图块，在命令行输入"SC"后按空格键，点取圆心作为基点，输入二级命令"R"后按空格键，先单击圆心作为基点，然后点取长度为95mm的半径

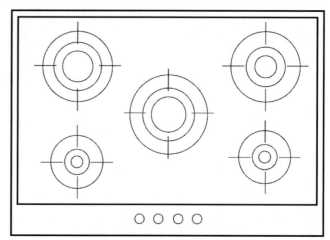

图3-97 缩放命令——燃气灶案例

端点，最后输入最终长度值"105"完成参照缩放图案，最终效果如图3-98b所示。

步骤五：将绘制好的三个图块，利用移动命令，圆心对应交点，完成部分图形的绘制，最终效果如图3-98c所示。

步骤六：选择左侧两个图块，在命令行输入"MI"后按空格键，以中间图块中点和矩形中点两点确定镜像轴，保留源对象后完成燃气灶图形的绘制，最终效果如图3-98d所示。

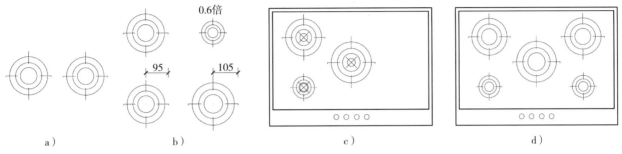

图3-98　缩放命令——燃气灶案例图形绘制过程

2. 拉伸命令——单人床案例

如图3-99单人床一般宽度有900mm、1000mm、1200mm等类型,通过拉伸命令能够实现图形宽度的变化，将原有900mm宽的单人床拓宽成1200mm。具体步骤如下：

步骤一：从右下方往左上方向框选枕头右侧的造型（图3-100a），在命令行输入"S"后按空格键，向右侧设定拉伸方向后，输入拉伸距离"150"后按空格键，效果如图3-100b所示。

步骤二：重复步骤一的操作，从右下方往左上方向框选枕头右侧的造型，在命令行输入"S"后按空格键，向右侧指定拉伸方向后，输入拉伸距离"150"后按空格键，最终效果如图3-100c所示。

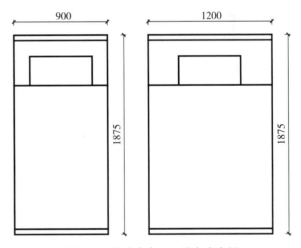

图3-99　拉伸命令——单人床案例

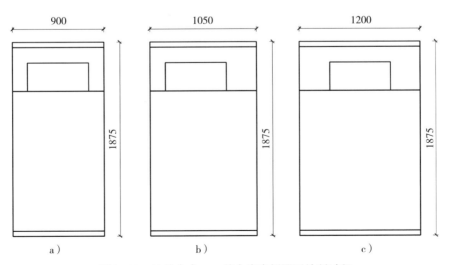

图3-100　拉伸命令——单人床案例图形绘制过程

动态图块的延伸方法：动态图块是将图块和拉伸命令结合在一起，具有动态、参数化特点的图形绘制方法，相比较单一拉伸命令的使用，有绘制快、多参数、动态性可灵活变化等优势。动态图块中的动作类型较多，需要结合图形变化需求进行动作类型及相应特性参数的调整，这部分将在第4.2节中具体结合案例讲解。

采用动态图块方式创建单人床案例的整个绘制过程如图3-101所示。

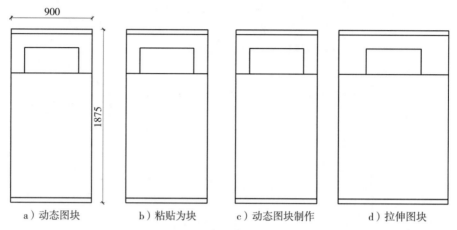

a）动态图块 b）粘贴为块 c）动态图块制作 d）拉伸图块

图3-101 动态图块绘制过程

图3-101中的单人床图案，动作类型是拉伸，宽度需要从900mm拉伸到1200mm，特征参数中的拉伸距离增量是300mm，要求从中间向两侧同时拉伸。明确动作类型及特征参数后可进行图块编辑器内容的设置，具体步骤如下：

步骤一：制作图块。将图形整体制作成图块是动态图块编辑的基础，通过复制、粘贴为块的操作能够快速创建图块，制作完成后，双击图块即可进入图块编辑面板。

步骤二：添加线性参数和拉伸动作。类似于线性标注的操作，为图形拉伸也需要添加一个线性参数，此时会出现两个夹点，代表图形可以向两侧拉伸（如只需向一个方向拉伸，按快捷键"Ctrl+1"打开参数特征，底部夹点数量调整为1，注意保留一个夹点的位置与一开始添加线性参数时的方向有关），完成效果如图3-102所示。

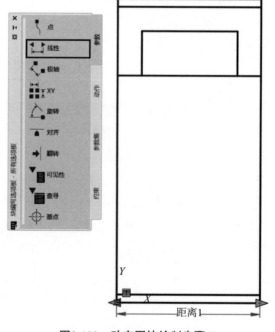

图3-102 动态图块绘制步骤二

步骤三：指定框选范围，框选拉伸图形的部分造型，不要全选（全选后的拉伸相当于移动命令，与拉伸命令逻辑一致），完成后进行拉伸对象的框选（从右下方往左上方框选），此时枕头图形尺寸不变，不在框选范围内。框选完成后按回车键，即可在线性参数右下角生成一个拉伸符号（右击可进行修改和删除），完成效果如图3-103所示。

步骤四：设定另一个方向的拉伸范围和拉伸对象。单击拉伸动作后，设置另一个方向的夹点，框选拉伸范围和拉伸对象后按回车键，完成效果如图3-104所示。

步骤五：设置线性参数特征，包括距离类型及基点位置。单击"线性参数"按钮，右击打开特性

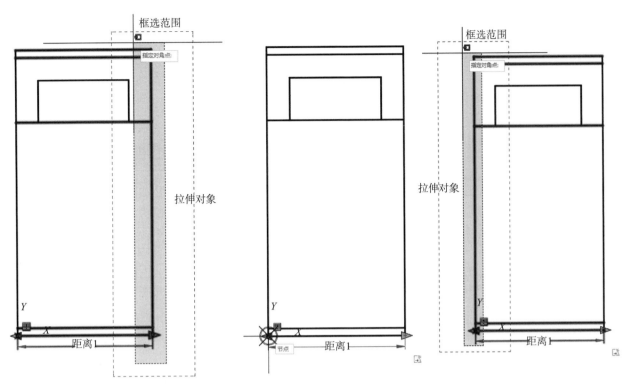

图3-103　动态图块绘制步骤三　　　　　　　　　　图3-104　动态图块绘制步骤四

面板，将距离类型设置为增量模式，距离增量为300mm，最小距离为900mm，最大距离为1500mm，此时为单向拉伸，每次增量300mm。将基点位置设置成中点，此时会变为双向拉伸，每次增量仍为300mm。特性设置完成后关闭块编辑器，选择将更改保存到块，完成效果如图3-105所示。

　　步骤六：动态图块拉伸。动态图块的基本原理就是通过控制夹点实现图形的动态拉伸，单击图块，拉伸夹点，此时会出现两个辅助点，可以实现900mm、1200mm和1500mm三个尺寸的任意切换，完成效果如图3-106所示。

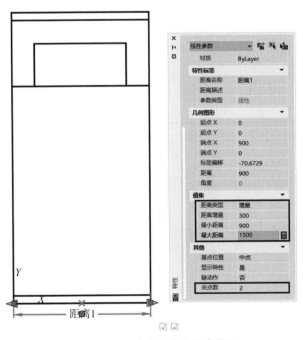

图3-105　动态图块绘制步骤五

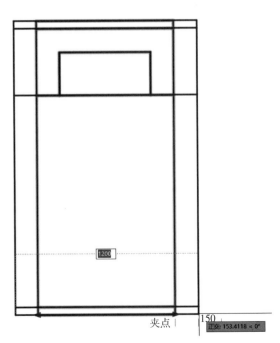

图3-106　动态图块绘制步骤六

3. 块与插入块——餐桌案例

图3-107中的桌子尺寸变化可以直接通过绘制矩形完成，也可以通过插入图块时的不等比例缩放操作来完成。凳子的绘制除了利用距离复制、阵列外，还可以将两个命令结合起来，利用复制命令下的二级命令阵列操作（阵列距离为600mm，布满距离为1200mm）来完成。

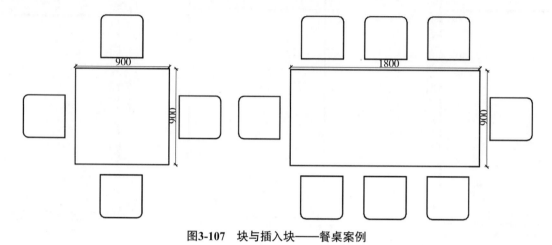

图3-107　块与插入块——餐桌案例

步骤一：桌面矩形的绘制过程如图3-108所示，利用创建块与插入块或修改图块特性两种方法实现图块的不等比例缩放。

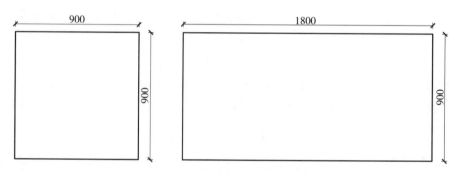

图3-108　块与插入块——餐桌案例步骤一

方法一：利用复制和粘贴为块的方式进行图块的快速创建，也可以利用快捷方式块命令来完成，创建后输入插入块命令"I"，如图3-109所示，在插入面板中修改对应轴的比例，可以输入数值"2"，然后指定位置进行不等比例图形的插入，在2014低版本的AutoCAD中可以进行数值比的输入，例如1800/900。

方法二：同样也可以利用修改图块特性进行不等比例缩放。单击图形右击选择"特性"，如图3-110所示，在对应的轴上输入需要缩放的比例"2"，当比例不是整数数值时，例如X轴需要缩放到

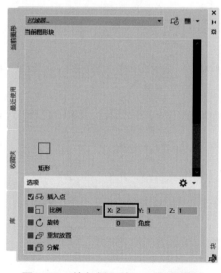

图3-109　块与插入块——餐桌案例步骤一方法一

图3-110　修改图块特性进行不等比缩放

1500mm时，可以输入"1500/900"进行不等比例缩放。

步骤二：桌面图形完成不等比例缩放后，进行凳子图块的摆放，两侧凳子居中后移动100mm的距离。如图3-111所示餐桌下方的凳子图形，先设置捕捉点（100，-100），捕捉后绘制辅助线（距离边缘100mm）。按快捷键"CO"执行复制命令，进行凳子的布满阵列，项目数为3，完成后执行镜像命令，完成餐桌图形绘制。

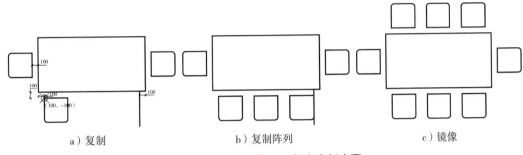

a）复制　　　　　　　　　　b）复制阵列　　　　　　　　　　c）镜像

图3-111　块与插入块——餐桌案例步骤二

动态图块的拉伸方法拓展：动态图块中通过拉伸实现尺寸变化和图形阵列的方法能够灵活调整图块样式，在掌握基本编辑命令的前提下可以拓展学习一下。餐桌案例采用动态图块方式创建的过程主要包含桌子矩形造型的拉伸和上下两侧凳子的阵列，注意在阵列动作类型添加前需要调整凳子的起始位置。具体步骤如下：

步骤一：完成图块原始图形的调整和线性参数的添加。为了实现座椅的均匀阵列，需要调整一下座椅的初始位置，将其移动到桌角点的相对位置。在块编辑菜单切换至参数层级，单击"线性"后添加线性参数，效果如图3-112所示。

步骤二：添加桌面拉伸动作，调整拉伸参数。在块编辑菜单切换至动作层级，单击"拉伸"后拾取参数，指定拉伸起点后框选拉伸范围，选择拉伸范围内的对象后按空格键，完成拉伸动作的设置，效果如图3-113所示。

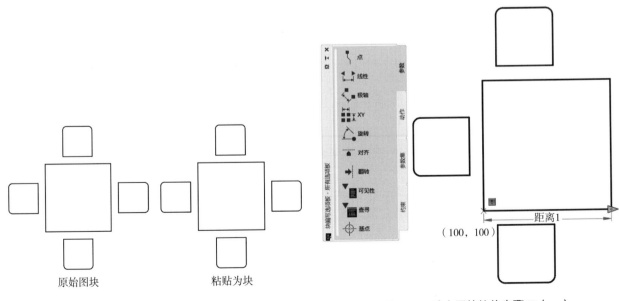

原始图块　　　　　　　　　粘贴为块

图3-112　动态图块拉伸步骤一　　　　　　　图3-113　动态图块拉伸步骤二（一）

单击"线性参数"后按快捷键"Ctrl+1"打开特性，首先设置夹点数为1，同时调整距离增量为600mm，最小距离为900mm，最大距离为2100mm，效果如图3-114所示。

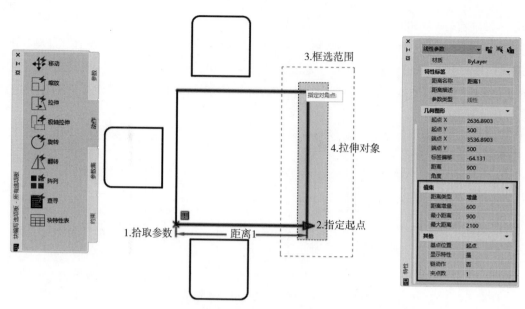

图3-114　动态图块拉伸步骤二（二）

步骤三：添加凳子阵列动作。在块编辑菜单切换至动作层级，单击"阵列"后拾取线性参数，选择一组座椅对象后按空格键，单击座椅左上角后，输入距离600mm（间距200mm），效果如图3-115所示。

步骤四：动态图块的拉伸。单击关闭块编辑器，退出后单击图块显示夹点，拖拽拉伸夹点实现拉伸，每次拉伸距离为900mm，同时进行凳子的阵列复制，间距为200mm，最终效果如图3-116所示。

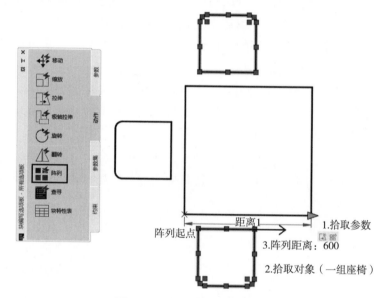

图3-115　动态图块拉伸步骤三

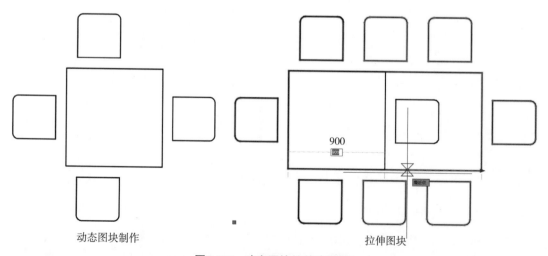

图3-116　动态图块拉伸步骤四

本节任务点:

任务点1：参照图3-98，采用两种缩放方法完成燃气灶图案的绘制。

任务点2：参照图3-100，利用拉伸命令完成单人床图案的绘制。

任务点3：参照图3-102~图3-106中动态图块的拉伸方法，完成单人床图案的绘制。

任务点4：参照图3-107~图3-111，利用图块的不等比例缩放、复制和镜像命令完成餐桌图案的绘制。

任务点5：参照图3-112~图3-116中动态图块的创建方法，完成餐桌图案的绘制。

3.6.4 案例四：分段类图形

能力模块

图形等分和均分；图形绘制命令的选择及组合；图形绘制的先后关系。

图3-117为利用等分、均分命令绘制桌椅组合的案例。

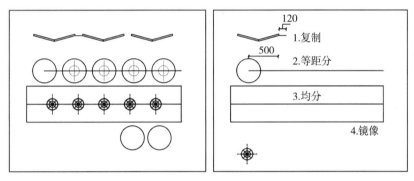

图3-117 等分、均分命令绘制桌椅组合图形

绘图思路：如图3-117所示案例在练习等距分放置座椅以及均分命令放置台灯图形的同时，还会使用复制及镜像命令。

绘制屏风图形具体步骤如下：

步骤一：如图3-118a所示，打开正交模式，利用直线（在命令行输入"L"）命令，捕捉屏风右侧端点绘制120mm直线。

步骤二：如图3-118b所示，框选一组屏风图形，在命令行输入"CO"后按空格键，拾取捕捉端点1到捕捉点2，完成屏风单元的复制。

步骤三：如图3-118c所示，框选步骤二复制的屏风图形单元，按空格键后激活上一次使用的复制命令，采用相对距离复制的方式，拾取捕捉点1到捕捉点2完成屏风图案的绘制。

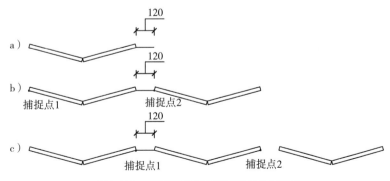

图3-118 桌椅组合图形绘制过程之屏风

凳子图形有三种绘制方法：

方法一之步骤一：如图3-119所示，选择直线线段后，在命令行输入"ME"后按空格键，间距为500mm，生成用于捕捉的辅助点样式。点样式如果不显示，单击"格式"菜单中的"点样式"，调整样式后按"确定"按钮。

方法一之步骤二：选择圆形后，输入复制命令"CO"后按空格键，捕捉点样式完成图形绘制。

方法二：选择圆形后，在命令行输入复制命令"CO"后按空格键，再输入二级命令"A"，项目数为5，间距为500mm，完成图形绘制。

方法三：可以直接采用矩形阵列命令完成，选择圆形后，输入阵列命令"AR"后按空格键，选择矩形阵列后调整阵列参数，其中行数为1，列数为5，间距为500mm，完成效果如图3-119所示。

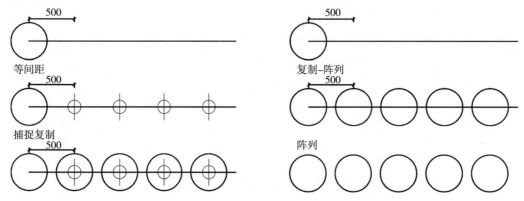

图3-119 桌椅组合图形绘制过程之凳子

桌上台灯图形的绘制方法与凳子相同：

方法一：利用均分命令在线段上生成点样式。选择台灯图形后，将点样式作为捕捉点进行连续复制，完成的图形效果如图3-120a。

方法二：利用复制命令中的二级命令阵列"A"，输入项目数为7，选择布满，完成的图形效果如图3-120b所示。

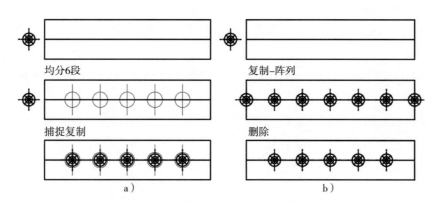

图3-120 桌椅组合图形绘制过程之桌上台灯

如图3-121所示，右下方的凳子图形通过镜像命令来完成，选择右上角两个凳子图形，在命令行输入"MI"后按空格键，捕捉桌子矩形的两个中点作为镜像轴，选择保留源对象后完成图形的绘制。

本节任务点：

任务点：参照图3-117~图3-121，完成屏风桌椅组合图案的绘制。

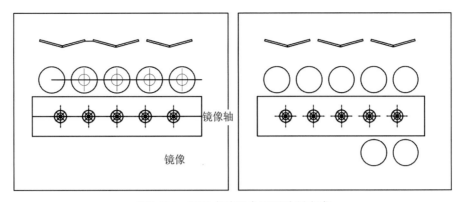

图3-121　屏风桌椅组合图形绘制完成

3.6.5　案例五：三视图标注和文字辅助类图形

能力模块

图形三视图绘制；图形的标注和文字索引。

1. 床头柜图形练习（图 3-122）

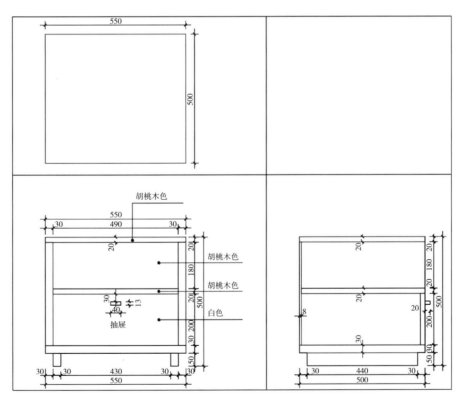

图3-122　床头柜图形三视图

绘图思路：完成图3-122床头柜图形的尺寸标注，主要绘制内容包含三视图对齐、标注辅助线绘制、尺寸标注、索引文字绘制和对齐等。具体步骤如下：

步骤一：绘制边长为2000mm的长方形作为外框，捕捉中点绘制直线，将长方形划分成四部分。根据图3-122的尺寸分别绘制出柜体的三视图，再利用移动命令将床头柜的三视图移动到四方格中进行对齐，效果如图3-123所示。

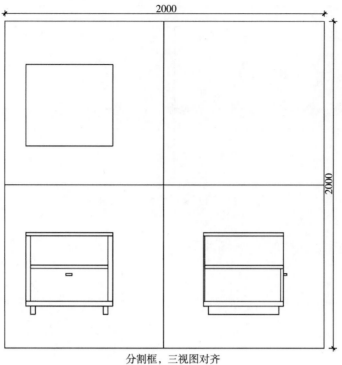

分割框，三视图对齐

图3-123　床头柜图形绘制步骤一

步骤二：为了对齐双层标注，可以通过偏移命令创建标注辅助线，在命令行输入偏移命令"O"后按空格键，偏移值为35mm，向外偏移两次，完成效果如图3-124所示。

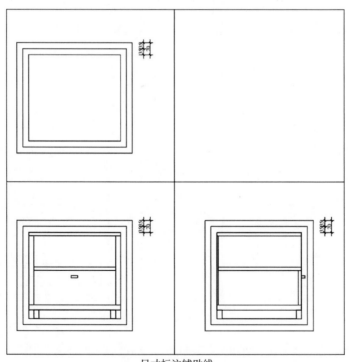

尺寸标注辅助线

图3-124　床头柜图形绘制步骤二

步骤三：在命令行输入"DLI"，捕捉端点进行标注，如顶视图图形没有分尺寸时，可只标注一层尺寸，前视图和左视图标注双层尺寸，板厚单独居中标注，最终效果如图3-125所示。

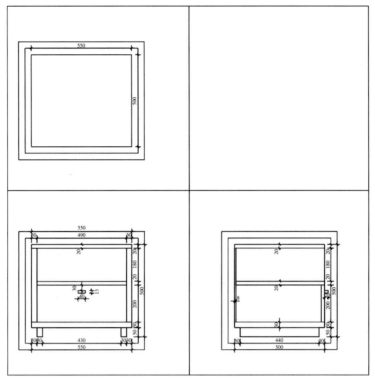

分尺寸与总尺寸标注

图3-125　床头柜图形绘制步骤三

步骤四：标注完成后将双层标注辅助线删掉，在命令行输入索引文字命令"LE"后进行索引线的绘制和文字修改，标明板材材料名称或颜色，效果如图3-126所示。

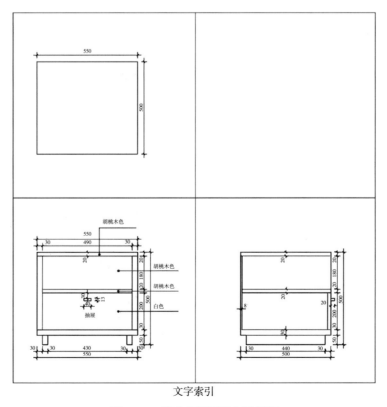

文字索引

图3-126　床头柜图形绘制步骤四

补充： 索引文字的对齐，可利用文本对齐命令"TA"来完成，最终效果如图3-127所示。

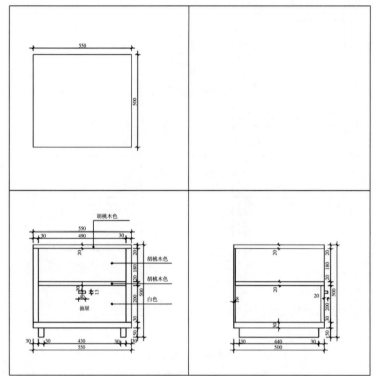

图3-127 床头柜图形绘制之索引文字对齐

2. 沙发组合图形练习（图 3-128）

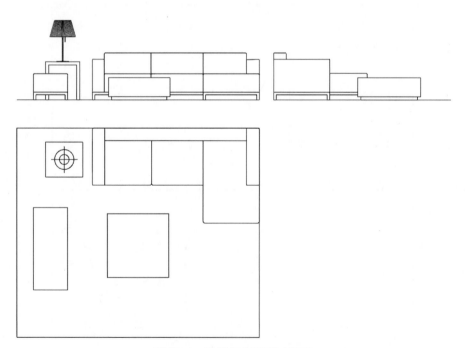

图3-128 沙发组合图形三视图

室内家具多以组合形式进行使用，是空间装饰风格的表达。如图3-128所示沙发组合案例的具体绘制过程和步骤如下：

步骤一：单体家具三视图标注。依次完成图3-128中单体家具台灯柜（图3-129）、茶几（图3-130）、双人沙发（图3-131）和L形沙发（图3-132）三视图的绘制。其中，标注辅助线的偏移尺寸要根据图形大小和比例来确定。

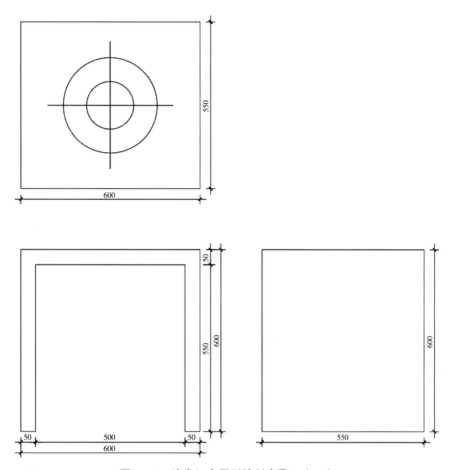

图3-129　沙发组合图形绘制步骤一（一）

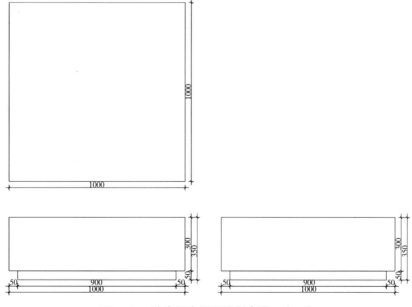

图3-130　沙发组合图形绘制步骤一（二）

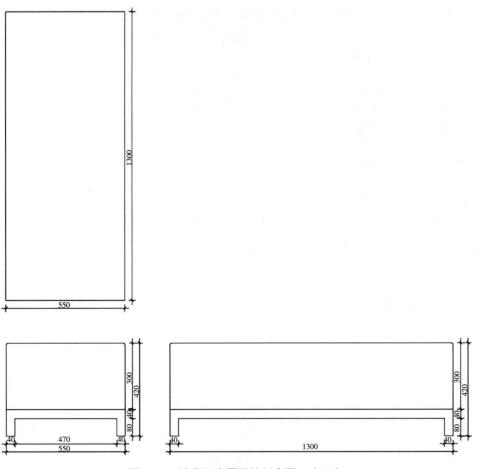

图3-131 沙发组合图形绘制步骤一（三）

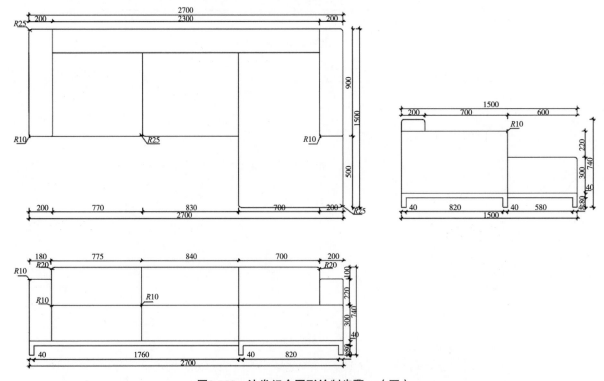

图3-132 沙发组合图形绘制步骤一（四）

步骤二：沙发组合三视图绘制。利用图3-133平面图中家具的位置参照，绘制出前视图和左视图。

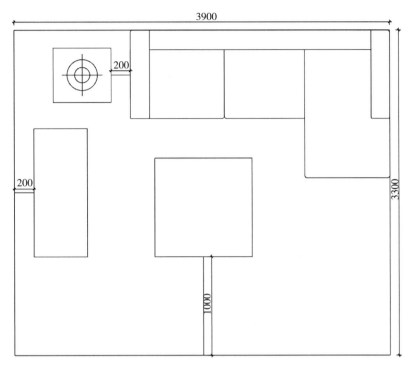

图3-133　沙发组合图形绘制步骤二（一）

1）前视图绘制。将平面图选中后，利用复制和粘贴为块命令将其创建成图块，复制后作为前视图家具摆放的参照，完成后如图3-134所示。摆放前可以将各个家具做成图块，之后统一炸开，再利用剪切命令完成遮挡图形造型线的修剪。

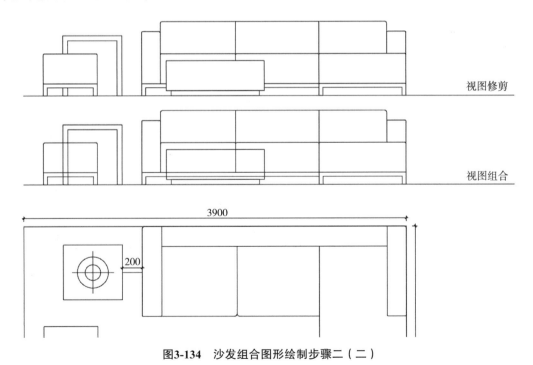

图3-134　沙发组合图形绘制步骤二（二）

2）左视图绘制。将沙发平面图图块复制后逆时针旋转90°后作为立面家具左视图的造型线位置参照，同样也是先组合后统一炸开，再根据家具的前后遮挡关系进行造型线剪切，最终完成效果如

图3-135所示。

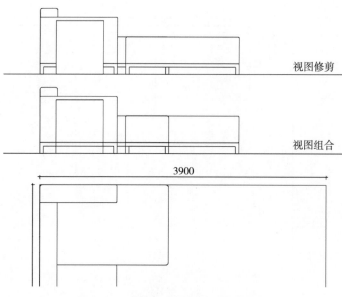

视图修剪

视图组合

3900

图3-135　沙发组合图形绘制最终效果

本节任务点：

任务点1：参照图3-122~图3-127，完成单体家具三视图标注。

任务点2：参照图3-128~图3-135，完成单体家具三视图标注的绘制，同时利用平面图生成前视图和左视图。

3.7　板式家具轴测图绘制

轴测图的绘制常用于机械制图和室内定制家具应用场景中，辅助指导机械零件或家具产品实际生产。轴测图的绘制需要掌握的基本技能包含轴测投影模式的激活方式，也就是轴测图的绘图环境设置。另外就是掌握利用直线和椭圆两种主要图形进行轴测方向的捕捉及图形绘制方法。本节主要利用定制家具案例对轴测图的绘制方法进行讲解。

3.7.1　轴测图的绘图环境设置与标注方法

能力模块

轴测图绘图环境的设置步骤。

轴测图绘图环境的设置步骤：

步骤一：调用草图设置命令，在命令行输入"DS"，如图3-136所示，单击第一个"捕捉和栅格"选项卡，在"捕捉类型"标签中选取"等轴测捕捉"。

步骤二：设置极轴追踪角度。如图3-137所示，单击"极轴追踪"选项卡，将追踪角度切换为30°，实现30°极轴捕捉，此时已经完成轴测图绘制的基础设置。设置完成回到绘图界面，发现光标由标准模式转换成了等轴测模式。

步骤三：尝试绘制边长为1m的正方体，会运用到实线和虚线（表示遮挡不可直视的图形）两种线型，如图3-138所示。指定界面任意点作为起点，打开"正交"和"对象捕捉"模式，打开轴测追踪，分别追踪30°和90°的方向绘制三条等长的线（图3-138a）。

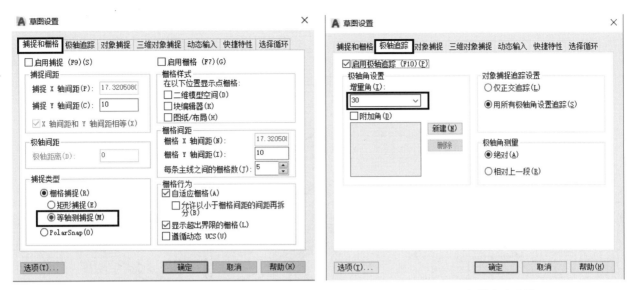

图3-136 等轴测捕捉设置　　　　　　　图3-137 极轴追踪设置

捕捉三条线的端点继续进行绘制，或者将线捕捉沿着轴测方向进行复制，复制距离为1000mm，在这里要注意的是轴测图中的线都是实际尺寸线，也就是平行线之间是等长的，需要移动复制，而非偏移（图3-138b）。

轴测图的标注方法：通常采用对齐标注，为了保证标注线的倾斜方向与轴测线的延伸方向一致，需要倾斜标注线（在"标注"工具栏中选择"编辑标注"命令或输入"Dimedit"），顺时针倾斜为"30°"，逆时针倾斜为"-30°"。最终效果如图3-138c所示。

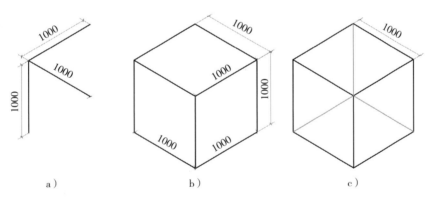

a）　　　　　　　　　b）　　　　　　　　　c）

图3-138 正方体轴测图绘制

本节任务点：

任务点1：参照图3-136和图3-137的步骤，完成轴测图绘图环境的设置。

任务点2：参照图3-138的步骤，绘制边长为1m的正方体，并尝试进行标注。

3.7.2 轴测图案例绘制

能力模块

床头柜轴测图绘制；圆弧类造型的绘制；玄关柜轴测图绘制。

轴测图在定制家具中得到广泛应用。其绘制可以在设置好轴测捕捉后，利用两种图形——直线为主、圆形（或椭圆）为辅完成。下面通过两个板式家具床头柜（图3-139）和玄关柜（图3-147）的绘制过程，讲解轴测图的绘制方法。

1. 床头柜轴测图绘制（图3-139）

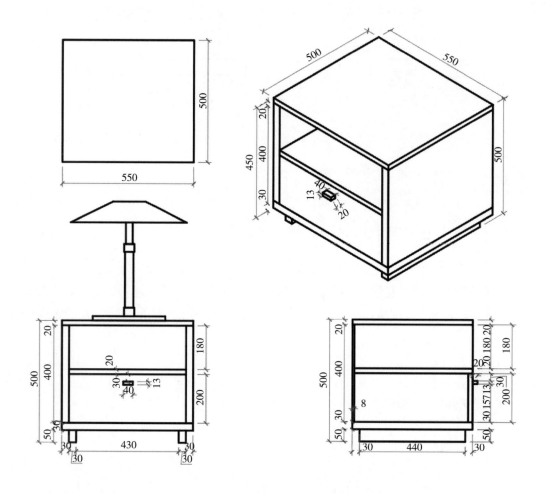

图3-139　床头柜三视图及轴测图尺寸

步骤一：板式家具轴测图的绘制思路为先绘制外框，再完成细部造型。按快捷键"DS"设置完等轴测捕捉后，打开极轴追踪（快捷键为"F10"），按照图3-140中尺寸首先绘制顶面矩形550mm×500mm，沿着顶点捕捉点向下绘制450mm长度的直线，最终完成柜体的框架绘制。

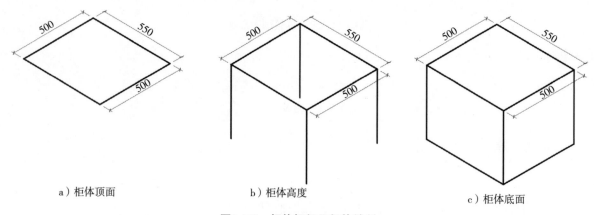

a）柜体顶面　　　　　　　b）柜体高度　　　　　　　c）柜体底面

图3-140　柜体框架几何体绘制

步骤二：绘制柜体内部线，方便进行柜体底部腿部造型的创建，如图3-141所示，腿部整体向内部缩进30mm，自身宽度为30mm。通过捕捉腿部高度直线进行距离复制，能够将腿部造型绘制出来。

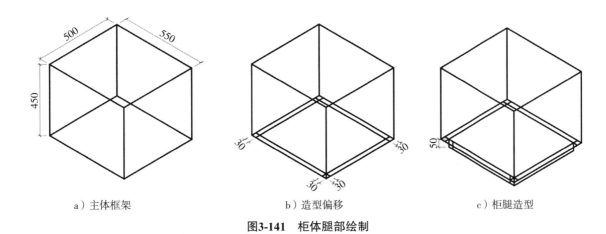

a) 主体框架　　　　　　　　　　b) 造型偏移　　　　　　　　　　c) 柜腿造型

图3-141 柜体腿部绘制

步骤三：对复制后的线进行修剪（在命令行输入"TR"），完成效果如图3-142a所示。然后进行柜子隔板造型的绘制，顶部和中部隔板厚度均为20mm，下部和左右隔板厚度均为30mm，完成后如图3-142b所示。第一格高度为180mm，下面带抽屉的高度为200mm，完成后如图3-142c所示。

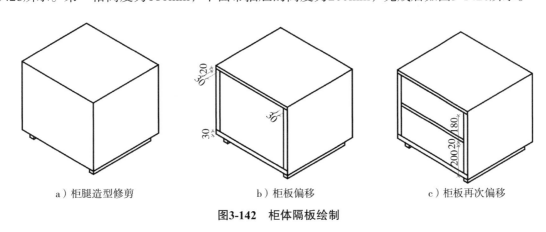

a) 柜腿造型修剪　　　　　　　　b) 柜板偏移　　　　　　　　　c) 柜板再次偏移

图3-142 柜体隔板绘制

步骤四：如图3-143所示，柜体上部第一格无柜门造型，只需要绘制隔板线，通过复制顶部线后剪切完成。下面第二格带抽屉及把手（尺寸40mm×13mm×20mm），捕捉隔板线中点绘制30mm长直线，定位把手中点后打开极轴捕捉完成把手图形绘制。

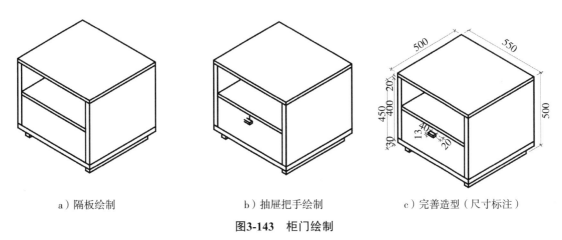

a) 隔板绘制　　　　　　　　　　b) 抽屉把手绘制　　　　　　　c) 完善造型（尺寸标注）

图3-143 柜门绘制

注意：圆弧类造型的绘制：

通过第一个柜体家具案例绘制，基本了解轴测图的基础设置、先外框后内部的绘制步骤以及利用直线复制偏移然后进行剪切的方法。当遇到弧形或者圆角的造型时，则是需用椭圆（在命令行输入

"EL")命令来完成,这一方法在第2.3节中已经讲解。下面用边长为1m的圆角(*R*=50mm)长方体来演示轴测图中圆角造型的绘制方法。具体步骤如下:

步骤一:为方便理解绘制过程,采用顶视图对照轴测图的方式进行绘制,如图3-144所示的外框尺寸550mm×500mm×450mm,设置好轴测图绘制环境后利用直线进行绘制,然后利用距离复制(偏移距离为50mm)的方式,确定圆心的位置。

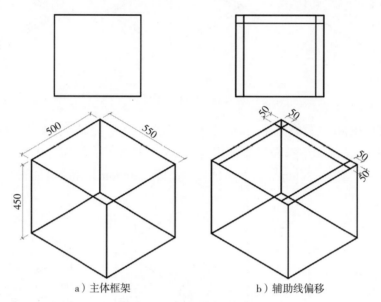

a)主体框架   b)辅助线偏移

图3-144　外框和圆心的确定

步骤二:在命令行输入"EL"后按空格键,再输入二级命令"I"后按空格键,如图3-145所示,捕捉等轴测图中的圆心,再捕捉半径,即可生成等轴测图中的圆角或圆形造型。将圆形作为切割线,使用修剪(在命令行输入"TR")命令完成四个转角弧形的绘制。

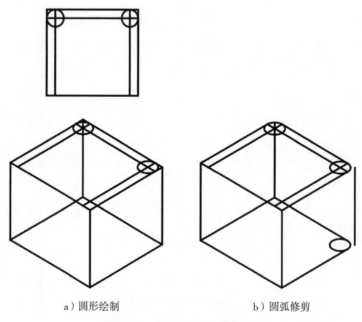

a)圆形绘制   b)圆弧修剪

图3-145　圆形绘制和圆弧修剪

步骤三:利用边线作为切割线,使用修剪(在命令行输入"TR")命令完成转角圆弧造型,删除多余造型线(图3-146a),完成圆角长方体的轴测图绘制,最终效果如图3-146b所示。

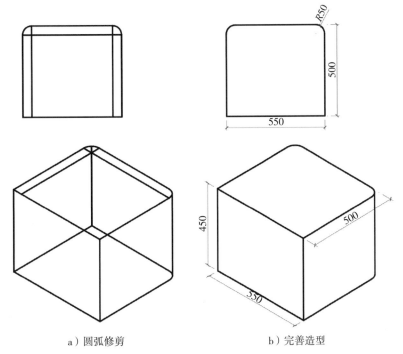

a）圆弧修剪   b）完善造型

图3-146   弧形修剪

2. 玄关柜轴测图绘制（图 3-147）

绘制图3-147所示的玄关柜轴测图的前提是了解板式家具的基本尺寸，从整体的长宽高，到柜体内部分隔的尺寸，满足不同物品的储藏需求，以及踢脚、帽檐的尺寸，甚至是板式家具材料的厚度。了解完这几种层次的尺寸后即可设置轴测图绘制环境，然后开始轴测图的绘制。玄关柜绘制的具体步骤如下：

步骤一：按照图3-148中尺寸首先绘制顶面矩形1300mm×300mm，沿着顶点向下绘制高度为2150mm的直线，最终完成柜体的外轮廓框架绘制。

步骤二：通过线的距离复制确定柜体分隔的线，以及四边边框，再进行内部分层，分层高度可利用相对复制的方式，捕捉剖面图来完成，最终效果如图3-149所示。

步骤三：柜体厚度为300mm，通过先绘制一条深度线，再以捕捉复制的方式，将所有的隔板造型绘制出来。然后，将能够观察到背板的格子造型线补充完整后，根据遮挡关系进行线的剪切（在命令行输入"TR"），最终完成玄关柜的轴测图绘制（图3-150）。

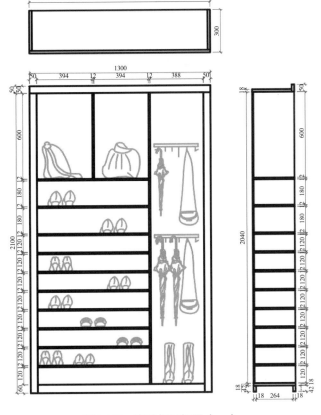

图3-147   玄关柜三视图（一）

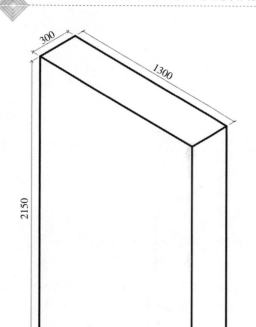

图3-148 玄关柜外框

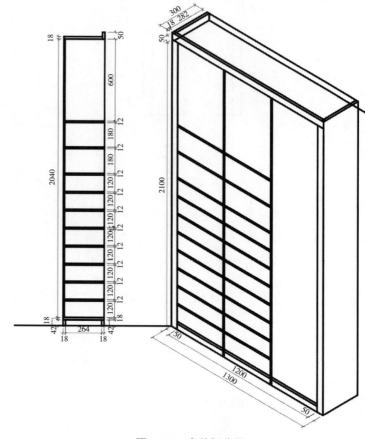

图3-149 玄关柜分隔

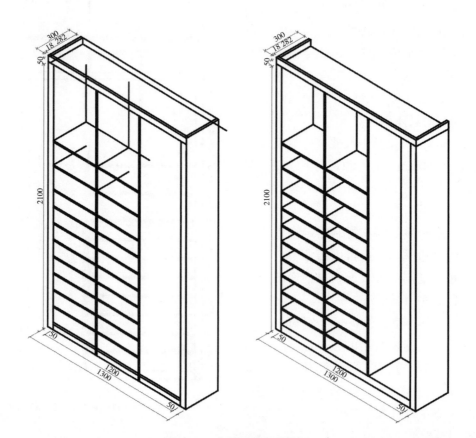

图3-150 玄关柜内部构造线

本节任务点：

任务点1：参照图3-140~图3-143的步骤，完成床头柜轴测图的绘制，可尝试利用对齐标注对轴测图进行尺寸标注。

任务点2：参照图3-144~图3-146的步骤，完成带圆弧转角的三维模型的轴测图绘制。

任务点3：参照图3-148~图3-150步骤，完成玄关柜轴测图的绘制，可尝试利用对齐标注对轴测图进行尺寸标注。

本章小结

通过本章学习，基本了解了AutoCAD软件的图形编辑命令，需要重点掌握的利用综合各种编辑命令进行室内家具图块的绘制；单一图形的绘制方式，尤其是针对阵列类的图形，可以采用捕捉、参照、复制阵列或阵列多种方法；图形的标注也是本章的重点，如单一图形标注并进行三视图的绘制，进而实现对家具组合图形的立面图绘制，这都为图纸的打印输出做好了准备。另外，需要注意的是，轴测图的绘制是对平面三视图的补充，能够更清楚地表达模型整体造型以及各部分真实尺寸，是进行室内定制家具图纸表现的重要内容。

第4章 动态图块创建与空间应用

本章综述：本章主要学习AutoCAD软件中动态图块的制作，首先介绍普通静态图形与动态图块的区别，通过简单几何形体动态图块的创建了解动态图块动作库中的常见类型，掌握不同动作类型的单体动态图块创建方法并学会使用动态图块图库。最后，结合居住空间平面图案例进行动态家具图块创建和功能空间的布置。让初学者在掌握动态图块制作方法基础上，能够灵活利用动态图块进行平面图纸绘制。

思维导图

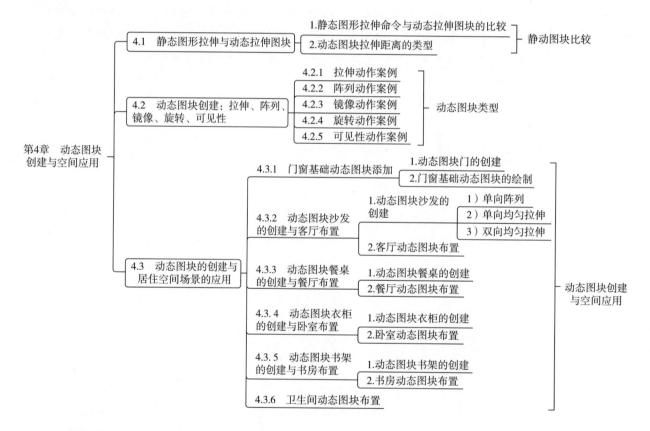

4.1 静态图形拉伸与动态拉伸图块

能力模块

静态拉伸图形与动态拉伸图块比较；动态图块拉伸距离的类型。

1. 静态图形拉伸命令与动态拉伸图块的比较

动态图块的创建，其操作原理是将基本编辑命令中的拉伸、阵列、镜像等属性赋予图块，其表现特征是使图块可以动态拉伸，形态可灵活调整且过程可逆。其中，拉伸是动态图块的主要动作属性（表4-1）。与第3.3节中学习的拉伸命令相比，虽然拉伸命令能够实现在距离和捕捉形式上的图形拉伸，但与动态拉伸图块的多次动态拉伸，并附加阵列、镜像、旋转等属性，还是存在很大区别的。

表4-1　静态图形拉伸与动态拉伸图块比较

	静态图形拉伸	动态拉伸图块
命令逻辑	通过框选部分造型实现单一方向的图形延展，使图形不断开	在图块管理器中，设置拉伸数值范围，附加阵列、旋转、镜像、可见性等属性，以适应场地范围或切换设计风格
命令行输入操作	拉伸	创建图块后双击进入管理器进行编辑
特征	模型不可成块，只能实现一次距离或捕捉点的拉伸	图块方便整体移动，通过控制点可实现多次（距离、增量或列表）动态拉伸，还可附加阵列、镜像、旋转动作

2.动态图块拉伸距离的类型

动态图块的拉伸类型主要包含自由拖拽+距离输入、增量和列表三种，能够附加于室内空间多种类型的图块：①自由拖拽+距离输入类型的图块比较适合图块宽度或长度没有固定数值，可以灵活根据室内空间场地中的捕捉点作为自身长度，例如嵌入墙体的衣柜动态图块；②增量类型的图块应用在如门动态图块这种定量增加的图块上，例如门动态图块主要在700mm、800mm、900mm、1000mm、1100mm几种尺寸之间进行切换，从线性参数特性上概括为每次增量100mm，范围设定在700~1100mm；③列表类型的图块常用于几个固定值之间的切换，例如三人沙发动态图块主要分为2050mm、2350mm、2550mm三种尺寸，可以没有固定增量（表4-2）。

表4-2　动态图块拉伸距离的类型

	自由拖拽+距离输入	增量	列表
特征	灵活拉伸	固定的增加数值	固定的列表数值
适合图块属性	没有固定数值，捕捉对象作为长度或宽度	遵循一定模数递增关系	遵循一定模块关系，在几个数值间切换
图块示例	顶棚节点：拉伸至墙体作为终点	门：700mm、800mm、900mm、1000mm、1100mm	三人沙发：2050mm、2350mm、2550mm
图形实例	值集 距离类型　无 最小距离　0 最大距离	值集 距离类型　增量 距离增量　100 最小距离　700 最大距离　1100	值集 距离类型　列表 距离值列表　2050,2350,2550

动态图块中，除了图4-1所示的拉伸这一基础动作外，还具有移动、镜像、阵列、旋转、可见性等属性。其中移动、镜像、旋转和可见性是可单独控制的，而阵列动作是伴随着拉伸动作展开的。

图例：　▼ 单击可见性，切换图块类型　　◀ 左右拖动，图块左右拉伸　　▼ 上下拖动，图块上下拉伸
　　　　↑↓ 上下镜像，图块上下镜像　　◀▶ 左右镜像，图块左右镜像　　● 旋转方向，图块角度旋转
　　　　■ 单击移动，图块分体移动

图4-1　动态图块的动作类型

4.2　动态图块创建：拉伸、阵列、镜像、旋转、可见性

动态图块编辑的前提是图块创建，有以下两种方式：

（1）快捷键创建

通过在命令行输入"B"的方式创建图块时，需要手动指定图块拾取点，此时的拾取点就是图块

的移动基点。

（2）复制、粘贴创建

创建图块也可以通过复制和粘贴成块的方式创建（图4-2a），这种方式创建的图块其拾取点默认位于图块左下角。一般情况下，拾取点位置不影响动态图块的功能实现（无论是单向拉伸还是双向拉伸）。另外，图块创建后拾取点位置是可以在编辑器中修改的——主要通过图块编辑器中的基点参数进行位置的修改，修改后如图4-2b所示。

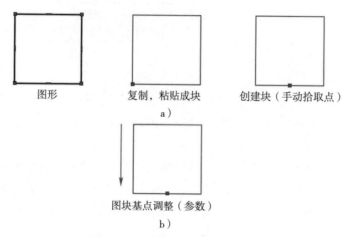

图形　　　　　复制，粘贴成块　　　创建块（手动拾取点）

a）

图块基点调整（参数）

b）

图4-2　图块的两种创建方式

本节任务点：

任务点：参照图4-2的步骤，尝试利用复制、粘贴和快捷键创建两种方式创建图块，并通过图块编辑器中的基点参数进行位置的修改。

4.2.1　拉伸动作案例

能力模块

自由拖拽+距离输入类型拉伸；列表拉伸；定距增量拉伸。

1. 自由拖拽 + 距离输入类型拉伸

对于没有固定模数或模块数值的图块，添加线性参数后可设置两个拖动方向（特性中默认的两个夹点）。拖动夹点自由改变图块距离的方式：既可通过捕捉方式指定图形宽度的终点（图4-3），也可以指定延伸方向后输入距离（图4-4）的方式完成。这一拉伸操作与编辑命令中拉伸命令的使用方法和逻辑是一致的。

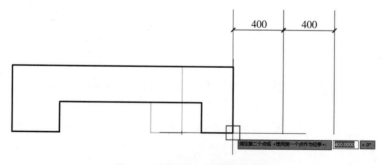

图4-3　拉伸命令的距离和捕捉

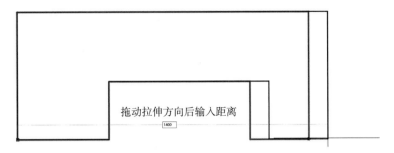

图4-4 无距离动态图块拉伸

2. 列表拉伸

如果动态图块的拉伸距离需要在没有固定增量关系的几个数值之间切换，则可以选择列表拉伸的距离类型，设置后的拉伸特性菜单显示如图4-5所示。创建完成后拖动夹点，可看到图块右下角显示出列表中1200mm、1300mm和1500mm的三个辅助捕捉点（图4-6）。列表拉伸可以通过设置基点位置来决定从单一方向拉伸（基点位置为起点），也可以选择从中心向两侧均匀拉伸（基点位置为中心）。

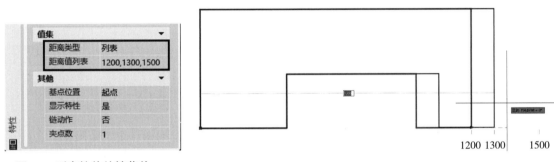

图4-5 列表拉伸特性菜单

图4-6 列表拉伸案例

3. 定距增量拉伸

室内空间中的家具、隔断或景墙自身或内部元素间会存在一定的模数关系，这与人机工学、构件组装或材料加工规格有关，此时若知道每个模块单元之间的增量，通过设置拉伸特性参数（图4-7），就可实现图块单元的定距增量拓展。创建图块后拉伸图块夹点，可以看到1200~2000mm之间增量为200mm尺寸的所有辅助捕捉点（图4-8）。

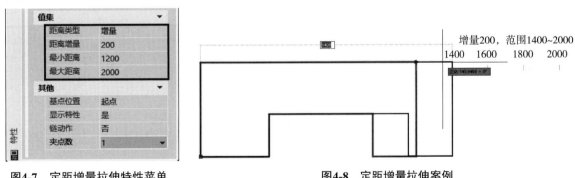

图4-7 定距增量拉伸特性菜单

图4-8 定距增量拉伸案例

4. 双向拉伸

双向拉伸，也可称为对称拉伸（或镜像拉伸），如图4-9所示，能够实现图块沿中心点向两侧均匀拓宽或变窄的操作，可通过设置列表或定距增量两种距离类型实现数值控制。双向拉伸在创建图块时一般会将拾取点放置到图块中心点（不设置不影响效果），同时将"基点位置"设置为"中心"。相对于单一方向的拉伸，其优点在于通过中点改变宽度产生的图块，其在平面布置图中的位置往往不需要再进行二次移动。

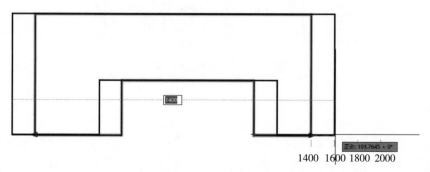

图4-9　双向拉伸案例

本节任务点：

> 任务点：参照图4-4~图4-9，练习图块的自由、列表、定距和双向四种拉伸命令。

4.2.2　阵列动作案例

能力模块

拉伸阵列命令的基本逻辑。

在拉伸图块的过程中，有时需要将图形中包含的部分图形作为单元模块，跟随着拉伸距离的改变实现阵列（同一种模块阵列间距相同）效果。例如图4-10中衣柜图块中的衣架单元模块需要伴随着衣柜宽度的增加继续进行复制。阵列动作能够同时完成图块内部单个或多个单元模块的阵列复制（图4-11），其间距一般以首个阵列图形为起点，利用捕捉起始点来确定，也可以在指定阵列方向后输入距离数值来确定。

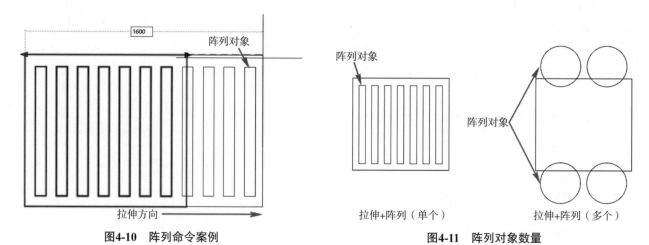

图4-10　阵列命令案例　　　　　　　　　图4-11　阵列对象数量

4.2.3　镜像动作案例

能力模块

镜像命令的基本逻辑。

动态图块中的镜像命令，与第3章基本编辑命令中的镜像命令原理一致。区别在于设置完镜像动作的图块只需要单击镜像标记点就可以实现图块上下、左右方向的镜像（图4-12）；而编辑命令中的镜像操作需要先指定起始点确定镜像轴，同时还需要决定是否保留源对象，才能实现镜像操作。能够应用镜像动作的室内家具主要包括门、家具等需要在复制过程中进行左右、上下方向切换的图块。

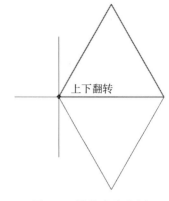

图4-12　镜像命令案例

4.2.4　旋转动作案例

能力模块

旋转命令的基本逻辑。

通过图块编辑器中的"旋转参数"和"动作添加"，能够使图块按照指定的角度进行旋转。这与第3章基本编辑命令中的旋转命令操作原理一致。区别在于编辑命令中的旋转命令输入的角度是相对值，当以第一象限起点为0°时，顺时针方向旋转输入的度数为负数，逆时针方向的度数为正数；而动态图块中的角度为绝对值（固定角度具有唯一位置），如图4-13所示，输入"60"时，图形只会旋转到坐标系中60°的位置上，不会产生相对角度的旋转。

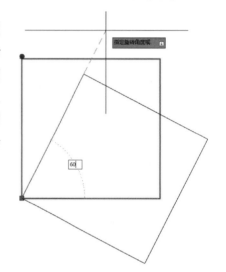

图4-13　旋转命令案例

4.2.5　可见性动作案例

能力模块

可见性命令的基本逻辑。

空间设计图纸中图块样式的统一性，是保证图纸规范性和美观性的重要标准之一。"可见性"动作能够将同类型图块集成到一起，形成一个包含不同尺寸、风格样式或组合方式的图块库。通过可见性夹点可实现图块的样式切换（图4-14），以适应不同的风格和尺寸的场地空间。

除了切换同一功能的图块样式外，可见性参数还能够实现单一图块的三视图图块切换，以此实现图纸平、立面的快速转换，大大提高绘制效率。

图4-14　可见性命令案例

本节任务点：

任务点：参照图4-5~图4-14，了解拉伸的不同类型，以及拉伸过程中的阵列、镜像、旋转和可见性动作的基本操作原理。

4.3　动态图块的创建与居住空间场景的应用

上节通过简单几何形体对动态图块的不同动作类型进行演示，需反复练习掌握相关动作设置的流程及基本逻辑，下面将介绍居住空间家具模块的动态图块创建的实例操作。每个功能分区的家具模块汇总见表4-3，不同动态图块在场景应用时所需要的动作类型也不尽相同。如图4-15所示，每个空间所需的家具模块类型、数量和组合方式差异性较大，但动态图块的制作方式是相通的，每个功能空间只提取一个典型动态图块进行精讲，创建后利用动态图块的图库进行该功能区的平面家具布置。在了解动态图块的动作类型逻辑和掌握动态图块创建方法之后，可以逐步掌握利用动态图块实现居住空间平面的快速布置技巧。

表4-3 功能分区与家具模块

空间功能	动态图块类型	动态图块示例
基础图块	门、窗	门：增量拉伸、缩放
客厅	沙发组团：沙发、茶几、边几 电视柜	沙发：单向阵列；单向均匀拉伸；双向均匀拉伸
餐厅	餐桌 餐边柜	餐桌：可见性实现四人、六人、八人切换
卧室	双人床 衣柜	衣柜：单项均匀拉伸，阵列衣架
书房	书桌 书架	书架：单向阵列

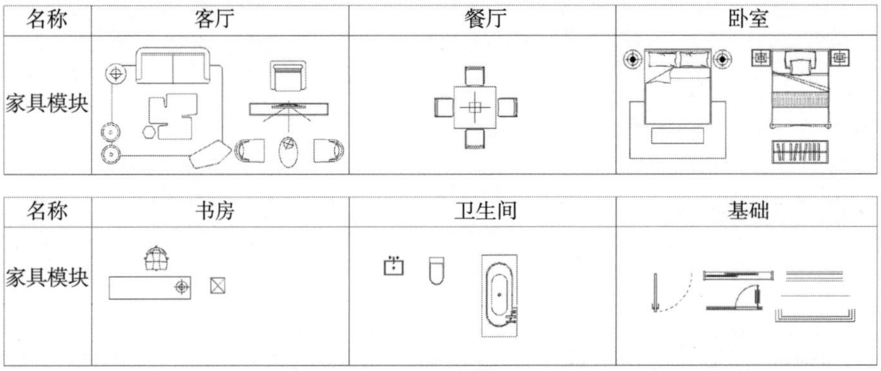

名称	客厅	餐厅	卧室
家具模块			

名称	书房	卫生间	基础
家具模块			

图4-15 家具动态图块的布置

4.3.1 门窗基础动态图块添加

能力模块

动态图块门的创建；门窗基础动态图块的绘制。

1. 动态图块门的创建

门窗图块在不同洞口位置时需要根据门框宽度进行尺寸修改，这也是平面图绘制中经常遇到的情况，如何通过图块拉伸快速切换不同尺寸的门图块是本节学习的主要内容，最终调整效果如图4-16所示。动态图块门的创建动作类型主要体现为增量拉伸动作和缩放动作，其中矩形门板及把手图形的拉伸是案例的难点。具体步骤如下：

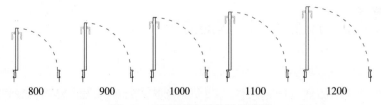

800   900   1000   1100   1200

图4-16 动态图块门的拉伸效果

步骤一：如图4-17所示，双击图块后在图块编辑器面板设置线性参数。首先在参数栏单击"线性"，然后捕捉门的宽度绘制线性参数的起始点（操作类似于线性标注），注意为了保证后期门的拉伸和圆弧开启线的动作同步，需要将参数起点与圆弧中心对齐。

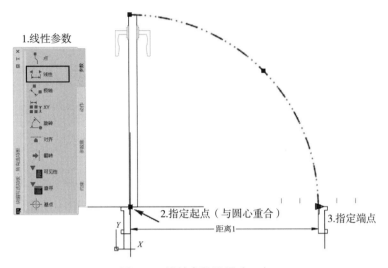

图4-17　线性参数设置（一）

步骤二：如果门的宽度需向一个方向拓展，则可在线性参数的特性中将夹点数设置为"1"。

切换到动作栏中，单击拉伸动作图标后按照命令行提示，拾取线性参数，单击起始的拉伸夹点，框选拉伸范围，同时选择需要拉伸的对象（从左上到右下进行框选，也可以是从右下往左上框选），按空格键确定后即可生成一个拉伸符号，右击拉伸符号可进行拉伸范围的修改或者将此拉伸动作删除，最终效果如图4-18所示。命令行显示如下：

命令: _BActionTool 拉伸

选择参数：

指定要与动作关联的参数点或输入 [起点(T)/第二点(S)] <第二点>:

指定拉伸框架的第一个角点或 [圈交(CP)]:

指定对角点：

指定要拉伸的对象：

选择对象：指定对角点：找到 4 个

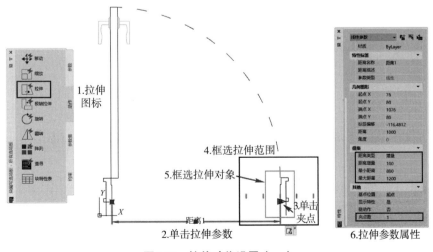

图4-18　拉伸动作设置（一）

设置增量拉伸参数：单击"线性参数"线后按快捷键"Ctrl+1"(或右击选择"特性")，参照图4-18第6点的步骤，设置增量距离类型，每次增量为100mm，则门宽范围为800~1200mm之间。

步骤三：设置门开启圆弧线的缩放动作，单击缩放动作后拾取线性参数，指定需要缩放的对象后按空格键确定（图4-19）。

步骤四：门把手和矩形门的拉伸也是伴随着横向门宽线性参数同步进行的，也就是说伴随着门的宽度横向变化，门的宽度也会缩小，门把手会向下移动，但门的厚度不变。设置拉伸动作的过程如同步骤二，参照图4-20所示，区别在于门

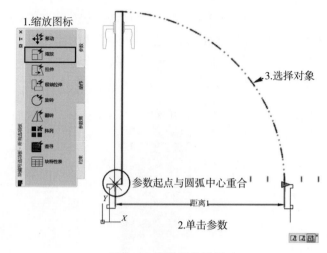

图4-19 缩放动作设置

宽线性参数的拉伸方向与门把手向下拉伸的方向呈90°夹角，这需要在门把手所在的拉伸动作特性中进行设置（图4-21）。设置完成后单击关闭图块编辑器，并保存更改，完成动态图块门的创建。

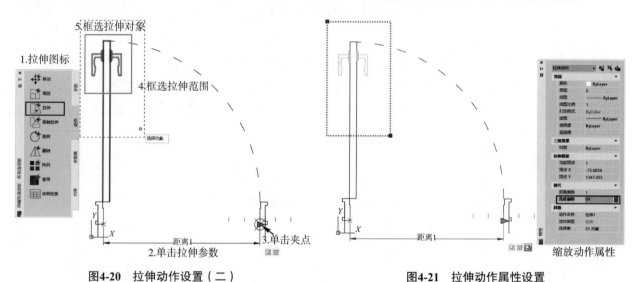

图4-20 拉伸动作设置（二）　　　　**图4-21 拉伸动作属性设置**

2. 门窗基础动态图块的绘制

在给定原始墙体的基础上进行门窗基础图块的绘制，主要利用的动态图块包含门、推拉门、门带窗、窗。其中门可进行增量尺寸变化，窗户可进行尺寸延伸以及直线窗和转角窗的可见性切换，最终完成的平面图如图4-22所示。门的图块有入户门（1000mm）和内部门（900mm）两种拉伸尺寸，窗户图块主要通过捕捉拉伸确定宽度，转角窗通过普通窗切换可见性样式后，再捕捉拉伸确定两侧长度。推拉门、门带窗和U形窗也是通过捕捉拉伸夹点来确定图块宽度的。

本节任务点：

任务点：参照图4-17~图4-21，完成门图块的拉伸动作设置，并利用图4-15中的家具动态图块，完成图4-22中的门窗创建。

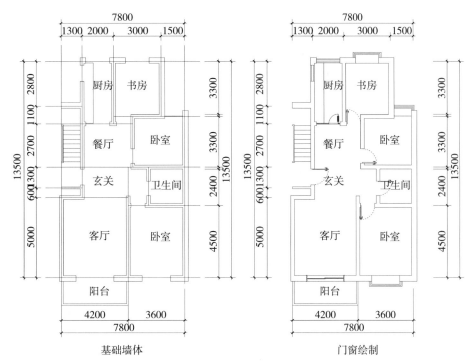

图4-22　门窗基础图块的绘制

4.3.2　动态图块沙发的创建与客厅布置

能力模块

动态图块沙发的创建：带阵列的单向拉伸、单向均匀拉伸和双向均匀拉伸；客厅动态图块布置。

1.动态图块沙发的创建

沙发属于客厅中重要的功能模块，单一沙发模块尺寸的修改主要靠"拉伸"动作来完成，沙发组合的修改主要通过"可见性"动作来调整。动态图块沙发的创建动作类型主要体现在"增量拉伸"动作中，包含两个方向和三种类型——带阵列的单向拉伸、单向均匀拉伸和双向均匀拉伸。

1）单向阵列。首先学习一下沙发动态图块的单向阵列创建方法。如图4-23所示，沙发经单向阵列后，可通过夹点拉伸实现一座、双座、三座或更多样式切换，对于阵列单元对象的选择以及阵列间距的设置是案例操作的难点。

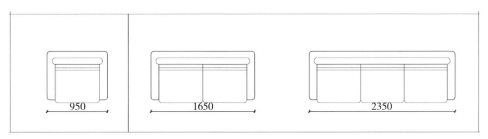

图4-23　沙发拉伸阵列效果

具体步骤如下：

步骤一：创建图块，设置增量拉伸。框选沙发图形后，利用复制和粘贴为块的方式创建沙发图块，双击图块进入图块编辑器。如图4-24所示，在参数菜单下选择"线性"，捕捉沙发单元起始点绘

123

制线性参数（类似于线性标注），单击"线性参数"后右击"特性"，设置夹点数为1，代表往右侧一个方向进行拉伸。设置距离类型为增量，增量为700mm，最小距离为700mm，最大距离为2100mm，也就是三座沙发的宽度值。

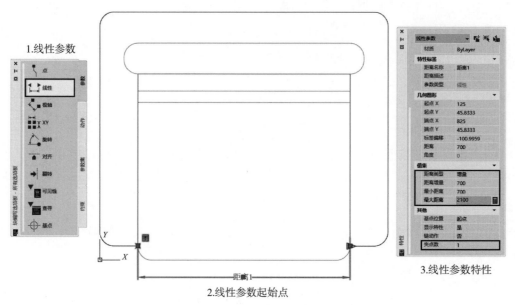

图4-24 沙发线性参数设置

步骤二：设置拉伸动作。为沙发扶手靠背和装饰线添加拉伸动作，如图4-25所示，单击"拉伸"图标后，再单击"线性参数"并拾取夹点，框选拉伸范围，选择拉伸对象，一般需要从右下往左上进行框选，横向装饰线可点选，选择完成后按空格键确定，完成拉伸动作的创建。

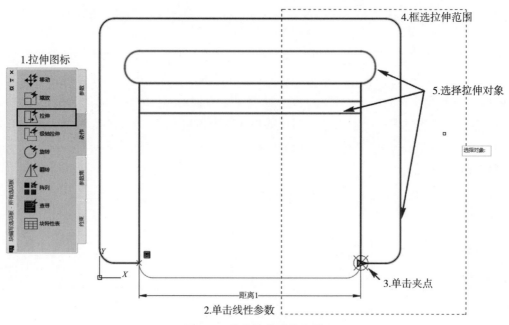

图4-25 沙发拉伸动作设置

步骤三：设置阵列动作。为沙发单元添加阵列动作，实现沙发单元的阵列。如图4-26所示，点取"阵列"图标后，先点取"线性参数"，在选择阵列对象（从左上到右下框选沙发座位部分）后，拾取阵列间距（捕捉起始点或输入数值"700"）后按空格键，右下角会生成阵列动作图标。

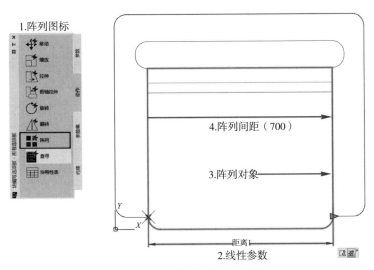

图4-26 沙发阵列动作设置

2）单向均匀拉伸。单向均匀拉伸能够使沙发沿着一个方向均匀拉伸，如果没有特定的宽度要求可以不设置距离类型。本案例如图4-27中三人沙发要求有2050mm、2350mm和2650mm三种尺寸，距离类型既可以增量也可以列表控制，难点在于在分别设置三个沙发边缝缩放动作特性中距离乘数的设定。

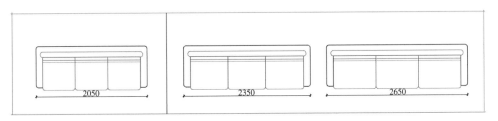

图4-27 沙发单向拉伸效果

具体步骤如下：

步骤一：创建图块，设置增量拉伸。框选沙发图形后，利用复制和粘贴为块的方式创建沙发图块，双击图块进入图块编辑器。如图4-28所示，在参数菜单下选择"线性"，捕捉沙发单元起始点绘制线性参数（类似于线性标注），单击"线性参数"后右击"特性"，设置夹点数为1，代表往右侧一个方向进行拉伸。设置距离类型为增量，增量为300mm，最小距离为2050mm，最大距离为2650mm。

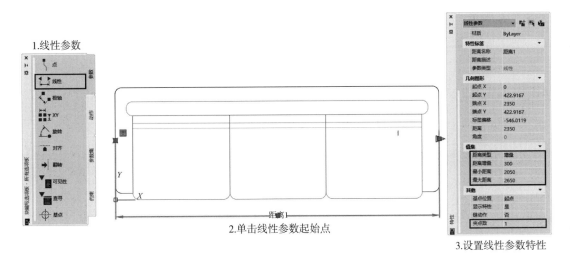

图4-28 线性参数设置（二）

125

步骤二：为沙发扶手靠背和横向装饰线添加拉伸动作。如图4-29所示，单击"拉伸"图标后，再单击"线性参数"并拾取夹点，框选拉伸范围，选择拉伸对象，一般需要从右下往左上进行框选，装饰线可点选，选择完成后按空格键确定，完成拉伸动作的创建。

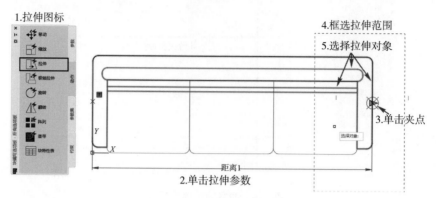

图4-29 拉伸动作设置（三）

步骤三：为沙发单元添加拉伸动作。为了保证三个沙发单元均匀拉伸，需要将三个沙发的边缝分别添加拉伸动作，区别在于边缝拉伸幅度值，可以在拉伸动作特性中进行调整。如图4-30所示，最右侧沙发边缝与线性参数起点的拉伸幅度一致（距离乘数为1：1），可不设置拉伸动作特性，选择完拉伸对象后按空格键确定，完成第一个边缝拉伸动作的创建。

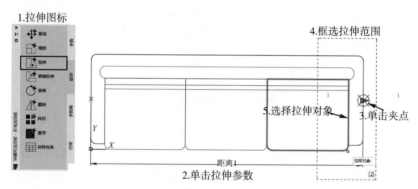

图4-30 边缝拉伸动作设置（一）

步骤四：设置不同位置拉伸动作的距离乘数。如图4-31所示，将三人沙发分成三个部分，第二条沙发边缝是线性参数起点拉伸幅度的2/3，选择完拉伸对象后按空格键确定，完成第二条边缝拉伸动作的创建。单击"拉伸"动作后设置拉伸动作特性（右击选择或按快捷键"Ctrl+1"），设置距离乘数为2/3。

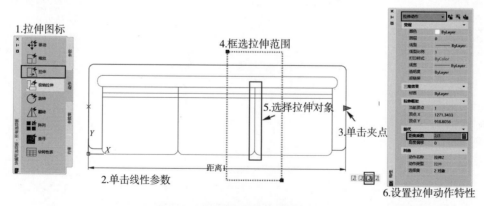

图4-31 边缝拉伸动作设置（二）

步骤五：设置不同位置拉伸动作的距离乘数。如图4-32所示，第三条沙发边缝是线性参数起点拉伸幅度的1/3，选择（右下往左上框选）完拉伸对象后按空格键确定，完成第三条边缝拉伸动作的创建。单击"拉伸"动作后设置拉伸动作特性（右击选择或按快捷键"Ctrl+1"），设置距离乘数为1/3。

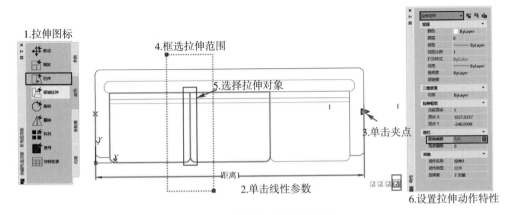

图4-32　边缝拉伸动作设置（三）

3）双向均匀拉伸。如图4-33所示，拉伸图块夹点后图块从中心向两侧拉长，一般图块基点需要在图块中心点上，可以通过创建图块命令（在命令行输入"B"）来完成，也可以通过复制和粘贴为块的方式创建（生成的图块拾取点会在左下方），当然经过测试发现基点不在中心也不影响双向均匀拉伸动作的实现。

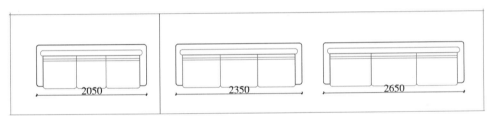

图4-33　沙发双侧拉伸效果

具体操作步骤如下：

步骤一：框选沙发图形后，利用复制和粘贴为块的方式创建沙发图块，双击图块进入图块编辑器。如图4-34所示，在参数菜单下选择"线性"，捕捉沙发单元起始点绘制线性参数（类似于线性标注），单击"线性参数"后右击"特性"，设置默认夹点数为2，选择基点位置为中点，代表往两个方向进行拉伸。设置距离类型为增量，增量为300mm，最小距离为2050mm，最大距离为2650mm。

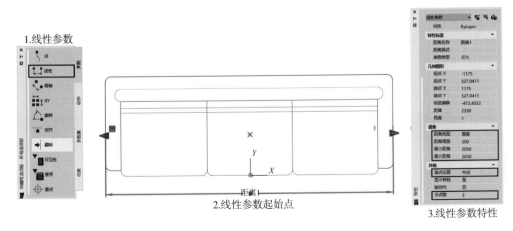

图4-34　线性参数设置（三）

步骤二：设置不同位置拉伸动作的距离乘数。如图4-35所示，最右侧沙发边缝与线性参数起点的拉伸幅度一致（距离乘数为1：1），可不设置拉伸动作特性，选择完拉伸对象后按空格键确定，完成第一个边缝拉伸动作的创建。

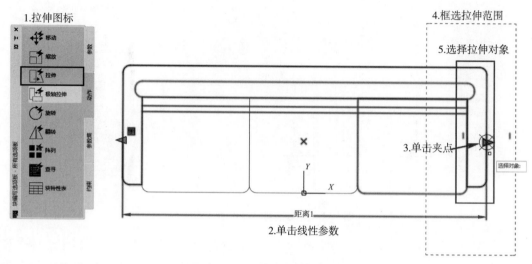

图4-35　右侧造型拉伸动作设置

步骤三：设置不同位置拉伸动作的距离乘数。如图4-36所示，由于是从中点往两侧拉伸，第二条沙发边缝是线性参数起点拉伸幅度的1/2，选择（右下往左上方向框选）拉伸对象后按空格键确定，完成第三条边缝拉伸动作的创建。单击"拉伸"动作后设置拉伸动作特性（右击选择或按快捷键"Ctrl+1"），设置距离乘数为1/2。

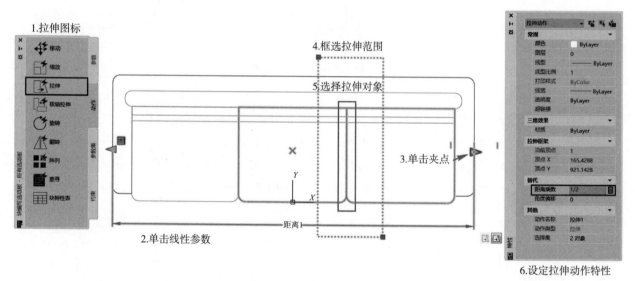

图4-36　右侧边缝距离乘数设置

步骤四：左侧部分的拉伸动作设置与右侧（步骤二和步骤三）一致，如图4-37所示，最右侧沙发边缝与线性参数起点的拉伸幅度一致（距离乘数为1：1），可不设置拉伸动作特性。选择完拉伸对象后按空格键确定，完成第一个边缝拉伸动作的创建。

步骤五：如图4-38所示，由于是从中点往两侧拉伸，第二条沙发边缝是线性参数起点拉伸幅度的1/2，选择（右下往左上框选）完拉伸对象后按空格键确定，完成第三条边缝拉伸动作的创建。单击"拉伸"动作后设置拉伸动作特性（右击选择或按快捷键"Ctrl+1"），设置距离乘数为1/2。

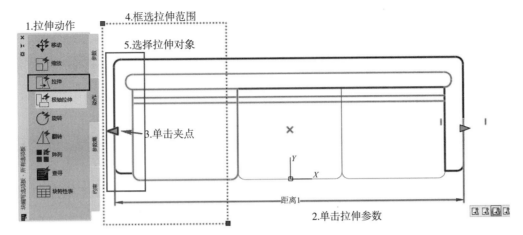

图4-37　左侧造型拉伸动作设置

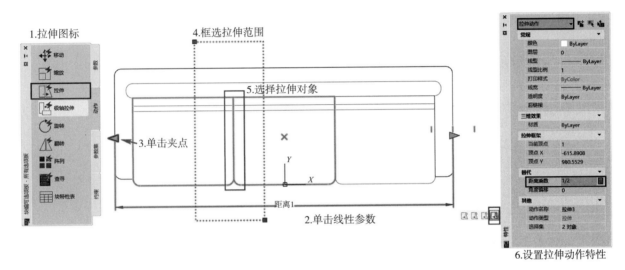

6.设置拉伸动作特性

图4-38　左侧边缝距离乘数设置

2. 客厅动态图块布置

将客厅空间中所用到的动态图块导入到空间后，调整图块的可见性样式。依次摆放沙发组合、电视柜以及阳台休闲椅，完成客厅空间的家具布置，最终效果如图4-39所示。其中沙发组合利用可见性切换到"样式6"，双人沙发由单人沙发拉伸阵列生成，阳台椅利用可见性切换到"双人阳台椅4"，电视柜利用可见性切换到"2.8m"样式。

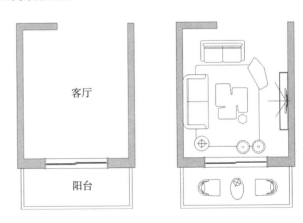

图4-39　客厅动态图块布置

本节任务点：

任务点1：参照图4-24~图4-26，实现沙发图块的阵列动作设置。

任务点2：参照图4-28~图4-32，实现沙发图块的单向均匀拉伸动作设置。

任务点3：参照图4-34~图4-38，实现沙发图块的双向均匀拉伸动作设置。

任务点4：利用图4-15中的客厅图块，完成图4-39中客厅空间的平面布置。

4.3.3　动态图块餐桌的创建与餐厅布置

能力模块

动态图块餐桌的创建；餐厅动态图块布置。

1. 动态图块餐桌的创建

餐桌动态图块如图4-40所示，能够在保持图块样式的基础上，实现座位数量的切换——四人、六人和八人餐桌样式，使餐桌图块灵活适应空间场地和功能需求的变化。餐桌图块的切换主要通过可见性或"拉伸阵列"两种方式来实现，在这里主要讲解"可见性"的创建方法。

具体步骤如下：

步骤一：图块创建和可见性参数的设置。图块可见性类似于在图层管理器中图层的显示与隐藏，可以通过列表切换不同图块样式的显示。需要先把每个独立的图形先制作成图块，然后将几个图块整体制作成一个图块。完成后双击图块进入图块编辑器，选取参数面板中的"可见性"参数进行设置，如图4-41所示，可以将其放置在图块中心，也可以放置在右上角。

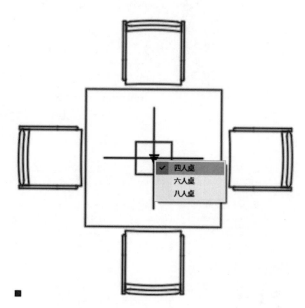

图4-40　餐桌图块可见性效果

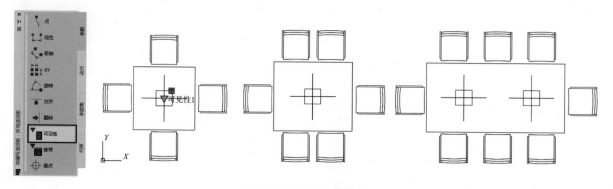

图4-41　可见性参数添加

步骤二：可见性名称的设置。单击"可见性状态"图标，重命名为"四人桌"。单击"新建"按钮依次创建六人桌和八人桌名称。名字的命名一般以方便识别的尺寸、人数或风格进行分类，如图4-42所示。

步骤三：不同图块的"可见与不可见"属性设置。如图4-43所示，点选四人桌图块后，单击"使可见"图标。如图4-44所示，再框选"六人桌"和"八人桌"图块，单击"使不可见"，完成图块的"可见与不可见"属性设置。

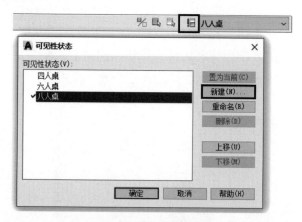

图4-42　图块名称设置

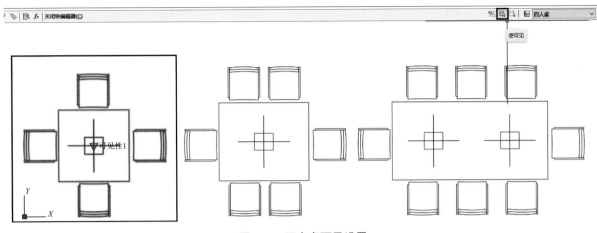

图4-43 四人桌可见设置

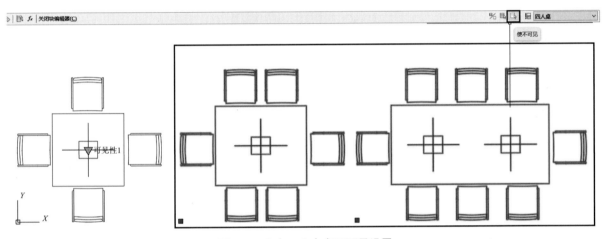

图4-44 六人、八人桌不可见设置

步骤四：图块位置的对齐调整。以第一个可见性图标所在的图块（四人桌）为基准，其他图块都与其重合，以此确保利用"可见性"切换图块时，不同图块之间不会发生较大的位移。如果图块不能全部显示，单击"使可见"模式则当前可见图块显示为粗线，其余不可见图块为细线。对齐后，单击"关闭块编辑器"按钮，保存更改后即完成"可见性动态图块"的创建。

思路拓展：通过观察发现，这几个餐桌在宽度增加的同时座位和灯具也发生了阵列，其他元素样式动作是一致的。结合拉伸和阵列动作类型的添加，也可以实现餐桌从四人位转换到八人位。在这里重点说明一下桌上台灯的创建，当餐桌由"四人位"增加到"六人位"时，如图4-45所示台灯发生位移，需始终处于桌面居中的位置，这就需要在台灯拉伸动作特性的设置中，将距离乘数设为1/2（图4-46）。

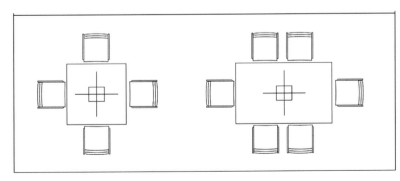

图4-45 餐桌由四人位到六人位的拉伸效果

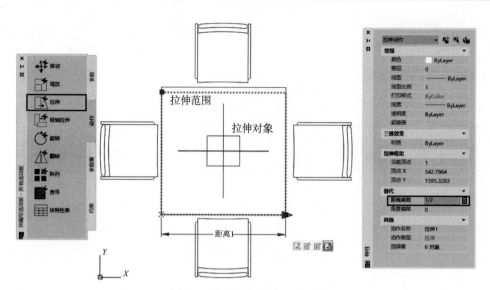

图4-46 餐桌台灯的拉伸设置

如图4-47所示，当餐桌图块由"四人位"转换到"八人位"时，台灯数量变成两个，测量后得知台灯间距为1200mm。可以尝试分别为座椅和台灯添加不同阵列间距的动作来实现动态图块的创建。如图4-48所示，完成桌面拉伸后，设置座椅和台灯的阵列动作，座椅阵列间距为650mm，台灯阵列间距为1200mm。

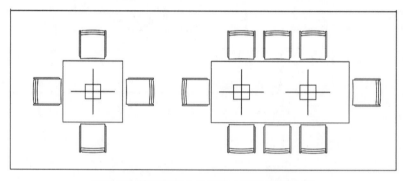

图4-47 餐桌由四人位到八人位的拉伸效果

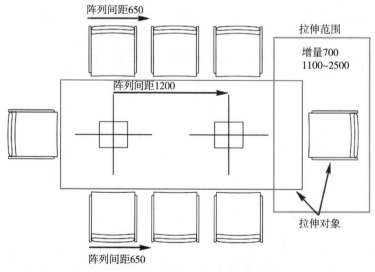

图4-48 餐桌拉伸和阵列距离设置

2. 餐厅动态图块布置

餐厅动态图块主要包含餐桌、洗手盆和灶台，都是属于可见性动作类型的图块。如图4-49中图和右图所示的餐桌动态图块可见性变化（四人桌切换到六人桌），可以作为伸缩式餐桌的一种动态性功能演示，了解不同人数使用下的弹性空间场景。

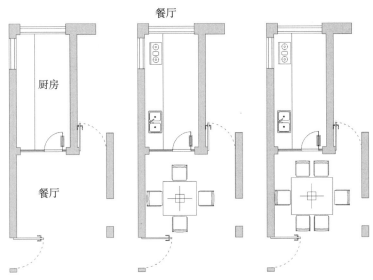

图4-49　餐厅动态图块布置

本节任务点:

任务点1：参照图4-41~图4-44，实现三种尺寸餐桌样式的可见性动作设置。

任务点2：参照图4-45和图4-46，实现餐桌由四人位到六人位的拉伸效果设置。

任务点3：利用图4-15 中的餐厅图块，完成图4-49的餐厅空间的平面布置。

4.3.4　动态图块衣柜的创建与卧室布置

能力模块

动态图块衣柜创建；卧室动态图块布置。

1. 动态图块衣柜的创建

动态图块衣柜的创建动作类型主要体现在拉伸动作和阵列动作两类，其中三个柜门宽度的拉伸（设置不同位置拉伸动作的距离乘数）是案例的操作难点（图4-50）。

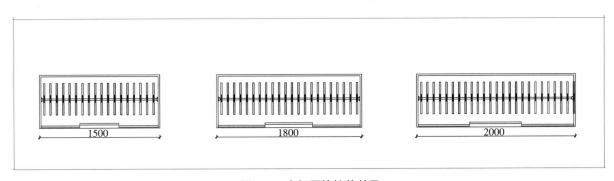

图4-50　衣柜图块拉伸效果

具体步骤如下：

步骤一：先设置线性参数，单击"线性参数"后按快捷键"Ctrl+1"(或右击选择特性)，参照图4-51设置夹点数量为1，也就是只往一个方向进行图形拉伸。注意如果衣柜有固定长度，可设置列表或增量距离类型；如果衣柜除了左右方向可设置拉伸外，前后（柜体深度）方向也可设置拉伸，而柜体的深度值与柜门类型是有关（推拉或平开）的，衣柜的深度一般设在500~600mm之间。

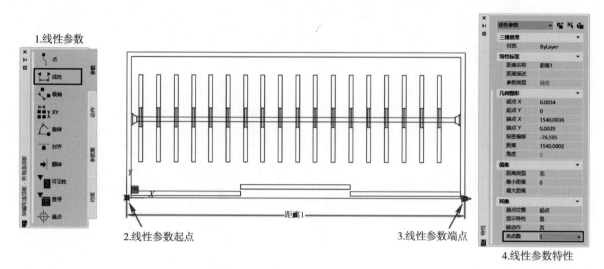

图4-51　线性参数设置（四）

步骤二：如图4-52所示，主要的拉伸图形为衣柜外框以及衣架杆部分，注意不要选择三个柜门，三个柜门的均匀拉伸需要单独设置。

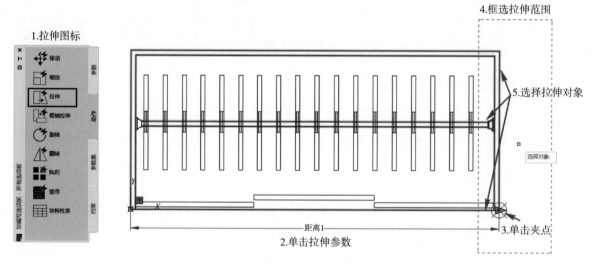

图4-52　衣柜外框的拉伸动作设置

步骤三：随着衣柜宽度的增加，需要将内部的衣架图形也相应进行距离复制（也就是阵列），选择阵列动作后，按照图4-53进行阵列图形的选择和阵列间距的设置，如果不能准确捕捉距离，可直接指定方向后输入距离（距离为80mm）。

步骤四：设置不同位置拉伸动作的距离乘数。实现三个柜门的统一均匀拉伸，需要按照拉伸节点所在的位置进行距离乘数的设置，如图4-54所示，三部分框选拉伸范围的节点均从右向左，最右侧拉伸对象与起点同步移动，第二个点移动距离是起点移动距离的2/3，第三个点移动距离是起点移动距离的1/3，衣柜门第四个（最左侧的）点未发生位移（默认1/1）。

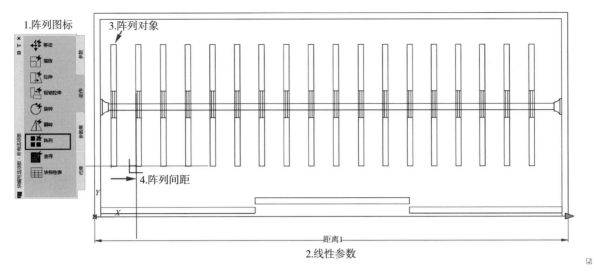

图4-53 阵列动作设置（一）

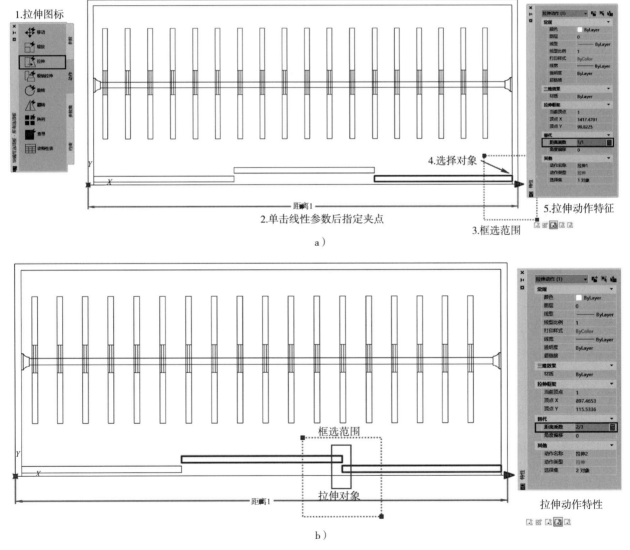

图4-54 拉伸动作设置（四）

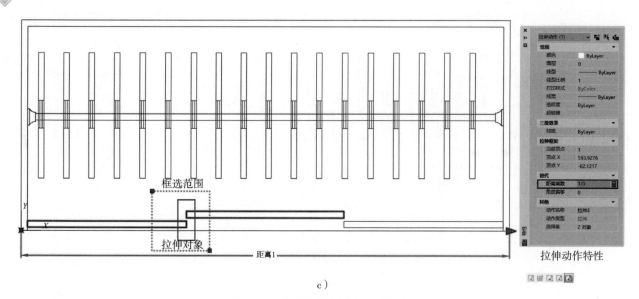

c）

图4-54 拉伸动作设置（四）（续）

2. 卧室动态图块布置

卧室是居住空间中集中停留时间最长的功能区，主要用于睡眠休息，同时配套必要的储物模块（衣柜和床头柜），可拓展出梳妆台或办公桌功能模块。如图4-55所示，由于卧室宽度的限制，为了保证衣柜与床之间的通行宽度，选择带有一侧床头柜的单人床图块样式，即"样式二1.5m（左）"；衣柜则是与墙体宽度一致，靠墙放置图块后拖拽拉伸起始点捕捉到墙体端点。

如图4-56所示，主卧室中选择带有两侧床头柜的双人床图块样式，即"1.8床3"样式，衣柜则指定宽度为2200mm，靠墙放置图块后拖拽拉伸起始点输入数值"2200"后按空格键确定。

图4-55 卧室1动态图块布置　　　　　　**图4-56 卧室2动态图块布置**

本节任务点：

任务点1：参照图4-51~图4-54，实现衣柜动态图块的均匀拉伸动作设置。

任务点2：利用图4-15中的卧室图块，完成图4-55和图4-56的卧室空间的平面布置。

4.3.5 动态图块书架的创建与书房布置

能力模块

动态图块书架创建；书房动态图块布置。

1.动态图块书架的创建

动态图块书架的创建，能够拓展出较多的动作类型，如图4-57所示，除了在横、纵两个方向上距离的增量调整（横向采用阵列，间距为400mm，总长为2400mm；纵向深度增量为200mm，可切换成400mm和600mm两种尺寸），同时还兼具旋转和镜像翻转两种操作。

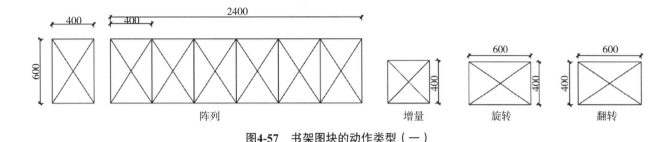

图4-57　书架图块的动作类型（一）

具体操作步骤如下：

步骤一：利用复制和粘贴成块的方式创建三个书架格子的动态图块后，双击图块进入图块编辑器，如图4-58所示，在参数面板单击"线性"图标，由于横向和纵向都需要进行距离调整，所以为图块添加两个线性参数，并在对应线性参数特性中调整距离类型，横向采用阵列动作，间距为400mm，总长为2400mm。纵向深度采用拉伸动作，增量为200mm，可切换成400mm和600mm两种尺寸。如图4-59所示，单击"拉伸"图标后，再单击"线性参数"并拾取夹点，框选拉伸范围，选择拉伸对象，一般需要从右下往左上方向进行框选，选择完成后按空格键确定，完成拉伸动作的创建。

步骤二：为书架格子单元添加阵列动作，使格子随着拉伸宽度的增加而进行阵列。如图4-60所示，单击"阵列"图标，再单击线性参数后，选择阵列对象（框选整个对象），设置阵列间距（捕捉柜子宽度起始点或输入数值"400"），创建阵列动作。

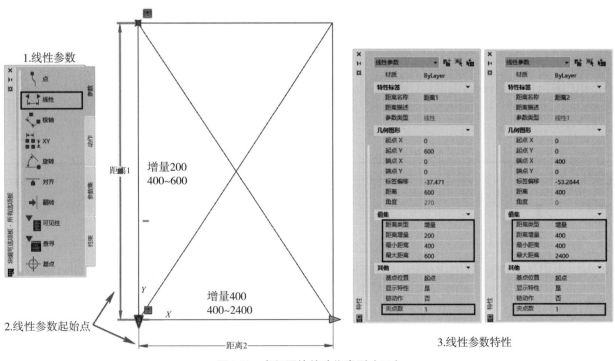

图4-58　书架图块的动作类型（二）

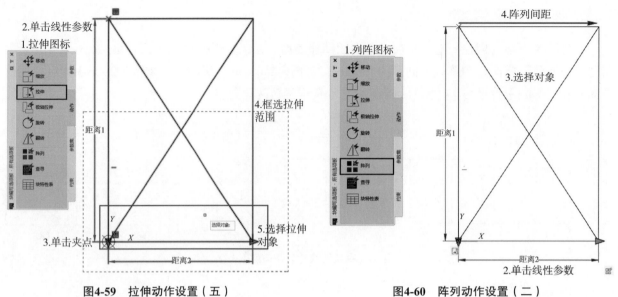

图4-59　拉伸动作设置（五）　　　　　　　　　图4-60　阵列动作设置（二）

步骤三：除了阵列动作外，为了方便柜体旋转，可以为其添加旋转参数和动作，如图4-61所示，单击"旋转"图标，指定基点和旋转半径。

如图4-62所示，设置旋转动作，单击动作栏中的"旋转"图标，再单击旋转参数，框选整个书架对象后按空格键确定，完成旋转动作的设置。

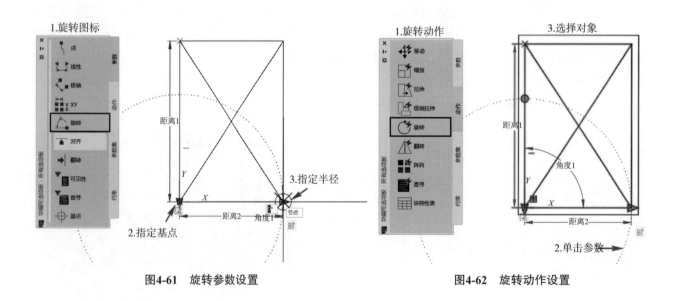

图4-61　旋转参数设置　　　　　　　　　　　图4-62　旋转动作设置

步骤四：翻转动作的设置，翻转分为左右和上下翻转，根据图形特点进行添加，添加方式与旋转动作的添加方式一样。如图4-63所示，在参数栏单击"翻转"图标，指定翻转轴的起始点后放至翻转状态1文字处，翻转的图标箭头可以调整下位置，与图形保持一定距离方便选取。

如图4-64所示，翻转动作的添加，单击"翻转"动作图标后拾取翻转参数，框选整个书架对象后按空格键，关闭图块管理器后选择保存更改。

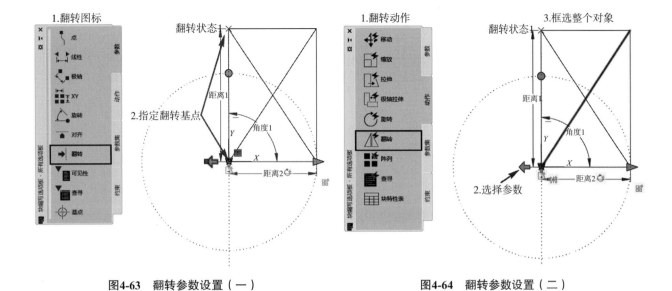

图4-63 翻转参数设置（一）　　　　　　　　图4-64 翻转参数设置（二）

2. 书房动态图块布置

在这个案例中书房使用功能，主要包含工作区、辅助区和休闲区。工作区使用频率较高，主要用于阅读和日常工作，书架、打印机等物品可以放置在辅助区。休闲区可放置单椅或单人沙发，再配合边几。如图4-65所示，书桌选择图块样式"书桌1"，书架与墙体宽度一致，靠墙一侧放置图块后，拖拽拉伸起始点捕捉到墙体另一侧端点。

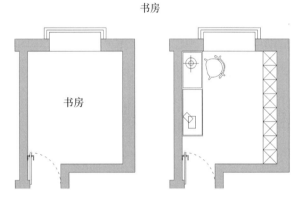

图4-65 书房动态图块布置

本节任务点：

任务点1：参照图4-58~图4-64，实现书架动态图块的均匀拉伸等动作设置。

任务点2：利用图4-15中的书房图块，完成图4-65的书房空间的平面布置。

4.3.6 卫生间动态图块布置

能力模块

卫生间的基本使用功能及图块摆放；家具平面布置图调整。

1. 卫生间的基本使用功能及图块摆放

卫生间在居住空间中的使用面积普遍较小，家具类型相对固定，通常包含洗漱区（带有储物功能）、

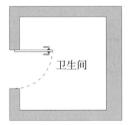

图4-66 卫生间动态图块布置

如厕区和淋浴区三部分。从使用频率上看，如厕区和洗漱区使用频率较高，淋浴区使用频率相对最低。根据使用频率结合人的行为路径习惯，洗漱区通常在动线最外侧，尽量做到与另外两个区域实现"干湿分区"，淋浴区放置在动线最里侧，注意不要影响既有采光。如图4-66所示，卫生间的功能模块选用的都是可见性动态图块，包含浴缸样式"浴缸方1"，坐便器样式"坐便器5"和洗手盆样式"圆形台盆2"，洗手盆台面深度距墙体500mm，可利用直线或矩形直接进行绘制补充。

2. 家具平面布置图调整

最终完成的家具平面布置图如图4-67所示，无论是动态图块的创建还是家具动态图块的空间布置，都需要在熟练掌握动作类型的基础上进行，并根据空间使用需求适当调整，如拉伸增量的数值、添加旋转或翻转镜像动作等。

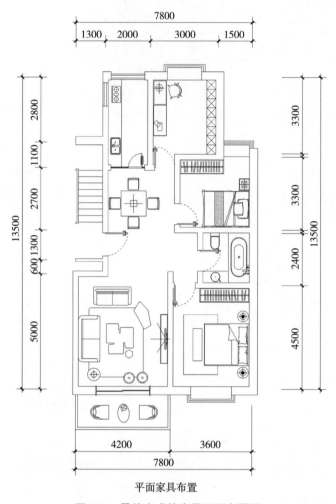

平面家具布置

图4-67　最终完成的家具平面布置图

本节任务点：

任务点1：利用图4-15中的卫生间图块，完成图4-66的卫生间空间的平面布置。

任务点2：整理所有空间的动态图块的样式及位置，最终效果如图4-67所示。

本章小结

通过本章学习，练习AutoCAD动态图块创建及空间应用技巧，掌握不同类型动态图块的基本使用逻辑；结合常见室内家具图块进行动作类型的组合和应用，即拉伸、阵列、镜像、旋转等不同动作类型，结合居住空间实现室内家具动态图块的创建和综合应用，同时，能够拓展动态图块的空间应用场景。动态图块的使用不仅能够提高平面图的布置速度，同时也大量应用在立面图和剖面图绘制中，成为提升绘图效率的重要技巧。

第5章 三维模型：基本形体的创建与编辑

本章综述：本章主要学习AutoCAD软件的三维建模命令。同二维图形命令的核心内容一样，都包含基本形和编辑两类命令，三维模型的创建是在三维建模工作空间中进行的，与二维命令配合使用能够创建出简易几何形体、室内家具、装饰品，甚至是室内空间场景。掌握三维建模的基本命令不仅能够通过三维模型反推出三视图，还能为三维建模软件的学习打下命令逻辑基础。

思维导图

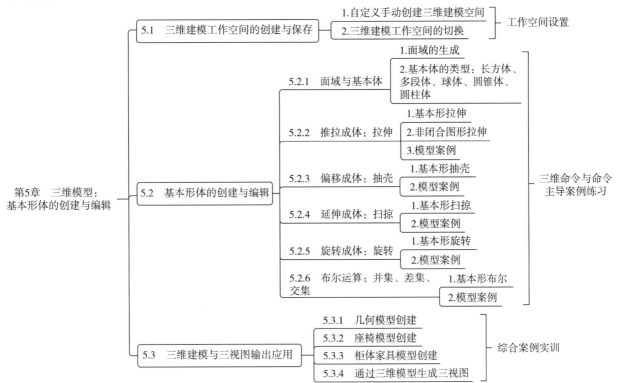

5.1 三维建模工作空间的创建与保存

能力模块

三维建模工作空间设置和切换。

与AutoCAD经典界面的设置一样，三维建模的工作空间也可以通过自定义手动设置或使用系统自带的设置。手动设置后的工作空间界面如图5-1所示，主要包含建模、实体编辑、UCS、视图、视觉样式和动态观察。

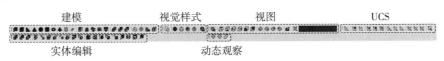

图5-1 自定义三维建模工具栏

1. 自定义手动创建三维建模空间

步骤如下:

步骤一:首先将工作空间切换到AutoCAD经典界面,将原有的工具栏删除掉,可双击工具栏后,单击其右上角的叉号进行删除;也可在工具栏处右击,将已有的打对号的工具勾选隐藏,取消掉当前所有的工具栏。

步骤二:用同样的方法可进行三维工具栏的恢复设置,在工具栏处右击,将三维建模中需要的建模、实体编辑、UCS、视图、视觉样式和动态观察勾选上(图5-2),完成后按照使用频率进行绘图界面位置摆放。

步骤三:将当前工作空间进行保存,如图5-3所示,单击工作空间切换图标,选择"将当前工作空间另存为",并命名为"AUTOCAD三维建模",方便下一次使用时进行工作空间调用。

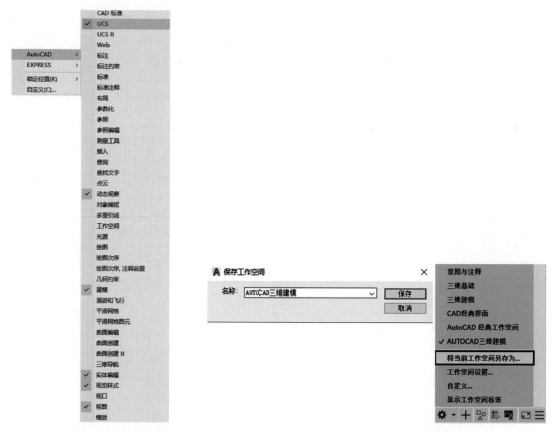

图5-2 三维建模工具栏的类型勾选　　　　**图5-3 三维建模工作空间的保存**

2. 三维建模工作空间的切换

单击工作空间切换图标可指定三维建模绘图环境,即可切换到系统自带的三维建模工作空间。如图5-4所示,通过比较自定义和系统中自带的三维建模工作空间可以发现,系统中自带的工具栏的类型相对自定义要多,且都是折叠式的,需要单击进行同类命令的切换。

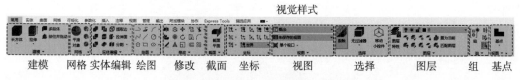

图5-4 系统自带的三维建模工作空间

任务点：参照图5-2，实现图5-1中的自定义三维建模空间设置，并参照图5-3进行工作空间的保存。

5.2　基本形体的创建与编辑

5.2.1　面域与基本体

能力模块

面域的生成；基本体（长方体、多段体、球体、圆锥体、圆柱体）的创建。

1. 面域的生成

AutoCAD中图形生成面域的目的，是为了实现二维图形之间的布尔运算或经拉伸、扫掠、旋转成三维体，其中基本形（矩形、圆形或多边形）不需要生成面域就可以直接挤出成体。

（1）面域形的选择和生成

对于封闭的多段线，可直接点选就可以完成图形的选择。如果是封闭但是是分段的直线，则需要框选图形，或是先将分段的直线合并成一条独立闭合的多段线，再生成面域，合并多段线可利用合并命令。如图5-5所示，框选需要合并的线后，在命令行输入"J"，然后按空格键。

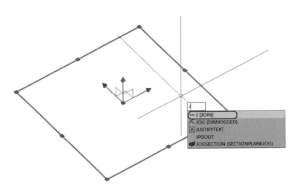

图5-5　直线合并成多段线

命令行显示如下：

命令: J

JOIN 找到 5 个

5 个对象已转换为 1 条多段线

（2）面域的生成

通过面域命令能够将线转换成实体面，然后在此基础上进一步推拉成体。

1）生成面域：在命令行输入"REG"，命令行显示如下：

命令: REG

REGION

选择对象: 找到 1 个

选择对象:

已提取 1 个环。

已创建 1 个面域。

2）为了能够清晰地看到面域的形体，视口视觉样式需要从二维线框显示模式调整为真实显示模式或概念显示模式。命令行显示如下：

命令: VS

VSCURRENT

输入选项 [二维线框(2)/线框(W)/隐藏(H)/真实(R)/概念(C)/着色(S)/带边缘着色(E)/灰度(G)/勾画(SK)/X 射线(X)/其他(O)] <二维线框>: R

除了通过输入命令的方式调整模型样式外，还可以通过单击视口视觉样式工具栏上的图标按钮进行调整（图5-6），或者在绘图界面空白处通过右击进行视口视觉样式的切换。

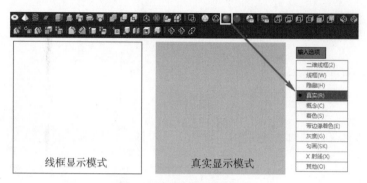

图5-6　模型的真实样式显示

3）面域的观察：三维模型的观察主要通过同时按住鼠标滚轮（中轴）和"Shift"键来完成，如想恢复到原来的线框顶视图，则需将视口视觉样式调整为二维线框，即在命令行输入"VS"后选择"2"，同时输入"PLAN"后按两次空格键，即可将透视图调整为顶视图。命令行显示如下：

命令: PLAN

输入选项 [当前 UCS(C)/UCS(U)/世界(W)] <当前 UCS>:

正在重生成模型。

2. 基本体的类型：长方体、多段体、球体、圆锥体、圆柱体

如同AutoCAD中二维基本形分为矩形类和圆弧类一样，三维基本形体也可划分成长方体、多段体和球体、圆锥体、圆柱体两类。其中，长方体可由矩形推拉形成，也可直接生成。多段体类似于二维命令中的多线命令。下文可根据基本形的尺寸进行基本体的创建与认知。

（1）长方体基本形

尺寸要求：长宽高边长均为1000mm，完成效果如图5-7所示。

绘制步骤：

步骤一：底面（角点坐标）绘制。与二维图形矩形（在命令行输入"REC"）的绘制方法一致，指定起点后输入对角线坐标（1000，1000），再按空格键。生成的底面如图5-8所示。

步骤二：指定拉伸方向，输入高度生成三维立方体模型如图5-9所示。

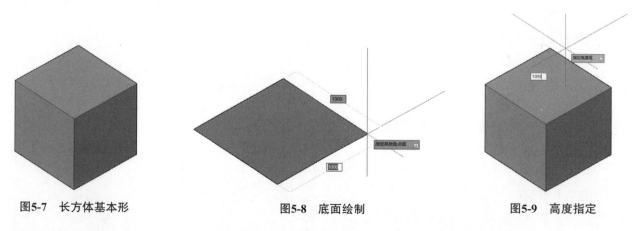

图5-7　长方体基本形　　　　图5-8　底面绘制　　　　图5-9　高度指定

三维模型创建后可以进行尺寸的二次修改。单击基本体后会发现在模型端点或中点处有一些可拖拽的基点，单击拉伸后输入距离数值即可实现模型尺寸的调整。

（2）多段体基本形

尺寸要求：宽度为100mm、高度为500mm、边长为1000mm，完成效果如图5-10所示。

绘制步骤：

步骤一：多段体尺寸设置。输入多段体命令或单击工具栏图标（推荐）后，分别单击宽度和高度二级命令进行尺寸设置，完成第一段长度为1000mm的多段体模型（图5-11），命令行显示如下：

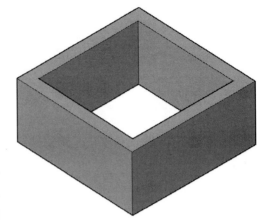

图5-10　多段体基本形

命令: _Polysolid 高度 = 80.0000, 宽度 = 5.0000, 对正 = 居中

指定起点或 [对象(O)/高度(H)/宽度(W)/对正(J)] <对象>: W

指定宽度 <5.0000>: 100

高度 = 80.0000, 宽度 = 100.0000, 对正 = 居中

指定起点或 [对象(O)/高度(H)/宽度(W)/对正(J)] <对象>: H

指定高度 <80.0000>: 500

高度 = 500.0000, 宽度 = 100.0000, 对正 = 居中

指定起点或 [对象(O)/高度(H)/宽度(W)/对正(J)] <对象>:

指定下一个点或 [圆弧(A)/放弃(U)]: 1000

步骤二：沿顺时针方向继续指定方向输入距离，同多段线绘制的步骤一样，如图5-12所示，遇到首尾相交的闭合图形，可在最后一点时直接输入二级命令"C"完成多段体模型的闭合。

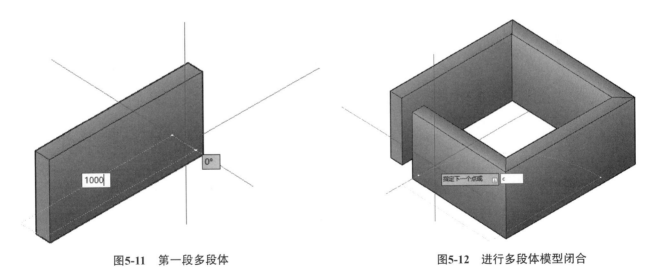

图5-11　第一段多段体　　　　　**图5-12　进行多段体模型闭合**

（3）球体基本形

尺寸要求：半径为500mm，完成效果如图5-13所示。

绘制步骤：

球体的绘制方法和二维图形圆（在命令行输入"C"）的方式一致，如图5-14所示，通过指定中心点，拖拽后输入半径数值即可完成。

图5-13　球体基本形

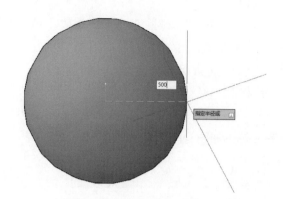

图5-14　指定中心点后输入半径

（4）圆锥体基本形

尺寸要求：半径为500mm，高度为1000mm，完成效果如图5-15所示。

绘制步骤：

步骤一：新建文件后，将视图切换到三维空间（视觉样式为真实显示模式），在三维建模命令面板中，单击圆锥体图标后先绘制底面圆形，如图5-16所示，半径数值为500mm。

步骤二：底面圆形完成后，向上指定高度数值为1000mm，完成圆锥体模型的创建，最终效果如图5-17所示。

图5-15　圆锥体基本形

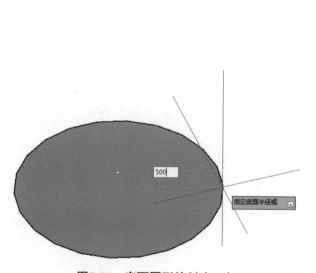

图5-16　底面圆形绘制（一）

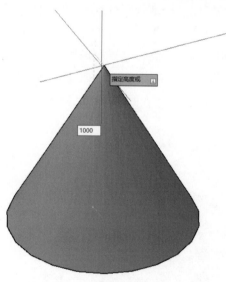

图5-17　圆锥体高度绘制

（5）圆柱体基本形

尺寸要求：半径为500mm，高度为1000mm，完成效果如图5-18所示。

绘制步骤：

步骤一：创建文件后，将视图切换到三维空间（视觉样式为真实显示模式），在三维建模命令面板中，单击圆柱体图标后先绘制底面圆形，如图5-19所示，半径数值为500mm。

步骤二：底面圆形完成后，向上指定高度数值为1000mm，完成圆柱体模型的创建，最终效果如图5-20所示。

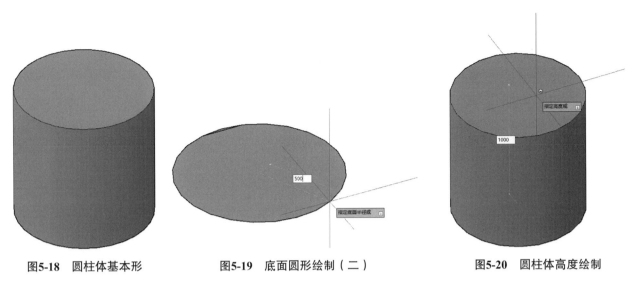

| 图5-18 圆柱体基本形 | 图5-19 底面圆形绘制（二） | 图5-20 圆柱体高度绘制 |

除了上述基本体后，还有棱锥体、圆环、螺旋线基本体（表5-1），具体情况可根据样图中的尺寸进行模型创建。

表5-1 基本体补充示例

基本体名称	棱锥体	圆环	螺旋线
尺寸	半径为500mm，高度为1000mm	外半径为500mm，圆管直径向内偏移100mm	底面和顶面半径均为500mm，高度为1000mm
样图示例			

本节任务点：

任务点1：参照图5-5和图5-6，实现线段的合并，并生成面域。

任务点2：参照图5-8和图5-9，完成长方体基本形的创建。

任务点3：利用图5-11和图5-12，完成多段体基本形的创建。

任务点4：利用图5-13，完成球体基本形的创建。

任务点5：利用图5-16和图5-17，完成圆锥体基本形的创建。

任务点6：利用图5-19和图5-20，完成圆柱体基本形的创建。

任务点7：根据尺寸提示，创建出表5-1中的基本体。

5.2.2 推拉成体：拉伸

能力模块

基本形的拉伸；非闭合图形的拉伸；利用拉伸进行模型创建。

1.基本形拉伸

基本二维图形（矩形、圆形、多边形）以及闭合多段线的拉伸不需要生成面域，直接就可以实现拉伸成体（表5-2）。

表5-2　基本形的拉伸

图形名称	矩形	圆形	多边形	多段线
尺寸/mm	1000×1000	半径500	半径500，内接六边形	边长500
图示				

2. 非闭合图形拉伸

非闭合图形例如用直线命令绘制的图形，或是原本是闭合的多段线后来被分解的。这种断线执行拉伸命令后会变成单面（片），而非封闭的实体，也就无法进行类似于布尔运算的操作。此时，需要先将分段的线合并（快捷命令为"J"）后，再进行拉伸操作，或者生成面域后再进行拉伸，才能形成表5-3中封闭的实体模型。

表5-3　非闭合形的拉伸

挤出操作	直接拉伸	合并线+拉伸	生成面域+拉伸
命令流程	拉伸	合并+拉伸	面域+拉伸
图示			

3. 模型案例（图5-21）

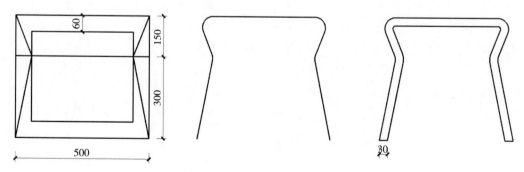

图5-21　拉伸案例造型绘制过程

拉伸命令在三维模型创建中使用的频率最高，适宜创建的模型类型也较多。以图5-21中的凳子作为案例，首先主要的剖面造型是前视图，也就是说只要得到前视图和凳子座深，就可以利用拉伸命令创建这个模型（图5-22）。

绘制完的凳子案例三视图如图5-22所示，其建模思路是：首先是整理出前视图图形，然后是明确凳子座深为320mm。具体操作步骤如下：

步骤一：对于二维图形中的基本几何图形，或者封闭的多段线，可以直接进行拉伸，也可参照

图5-23，先进行面域（在命令行输入"REG"）生成。如果有进一步的图形操作，如布尔运算也会更加方便。

步骤二：如图5-24所示，利用三维旋转命令将生成的面域旋转立起，选定图形对象后输入拉伸命令或者直接单击"拉伸"图标，指定拉伸方向，输入距离320mm后按空格键（或按回车键），完成模型的创建。

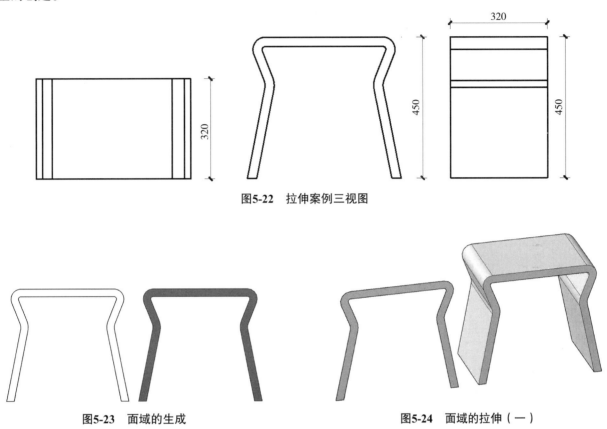

图5-22　拉伸案例三视图

图5-23　面域的生成　　　　　　　　　　图5-24　面域的拉伸（一）

本节任务点：

任务点1：根据尺寸提示，绘制表5-2中的基本形，并利用拉伸命令进行拉伸，拉伸距离为300mm。

任务点2：参照表5-3，尝试通过合并和生成面域两种方式对多段线进行拉伸。

任务点3：利用图5-23和图5-24，完成拉伸案例的创建。

5.2.3　偏移成体：抽壳

能力模块

抽壳命令的基本逻辑；三维模型的切角和圆角；利用抽壳进行模型创建。

1.基本形抽壳

抽壳命令是针对面的操作，通过增加选择面的厚度来使未选择面形成凹陷或镂空的效果。如图5-25所示为一个长方体基本体，在输入抽壳命令（在命令行输入"SOL"）后，减选一个侧面后按空格键输入偏移距离50mm后再按空格键，即可形成一个单项开口且有厚度的几何体，如果将一组平行面同时减选后指定偏移数量，则会呈现图5-25c的镂空效果。

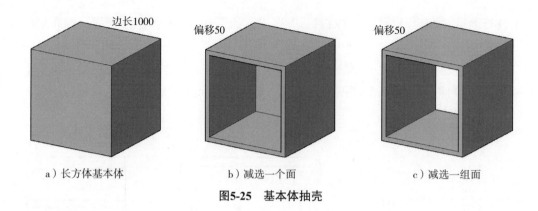

a) 长方体基本体　　　　　　b) 减选一个面　　　　　　c) 减选一组面

图5-25　基本体抽壳

2. 模型案例

补充命令：三维模型的切角和圆角命令，同二维图形编辑命令中的切角和圆角操作逻辑是一样的，即切角需要指定两侧的切角距离后选择三维模型中的线，圆角需要指定圆角半径后进行线的选择，最终效果见表5-4。

表5-4　三维模型的切角和圆角

命令名称	切角	圆角
命令行输入	CHAMFEEDGE	FILLETEDGE
操作流程	输入命令后选择边，再输入两条边的切角距离	输入命令后选择边，再输入半径
图示	$D=300$　$D=300$	$R=200$

通过抽壳命令能够增加单片的厚度，同时也能够创建出几何体镂空的效果。如图5-26所示的三视图，可以得出建模思路：一是基本体是长方体尺寸600mm×500mm×450mm；二是顶面和底面线分别有一组线倒圆角，圆角半径是30mm；三是先进行前后和底面的抽壳，再进行左右两侧的抽壳。具体的操作步骤如下：

步骤一：如图5-27所示，创建600mm×500mm的矩形（在命令行输入"REC"），然后将其创建成面域（在命令行输入"REG"）。

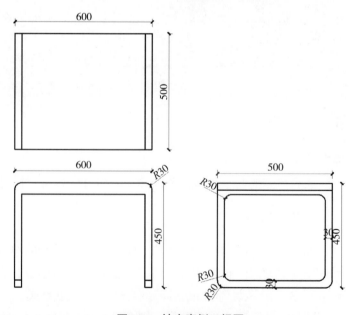

图5-26　抽壳案例三视图

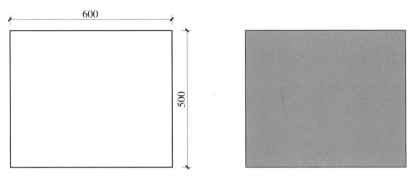

图5-27 顶面造型生成面域

步骤二：对生成面域的矩形执行拉伸命令（在命令行输入"EXT"），拉伸距离为450mm。单击"圆角"图标，或者输入"F"命令后选择三维倒圆角选项，输入二级命令"R"后，如图5-28所示，再输入圆角半径30mm，选择需要倒圆角的线后按空格键确定。

步骤三：对多边形面进行第一次抽壳操作，选择多边形后单击"抽壳"图标，此时全部的面被选中，减选（点选）前后面、底面以及衔接的倒圆角面后按空格键，输入偏移量"30"后再次按空格键确定，生成图形如图5-29所示。

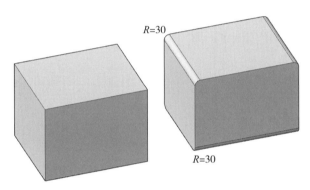

图5-28 拉伸后倒圆角

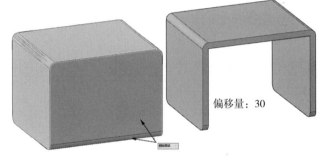

图5-29 第一次抽壳

步骤四：进行第二次抽壳，目的是使两侧的板面形成镂空效果，同样选择多边形后单击"抽壳"图标，减选（点选）左右侧面的四个面后按空格键，输入偏移量"30"后再次按空格键确定，完成的抽壳案例模型如图5-30所示。

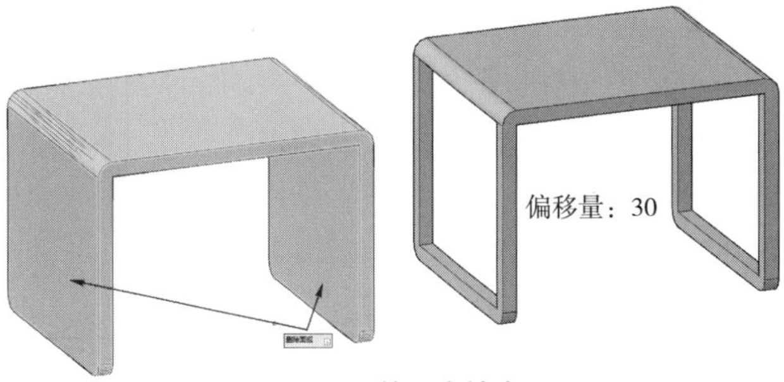

图5-30 第二次抽壳

本节任务点：

任务点：参照图5-27~图5-30，完成抽壳案例的创建。

5.2.4 延伸成体：扫掠

能力模块

扫掠命令的基本逻辑；利用扫掠进行模型创建。

1. 基本形扫掠

扫掠命令的基本原理是让一个剖面二维样条线（或面域）沿着一个路径延伸成体，简称延伸成体，与三维建模软件3dsMax中的放样、扫描和倒角剖面三个命令的操作逻辑是一致的。扫掠命令有两个特点：一是扫掠命令使用后，剖面和路径样条线都会消失，所以如果还需要再次使用这个剖面和路径，可多复制备份，或者如果多个剖面图形都需要同样的路径，可以同时选择多个剖面使用一个路径进行扫掠；二是扫掠模型生成的方向与路径一致，所以如果利用三视图进行模型创建，只保证路径所在的面的方向即可（图5-31）。

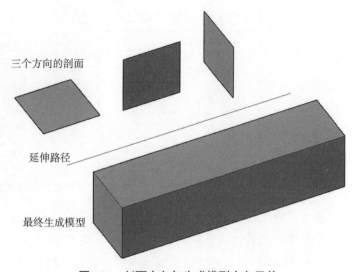

图5-31 剖面方向与生成模型方向无关

2. 模型案例（图5-32）

图5-32是专门用于练习多个剖面和路径通过扫掠生成模型的案例，由于挤出方向都是直线，同样也可以利用平面图使用拉伸捕捉的方式生成。通过观察三视图确定建模思路：一是所有的真实尺寸都在左视图，需要先将左视图所有的构件进行整理。二是模型为前后左右四部分单元的对称结构，只需要整理出四分之一的构件。三是如果想采用扫掠命令，左视图是剖面，各构件的路径线则需要在前视图中用直线进行重新绘制。具体的绘制步骤如下：

步骤一：利用直线命令在前视图捕捉各个构件的中点绘制直线，以作为扫掠剖面延伸的路径线，根据对称关系，将左视图整理成如图5-33所示，创建完成后可镜像完成其余的造型。

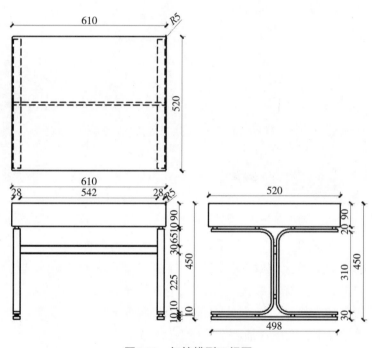

图5-32 扫掠模型三视图

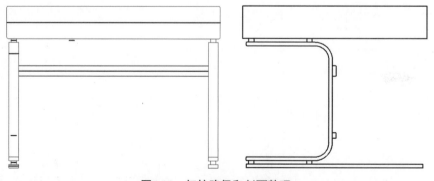

图5-33 扫掠路径和剖面整理

步骤二：利用扫掠命令生成构件三维模型，选择剖面后单击"扫掠"图标，拾取相应路径即可生成三维模型，如果路径相同可选择多个剖面图形同时进行扫掠。最终生成的模型如图5-34a所示，可利用左视图作为对齐点，将构件捕捉到对应位置，最终效果如图5-34b所示。

步骤三：如图5-35所示，将生成的四分之一构件模型选中后，输入镜像（在命令行输入"MI"）命令，先进行前后镜像生成左侧造型，再框选左侧造型按回车键以重复镜像命令，捕捉中点完成右侧模型的创建。

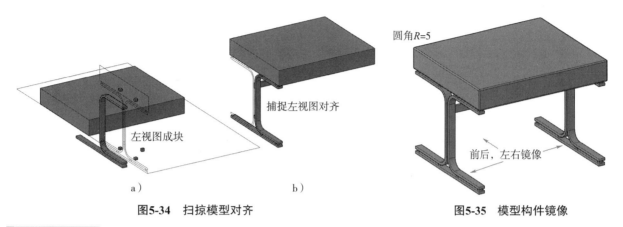

图5-34　扫掠模型对齐

图5-35　模型构件镜像

本节任务点：

任务点：参照图5-33~图5-35，完成扫掠案例的创建。

5.2.5　旋转成体：旋转

能力模块

旋转命令的基本逻辑；利用旋转进行模型创建。

1. 基本形旋转

三维建模中的旋转命令不等同于二维样条线编辑命令中的旋转命令，其基本原理是利用剖面样条线（或面域）旋转一周（或指定角度）形成三维模型，简称旋转成体，与三维建模软件3dsMax中车削命令的操作逻辑一致。如图5-36所示，以一个高脚杯为例，让杯子的剖面围绕自身中心轴旋转360°即可生成一个高脚杯模型。

2. 模型案例（图5-37）

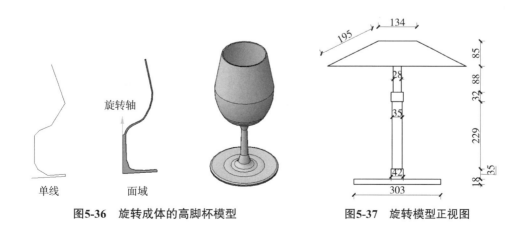

图5-36　旋转成体的高脚杯模型

图5-37　旋转模型正视图

室内家具中通过自身剖面旋转一周生成的模型多见于瓶、碗、盘或小型家具（台灯、吊灯等），通过观察图5-37中模型的正视图形状，初步明确建模思路：一是不考虑各部分组合的情况，而是将图形边界打通绘制一个完整的剖面；二是取中心线作为旋转命令的镜像轴。具体步骤如下：

步骤一：如图5-38所示，沿台灯中心点绘制直线，采用修剪（在命令行输入"TR"）命令将左侧造型删除，单击绘图菜单栏，找到边界命令，再单击右侧图形内部，即生成一条完整闭合的多段线，将其移动（在命令行输入"M"）出来，如图5-38b所示。

步骤二：如图5-39所示，选择闭合的多段线后单击"旋转"图标，捕捉中心旋转轴的上下两点，即可生成三维模型。

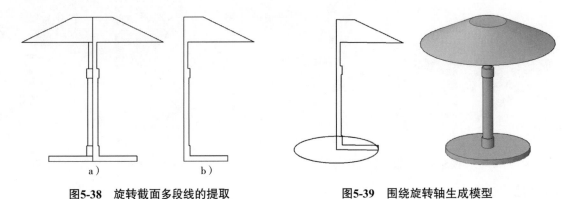

图5-38　旋转截面多段线的提取　　　　图5-39　围绕旋转轴生成模型

本节任务点：

任务点：参照图5-38和图5-39，完成旋转案例的创建。

5.2.6　布尔运算：并集、差集、交集

能力模块

布尔运算的三种类型；利用布尔运算进行模型创建。

1.基本形布尔

布尔运算是引用数学中的一个概念，主要用于两个对象之间的比较，即通过并集、差集或交集，最终生成一个对象（表5-5）。布尔运算既可以应用于二维面域图形，也可以用于三维实体模型之间。如果遇到多个图形和一个图形进行布尔运算，可以先将多个图形合并之后再进行布尔运算操作。这与三维建模软件3dsMax中的二维样条线和多边形布尔命令的操作逻辑一致，都可以创造出更为复杂的造型。

表5-5　布尔运算三种类型

布尔类型	并集	差集	交集
命令	UNI	SU	IN
流程	加选需要合并的对象后按回车键	选择要保留的对象，按回车键后拾取要减去的对象	加选需要交集的对象后按回车键
图示			

2. 模型案例（图5-40）

　　图5-40所示的案例绘制主要会应用到面域的差集布尔和三维模型的并集及交集布尔运算。观察图5-40所示三视图可以初步确定建模思路：一是左视图可以整理出用于拉伸的座椅靠背部分，以及通过扫掠的椅子腿部，对称的椅子腿部可以镜像生成另一半；二是靠背孔洞的生成可采用布尔运算的差集实现。由于没有点的控制功能，可以尝试使用面的倾斜功能来绘制倾斜的靠背，也可以参照以下步骤采用左视图与前视图的交集来实现。具体步骤如下：

　　步骤一：经整理后的座椅造型，如图5-41所示，单击"拉伸"图标挤出距离为500mm，椅子腿部在有扫掠截面圆形的基础上，将左视图的中线向内偏移10mm得到中心线路径。单击选择剖面圆形后，再单击"扫掠"图标，拾取路径后按空格键，生成椅子腿部的三维模型。

　　步骤二：利用三维旋转命令，将其与前视图对齐，切换到顶视图角度，打开二维线框视图样式。如图5-42所示，利用旋转（在命令行输入

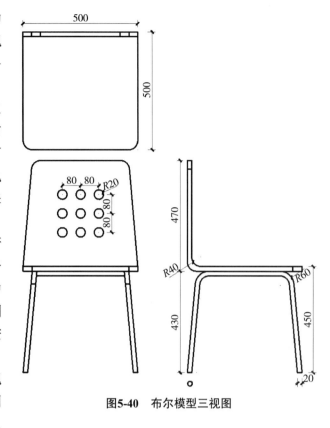

图5-40　布尔模型三视图

"RO"，切换到参照模式）命令，实现椅子腿与前视图的线参照重合，然后利用镜像（在命令行输入"MI"）命令，生成另一条椅子腿模型。

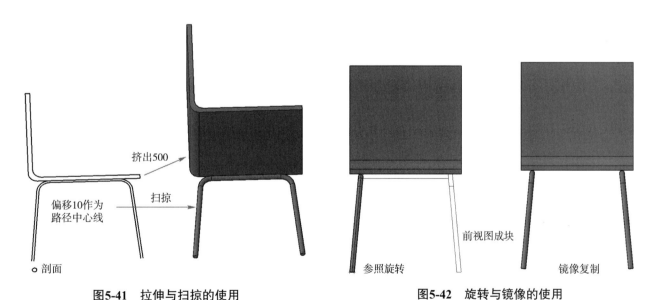

图5-41　拉伸与扫掠的使用　　　　　　图5-42　旋转与镜像的使用

　　步骤三：主要的构件模型创建完成后，接着制作靠背的镂空细节部分。如图5-43所示，将前视图的靠背造型和表示座椅厚度的矩形生成面域（在命令行输入"REG"），运用布尔运算的差集（在命令行输入"SU"）命令，先选择保留体（靠背）按空格键后，再拾取需要修剪的部分（圆形）。

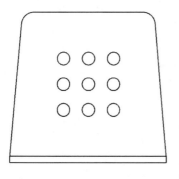  

面域　　　　　　　差集

图5-43　面域与差集的使用（一）

步骤四：采用多边形之间的差集可生成靠背。如图5-44a所示，将上个步骤生成的面域进行推拉，保证靠背厚度和座椅长度都远大于步骤一中拉伸的靠背厚度和长度，完成后再使用并集命令（在命令行输入"SU"）将两者合并到一起。如图5-44b所示，将其与步骤二中的座椅对齐，再进行交集（在命令行输入"IN"）操作，生成的模型经三维旋转后如图5-44c所示。

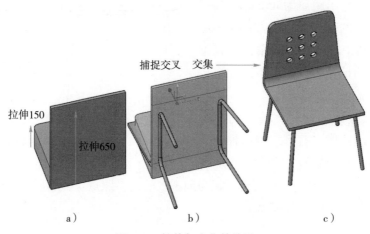

拉伸150

拉伸650

捕捉交叉　交集

a）　　　　　　　b）　　　　　　　c）

图5-44　拉伸与交集的使用

本节任务点：

任务点：参照图5-41~图5-44，完成布尔案例的创建。

5.3　三维建模与三视图输出应用

三维建模在AutoCAD室内图纸绘制中使用的频率不高，但通过由三视图平面向立体形式的转化，以及由三维模型直接生成三视图的过程都有益于空间想象力。在本节中，选用由小到大、由简单到复杂的三种三维模型案例：几何体、家具座椅和订制家具柜体进行练习，希望能够将三维建模的能力应用到更多的领域和场景中。

5.3.1　几何模型创建

能力模块

利用三视图创建三维模型。

如图5-45所示为几何模型的三视图。

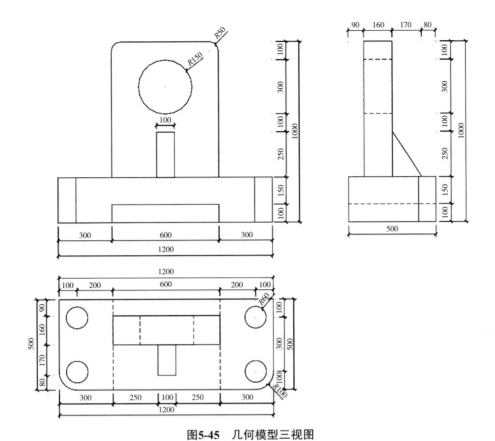

图5-45 几何模型三视图

建模思路：首先观察图5-45所示的几何模型的三视图，找到基本的建模思路。一是整理出需要拉伸的图形；二是找到需要面域布尔和三维实体布尔的图形，合理安排命令顺序；三是由下到上、由后到前进行模型组合。具体步骤如下：

步骤一：分别从前视图、左视图和顶视图中整理出需要拉伸和布尔的图形，如果图形不是完整闭合的，则需要将其转化成闭合的多段线（便于生成面域或挤出）。最终效果如图5-46所示。

步骤二：对整理出的图形生成面域（在命令行输入"REG"）。如图5-47a所示，相同命令的图形可同时框选；使用差集（在命令行输入"SU"）命令对顶部和底座造型进行处理，差集需要选择要保留的对象，按回车键后拾取要减去的对象。最终效果如图5-47b所示。

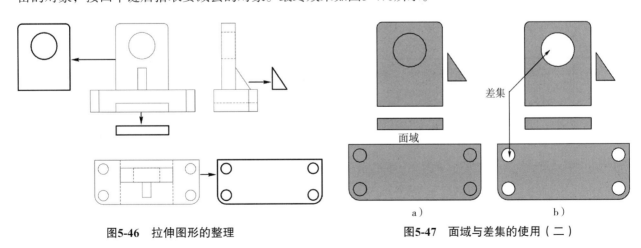

图5-46 拉伸图形的整理　　　　　　图5-47 面域与差集的使用（二）

步骤三：对差集后的造型进行拉伸处理，拉伸距离如图5-48所示，分别为250mm、500mm、160mm、100mm。

步骤四：对拉伸出的三维模型进行组合，打开中点捕捉，配合三维旋转和相对移动完成如图5-49的形态；最后通过差集（在命令行输入"SU"）命令剪掉模型底部的长方体，完成几何模型的创建。

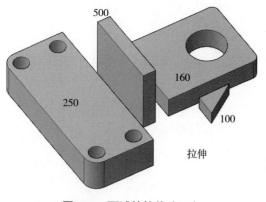

图5-48　面域的拉伸（二）

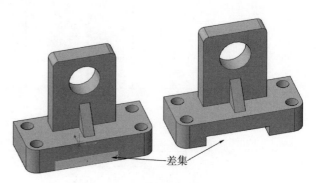

图5-49　模型的差集

本节任务点：

任务点：参照图5-46~图5-49，完成几何模型案例的创建。

5.3.2　座椅模型创建

能力模块

利用三视图创建三维模型。

如图5-50所示为座椅三视图。

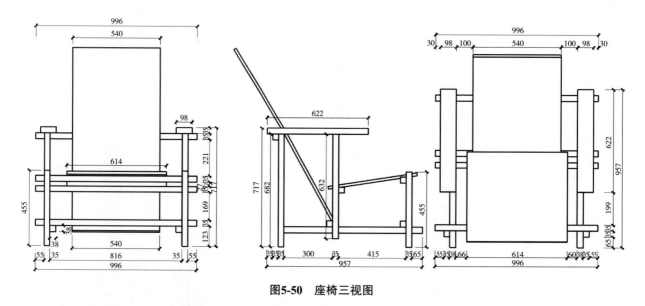

图5-50　座椅三视图

建模思路：通过对图5-50所示的座椅三视图的观察，找到建模思路：一是座椅和靠背的造型受到构件遮挡，需要先结合前视图补充完整；二是主要的拉伸造型都集中在左视图中，而且都是真实尺寸，将主要拉伸图形整理出来拉伸即可完成大部分构件；三是拉伸出来的造型需要对齐的问题，可以利用顶视图进行造型的拉伸捕捉及对齐；四是是否存在模块构件或对称现象，这样就可以制作一部分，利用复制或镜像命令完成模型的创建。具体步骤如下：

步骤一：整理左视图的构件造型线，如图5-51所示，首先利用前视图作辅助线，完成靠背线的完整形绘制，然后通过拖拽点的方式完成座椅部分的矩形绘制。剩余构件均为矩形，为了便于之后的面域生成和拉伸，建议将其处理成闭合的多段线，方法有两种，一是采用合并命令（快捷键为"J"），另一种是采用绘图菜单中的边界命令（快捷键为"BO"）。

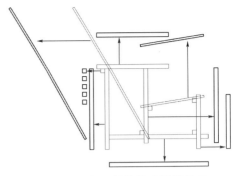

图5-51　左视图的构件造型线整理

步骤二：为了方便确定各部分构件的位置，可以将整理好的构件图形统一在左视图中对齐。注意为防止两种图形混淆在一起，需要先将左视图制作成块（快捷键为"B"），构件图形对齐后再将左视图的图块删除，最终效果如图5-52所示。

步骤三：将左视图旋转后找准对齐点，与顶视图对齐。然后采用相对移动（在命令行输入"M"）的方式移动每个构件，从图5-53中的"移动起始点"移动到顶视图的厚度拉伸起点位置上。

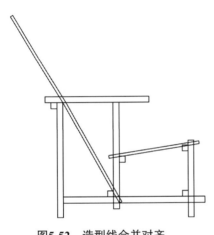

图5-52　造型线合并对齐

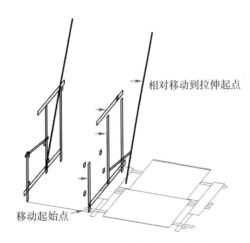

图5-53　造型线移动到拉伸起点

步骤四：构件的拉伸。采用拉伸（在命令行输入"EXT"）命令对各部分构件进行拉伸，拉伸距离可通过直接捕捉顶视图构件厚度的端点来确定（也可根据厚度输入距离值），完成效果如图5-54所示。

步骤五：根据对称结构框选左侧的部分构件，应用镜像（在命令行输入"MI"）命令，捕捉座椅造型中心两点作为镜像轴，完成座椅模型的创建，最终效果如图5-55所示。

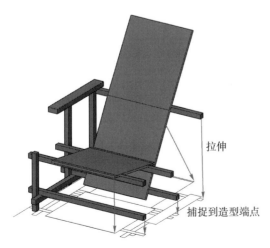

图5-54　造型线捕捉拉伸

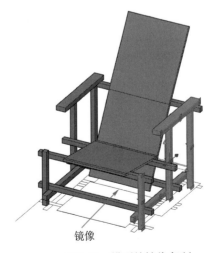

图5-55　模型的镜像复制

本节任务点：

任务点：参照图5-51~图5-55，完成座椅模型案例的创建。

5.3.3　柜体家具模型创建

能力模块

利用三视图创建三维模型。

1. 床头柜模型

床头柜模型在本书中出现了三次，第一次是在第3.6.5小节中，对柜体三视图进行了文字标注和材料索引；第二次是在第3.7.2小节中，根据三视图尺寸绘制出轴测图；本节是第三次，主要讲解根据三视图尺寸创建出三维模型。在本节学习完成之后可进行一次考核练习，完整系统地将三视图的绘制及标注，轴测图的绘制，三维模型的创建流程通过一个案例操作一遍。

如图5-56所示，三视图图形的完整性，能够让我们不依赖尺寸，直接对各个部件图形进行捕捉拉伸，但从设计学习的角度，初学者应有意识地分析其材料规格特点如板厚，了解与人因工程有关的使用尺度，例如高度、宽度和深度。最后是组装方式，了解一些板式家具的组装规则对于模型创建的顺序也是有所帮助的。

建模思路：床头柜的三视图详细尺寸参照第3.7.2小节中的图3-139中床头柜三视图及轴测图尺寸。通过观察三视图确定建模思路。一是整理构件。前视图集中了大部分真实尺寸的造型线，整理出需要拉伸的造型，背板与抽屉要与其分开放置。二是拉伸厚度。共有三种板厚，包括顶板20mm、侧板30mm、背板8mm。三是对齐组合。对前视图整理出的构件在厚度方向进行拉伸，最后通过旋转、移动组合模型。具体的步骤如下：

步骤一：将不同构件图形进行整理，本案例中的各部分柜体均为矩形，存在共用重合线段的现象（构件相交部分）。如图5-57所示，可将前视图生成图块后，利用矩形命令重新绘制各部分构件造型，对于重叠在一起的图形例如背板和抽屉，需要从主体柜体中利用移动命令分离出来。

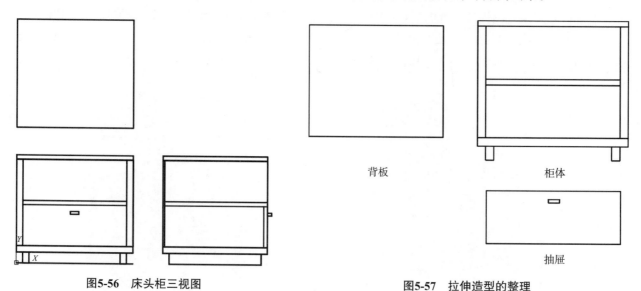

图5-56　床头柜三视图　　　　　　　　　　图5-57　拉伸造型的整理

步骤二：根据三视图确定构件图形的拉伸距离，相同拉伸距离的图形可同时选择执行拉伸（在命令行输入"EXT"）命令。参照图5-58完成各部分构件的拉伸。

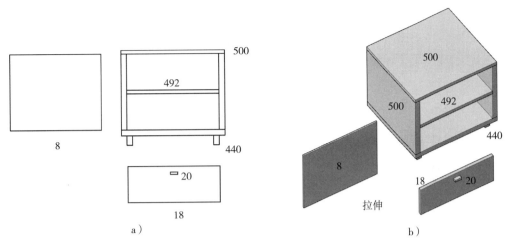

a）

b）

图5-58　拉伸距离

步骤三：柜子底部支撑的两条腿经拉伸后采用移动（在命令行输入"M"）命令向前移动30mm。打开顶点捕捉，将背板和抽屉模型捕捉移动到柜体上，完成床头柜模型的创建，最终效果如图5-59所示。

2. 玄关柜模型

建模思路：玄关柜的具体尺寸可以参照第3.7.2小节图3-147中玄关柜三视图。通过整理三视图，找到建模思路。一是柜体分为帽檐、柜体和踢脚三部分，其中柜体和踢脚的拉伸方向一致，可以一起进行拉伸；二是板厚分为8mm、12mm和18mm三种尺寸。具体步骤如下：

图5-59　前视图组装调整模型（一）

步骤一：将图5-60中的三视图造型线生成面域（在命令行输入"REG"），由于顶视图和前视图的柜体构件造型都是由基本形矩形构成，比较容易生成面域（可全部选中后生成面域），但注意背板造型要单独绘制矩形后移动出来进行面域生成，最终效果如图5-61所示。

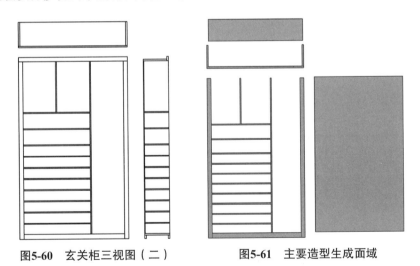

图5-60　玄关柜三视图（二）　　**图5-61　主要造型生成面域**

步骤二：根据图5-62中的尺寸，对各部分构件进行拉伸（在命令行输入"EXT"），相同高度的面域造型可以同时框选进行拉伸。

步骤三：参照图5-63对构件进行组合，先利用三维旋转命令（单击图标或在命令行输入"3DRO"）旋转主体造型，再利用移动捕捉的方式绘制顶板和背板，最终完成玄关柜模型的创建。

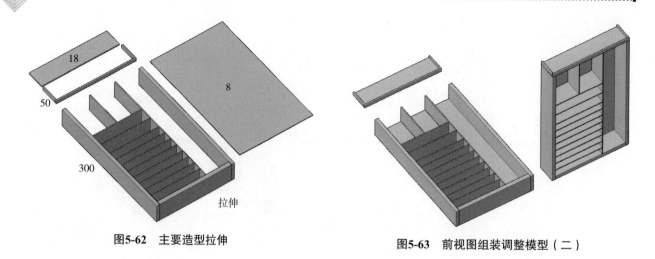

图5-62　主要造型拉伸　　　　　　　　　图5-63　前视图组装调整模型（二）

本节任务点：

任务点1：参照图5-56~图5-59，完成床头柜模型案例的创建。

任务点2：参照图5-60~图5-63，完成玄关柜模型案例的创建。

5.3.4　通过三维模型生成三视图

能力模块

三维模型生成三视图并标注。

经过从简单的几何体组合，到室内家具模型的创建过程，能够发现AutoCAD不仅能够绘制二维图纸，还能够将其通过推拉等命令创建并组合成三维模型。其优点在于：一是利用二维图形创建后模型尺寸的准确性；二是快捷键命令使用的灵活性，不会像三维建模软件模型的创建和编辑，需要进行多个命令菜单的切换；三是生成的模型可直接生成三视图并标注尺寸，实现模型和图纸的同步创建、修改和输出。第三点也是本节要重点讲解的内容。

下面利用一个床头柜模型，演示通过三维模型，在

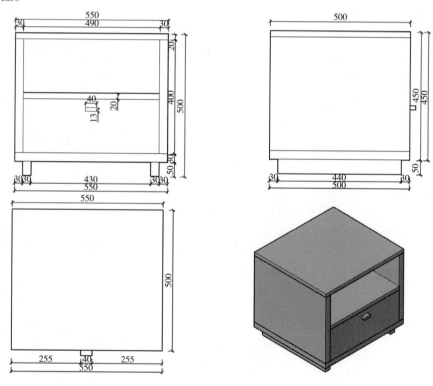

图5-64　三视图最终效果

布局空间生成二维图三视图的过程，最终生成的图纸效果如图5-64所示。此种方式可以广泛应用在工业产品和板式家具的图纸绘制中，通过模型输出图纸，能大大提升图纸输出的效率。

将床头柜的三维模型生成三视图的具体步骤如下：

步骤一：设置布局图纸大小。利用AutoCAD软件创建三视图的三维模型，需要切换到布局空间，删掉原有布局中的视口，根据图纸输出尺寸大小。如图5-65所示，设置当前的布局图纸大小为A3，（页面设置管理器，默认图纸尺寸为A4，修改为A3，图纸比例为1∶1，根据实际模型输出比例设置合适的页面大小）。

步骤二：创建视口并调整比例。在命令行输入"MV"，新建一个视口，双击进入视口内部将视图角度切换成前视图。单击绘图界面右下角比例尺图标，将视口比例改成1∶5（根据实际模型调整合适的比例）。如图5-66所示，将模型前视图图形调整到合适位置。双击视口外空白处即可退出视口，按空格键或回车键激活命令，通过二级命令实现视口的锁定，命令行显示如下：

命令: MV

MVIEW

指定视口的角点或 [开(ON)/关(OFF)/布满(F)/着色打印(S)/锁定(L)/对象(O)/多边形(P)/恢复(R)/图层(LA)/2/3/4] <布满>: L

视口视图锁定 [开(ON)/关(OFF)]: ON

选择对象: 找到 1 个

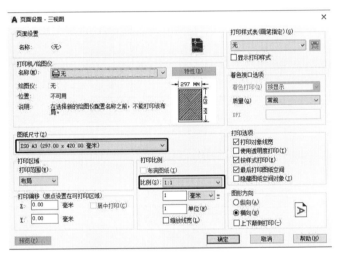

图5-65　布局图纸尺寸设置（一）　　　　图5-66　前视图视口设置

步骤三：利用Solview命令生成其他两个视图。在命令行输入"Solview"后按回车键，选择"正交"后再按回车键。如图5-67中箭头所示，选择视口要投影的一侧（顶视图正交向下），指定视口中心点，按住鼠标中轴调整图纸位置及显示比例与前视图相同，按空格键绘制视口后输入视图名称，再按回车键。按照这一流程切换不同方向（左视图正交向右）再生成另一个视图。注意左上角的视图角度、显示样式和视口比例可以随时调整。

步骤四：轴测图的生成。复制视口，将视口调整为西南等轴角度，显示模式为"概念显示模型"。如图5-68所示，利用辅助直线，移动各视图使其长对正、宽度方向相等、高度方向平齐。

步骤五：视图的标注。如图5-69所示，将前视图、顶视图和左视图的模型样式设置成隐藏样式，会自动对遮挡造型线进行隐藏。调整标注样式进行三视图的标注，将视口线放置到不打印图层中（打开图层管理器，创建图层命名为"不打印"，将其图层属性中的打印机设置为禁止打印，创建完成后框选视口线，将图层切换到不打印图层），此时可进行图纸的虚拟打印，最终完成三维模型生成三视图流程。图纸打印部分可参照第6.5.2小节的内容进行打印。

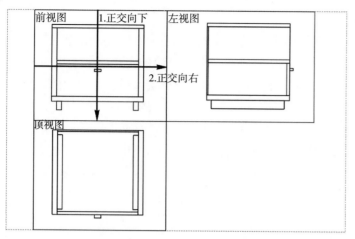

图5-67　顶视图和左视图视口设置

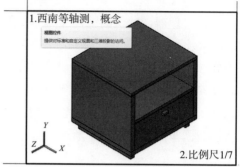

图5-68　轴测图视口设置

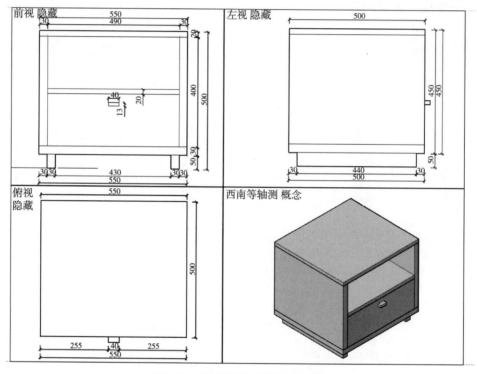

图5-69　图层样式和图纸标注设置

本节任务点：

任务点：参照图5-65~图5-69，完成床头柜三视图的输出与尺寸标注。

本章小结

通过本章学习，基本了解AutoCAD软件的三维建模命令，掌握基本体的创建方法以及利用基本体进行简单的编辑，同时掌握拉伸、抽壳、扫掠、放样、旋转和布尔运算等编辑命令。基本体的创建和编辑能够辅助创建出简易的家具或空间场景，同时也可以将生成的模型快速输出三视图及轴测图。AutoCAD三维建模命令逻辑的学习也为之后的三维建模软件（如3dsMax、SketchUp）的学习打下了基础。

第6章 图层、布局与打印

本章综述： 本章主要学习AutoCAD软件中图层的创建、管理以及单张和批量图纸虚拟打印输出的流程。图层创建和利用组管理器进行图层编组为平面图绘图和打印输出都提供便利。首先进行模型和布局两种空间图纸打印方式的比较，进而结合建筑图纸案例单比例尺和多比例尺视口打印练习，并掌握图纸批量打印的技巧。让初学者在规范使用和管理图层的基础上，充分认识和掌握布局空间在绘制图纸和打印图纸方面的优势及具体应用方法。

思维导图

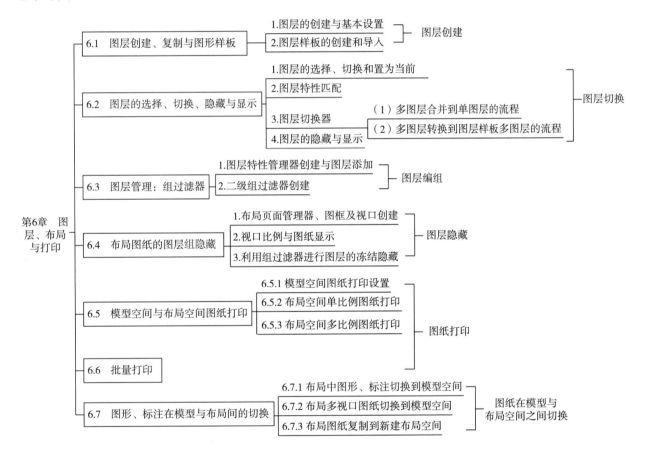

6.1 图层创建、复制与图形样板

能力模块

图层的创建与基本设置；图层样板的创建和导入。

1. 图层的创建与基本设置

利用AutoCAD进行室内空间图纸绘制时，为方便绘图和管理不同的绘制对象，可通过设置不同图层加以区分。图层起到的主要作用：一是通过设置不同的图层属性（不同的名称、颜色、线宽）对对象图形加以区分，便于观察、选取和编辑，二是方便通过组过滤器控制图层的显示及打印输出。

（1）图层的类别

按照从建筑原始场地到室内空间布置，再到软装元素布置，以及水、电、暖设备等细部图纸规划的次序，通常情况下可以将室内设计图层分组划分为建筑、公共、平面、地面、顶棚和立面图层，当然也可以取消公共图层，将其包含的内容合并到建筑图层中。

尽管不同专业都有自己的图层使用样板需求和标准，但图层的设置应遵循以下基本原则：

1）同类别图层名称开头要统一，建议用英文命名，如"FF家具类""RC顶棚类""FC地面材料"。为了方便图层管理，形成组后使用图层过滤器统一进行显示控制。

2）图层数量越少越好，方便实现图层的选择、切换、冻结或隐藏。

3）图层线型和颜色越少越好，线型要随层变化，一般情况下，颜色亮度越高，图层越重要。

（2）图层的创建

在建筑或室内工程制图中，每一条图线都有其特定的含义和作用。绘图时，必须按照现行国家制图标准的规定，正确使用线型和线宽。建筑制图图线的线型有实线、虚线、单点长画线、双点长画线、折断线、波浪线等，每种线型又有粗、中、细之分。

图线的线宽要根据图纸的复杂程度、比例以及图幅的大小来选定。当粗实线的宽度选定之后，其他线型的线宽也随之而定，形成一定的线宽组搭配，一般分粗线、中粗线、细线三种类型。同一张图纸内，相同比例的图样应选用相同的线宽组。线宽应按照图纸比例及图纸性质确定，如手绘图纸应从 1.4mm、1mm、0.7mm、0.5mm 线宽系列中选取，电子图纸线宽可选用0.4mm、0.2mm、0.15mm、0.09mm 四种。

其中，电子图纸线型颜色一般用绿色、浅蓝色、红色、浅灰色、黄色等颜色。设定字体颜色，能够方便绘图时区分不同类型的对象，同时能够通过颜色进行对象的快速选择，还能够在最终打印时通过颜色重新指定线宽、颜色来创建最终的打印样式。

下面进行手动创建室内常见图层的练习：室内常见图层的创建练习，养成先建图层后画图的好习惯，打开软件界面保存文件后，切换到AutoCAD经典界面工作空间，按照以下步骤完成图层的创建：

步骤一：打开图层创建面板。在经典界面中，单击"格式"菜单下的"图层"，可以打开图层创建面板，也可以通过快捷键"LA"快速打开图层创建面板。

步骤二：图层的创建。单击"创建"按钮，创建出一个新图层，同时也可以对图层进行删除和冻结。

步骤三：图层修改。依次输入图层名称，设置图层颜色、线型以及线宽，完成图层的创建。根据图6-1所示，0.4mm宽线为白色用于绘制墙体，0.2mm宽线为浅蓝色用于绘制家具，0.15mm宽线为绿色用于绘制门窗，0.15mm宽线为黄色用于材料说明文字，0.15mm宽线为红色用于标注尺寸线，0.09mm宽线为浅灰色用于绘制填充线。

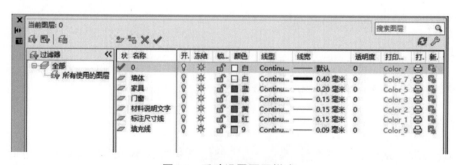

图6-1　手动设置图层样式

步骤四：图层的选择和切换。在图层创建面板中，双击新创建的图层即可将其设置为当前图层（图层名称前会显示为对号），此时所新绘制的图形都会出现在这个图层中。除双击外，也可以在创建面板中选择该图层后单击"对号"按钮将其设置为当前图层。还可以退出创建面板，通过图层切换（如图6-6中单击图层切换按钮）的方式设置当前图层。

2.图层样板的创建和导入

根据项目图层类别创建出所有图层后，可以将其转化成图层样板（图6-2a），方便在之后的项目中作为图层素材进行调用（图6-2b）。

（1）图层设置后的样板创建

图层样板是建立在统一风格下的图层框架体系，样板图形存储图形的所有设置，还可以包含预定义的图层、标注样式和视图。导入样板后能够直接切换对应的图层类型进行绘图，能够大大提升绘图效率。在样板设置中注意要严格调整单位、精度、图层（颜色、线型和线宽）、文字样式、标注样式，以及默认的线宽、字体、字高以及捕捉类型。

样板文件创建过程：样板文件生成后保存的格式为.dwt，如图6-2a所示，单击"文件"菜单，选择"另存为"，设置样板文件保存路径，通常会放置到AutoCAD的安装目录下，便于下次创建新文件时直接加载。

（2）图层样板的导入过程

方法一：如图6-2b所示，可以在创建新文件时，直接加载图层样板的.dwt文件；尝试将图6-1中创建的图层信息另存成基本图层样板，创建文件时将其作为样板加载导入。

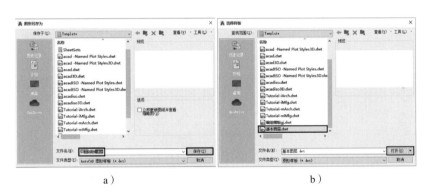

a）　　　　　　　　　　　　　　b）

图6-2　图层样板的创建和导入

方法二：通过复制和粘贴的方式将样板中带有图层信息的图形复制到新建文件中。尝试创建新文件，将图6-3中带有图层信息的图形或文字，以复制粘贴的方式粘贴到新文件中，观察新文件的图层信息变化。

中文图层名称	英文图层名称	颜色	打印线宽
墙体	DS-WALL	白	0.4mm
家具	FF-FURN	蓝	0.2mm
门窗	DOOR WINDOW	绿	0.15mm
材料说明文字	FF-TEXT	黄	0.15mm
标注尺寸线 502	FF-DIM-I	红	0.15mm
填充线	DS-FILL LINE	灰	0.09mm

图6-3　利用图形复制对应图层（一）

方法三：在绘图过程中也可以通过快捷键"Ctrl+2"，打开图像资源管理器面板。如图6-4所示，找到打开的样板文件图层类别，双击进入后，选择需要的图层文件并拖拽到当前绘图文件的绘图窗口中，即可完成对应图层素材的加载。这种情况主要针对绘图空间中个别图层的补充，相对于方法一中直接加载样板要更加灵活。

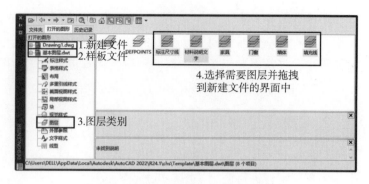

图6-4 利用图形复制对应图层（二）

本节任务点：

任务点1：参照图6-1，手动设置图层样式。

任务点2：参照图6-2，将图6-1中创建的图层信息另存成基本图层样板。

6.2 图层的选择、切换、隐藏与显示

能力模块

图层的选择、切换和置为当前；图层特性匹配；图层切换器Laytrans；MAG.fas插件实现图层的隐藏与显示。

在绘图过程中，如果需要将部分图形切换到指定的其他图层，可以通过以下方式呈现：

1. 图层的选择、切换和置为当前

选择部分图形后，单击图层切换，可将其切换到对应的图层中，这种方式使用的前提是能够很容易选择上这部分图形。如果几个图层叠加到一起则无法单独选择，需要通过快速选择（在命令行输入"QSE"）来选择相应图层。如图6-5所示，利用图层因素进行图形对象选择，可以提前选择筛选范围（应用到当前选择），也可以勾选应用到整个模型空间的图形。

通过快速选择的方法，能够拾取出需要切换图层的图形。如图6-6所示，在图层图标位置将其切换到指定的图层中。

将绘图区图形设置为当前图层的方法：如图6-6所示，如果在放置家具图层后，想继续在家具图层中绘制新的家具图形，则需要将家具图层设置为当前图层，即从图层管理器中，选中家具图层后，双击该图层，单击右上角"置为当前"按钮，或者选中图层后按快捷键"Alt+C"进行设置。当然，也可以通过选中绘图区的家具图形后在命令行输入"laymcur"后按空格键，即可将选择的图层置为当前图层。

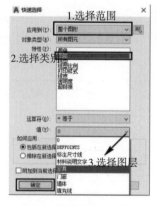

图6-5 图层的快速选择

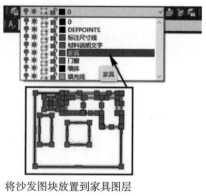

将沙发图块放置到家具图层

图6-6 图层切换

2.图层特性匹配

如图6-7所示，利用格式刷（快捷键为"MA"），吸取需要指定的图层属性，框选需要切换图层的图形，便将其转换到指定图层，具有该图层所有属性。

3.图层切换器

利用图层切换器能够对单个或多个图层进行映射合并以及转换操作。

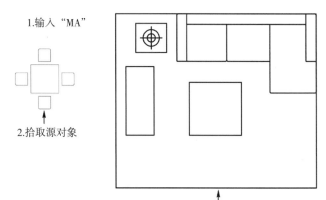

图6-7 格式刷切换图层

（1）多图层合并到单图层的流程

假如需要将图纸中的图层1和图层2的图形合并到图层3时，首先应在命令行输入"Laytrans"后按空格键，打开"图层转换器"面板，如图6-8左侧显示了当前文件包含的图层信息（图层1和图层2），右侧显示创建的新图层（创建图层3），中间的"映射"按钮就是图层切换的关键，两侧都选好图层后单击"映射"按钮，映射后的图层可通过删除恢复到原来的位置。如图6-9所示，单击"转换"按钮，选择"仅转换"选项后，图层管理器中就会显示新创建的图层3，原有的图层1和图层2就消失了。

顽固图层的删除：以上合并图层的映射操作也适合清除无法删掉的顽固图层，即将其转换到新图层后再删掉新图层即可。另外，也可以在图层管理器中点选无法删除的图层后右击，选择"将选择图层合并到"，指定到"0"图层，也可以将顽固图层删除。

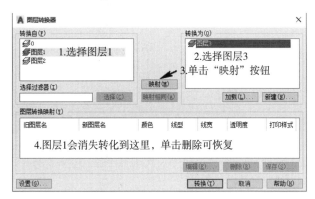

图6-8 图层与图层映射

图6-9 图层与图层转换

（2）多图层转换到图层样板多图层的流程

当需要修改一套图纸作为绘图素材时，发现素材图层名称与当前使用的图层名称不同，这样使用起来会非常不便。此时可以将习惯使用的图层组制作成图层样板.dwt文件，实现与素材图纸图层的一一映射转换。具体步骤如下：

步骤一：打开素材图纸，在命令行输入快捷键"Laytrans"，打开"图层转换器"面板。如图6-10左侧显示的素材文件包含的图层信息，右侧可单击"加载"按钮，选择图层样板文件，此时图层样板中的图层都会显示在"图层转换器"面板的右侧。

步骤二：与合并到单图层的流程一样，可以实现同类属性图层的一一映射（例如名称不一致的墙体对应样板文件中的墙体图层）。每一次映射，素材图纸中的图层会减少一个，防止混淆。依次替换后单击"转换"按钮，选择"仅转换"选项后，就会完成两套图纸的图层转换操作。

4. 图层的隐藏与显示

在图层管理器中，单击需要隐藏的图层名称前的灯泡图标即可实现所选图层的隐藏，再次单击灯泡图标则会恢复图层显示。有时需要从绘图界面选择图纸进行对应图层的隐藏，除了应用快捷键"LAYOFF"关闭图层外，还可以使用插件进行图层的孤立、隐藏、锁定和全部显示。如图6-11所示，利用快捷键"Applode"加载"MAG.fas"插件后单击"加载"按钮，左下角会显示成功加载插件。

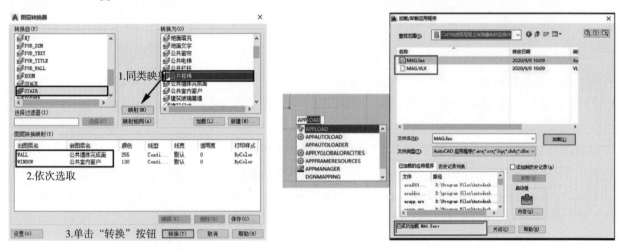

图6-10　图层与图层样板转换　　　　　图6-11　选择插件的加载

使用下面的插件快捷键，即可在绘图空间中拾取对应的图层：

"1"+空格键：点取需要单独显示的实体。

"2"+空格键：点取需要关闭图层的实体。

"3"+空格键：点取需要锁定选中图层之外的所有图层。

"A"+空格键：显示所有的图层（包括隐藏的图层）。

本节任务点：

任务点1：参照图6-6和图6-7，将沙发图形以切换图层和格式刷图层两种方式切换到家具图层中。

任务点2：参照图6-8和图6-9，创建两个图层（图层1和图层2），绘制两个基本形（圆形）分别放置到图层1和图层2，利用图层转换器将其转换到新建图层3中。

任务点3：参照图6-11，加载图层管理插件，利用图6-3的图层内容，尝试进行图层的单独显示、关闭图层、锁定图层和全部显示图层的操作。

6.3　图层管理：组过滤器

能力模块

图层特性管理器创建与图层添加；二级组过滤器创建。

图层组过滤器能够在不同类别图层命名的基础上实现图层编组，按照组进行图层的显示或隐藏，既可用于布局空间绘图时的图层冻结、隐藏，也可用于打印输出时图层的控制。例如利用图层组过滤器按照建筑、地面、平面、顶棚、立面划分图层组别，绘图时只显示平面的图层，比较容易进行图层切换；打印输出时，将利用布局视口的图层组别冻结，实现对应组别图层的显示或隐藏，能够快速实现平面图的输出。

1. 图层特性管理器创建与图层添加

步骤：打开图层管理器，单击组过滤器图标，创建出新的组过滤器（一级组过滤器）。如图6-12所示，通过右击新的组过滤器，可以修改名称。通过右击该图层组后依次选择"选择图层""添加"，点选或框选模型空间中带有图层信息的图形后按回车键，即可将所选图层添加到该图层组中（图6-13）。

图6-12 组过滤器创建和重命名

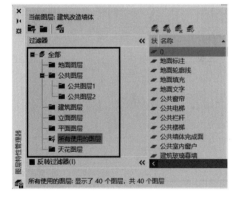

图6-13 图层拾取

2. 二级组过滤器创建

如果在一级组过滤器下还有二级图层组，如图6-14所示，一级"公共图层"下还分有"公共图层1"和"公共图层2"，可在单击一级组过滤器（公共图层）后右击创建出另外两个组过滤器（公共图层1和公共图层2），再分别进行对应图层的添加（右击组过滤器，依次选择"选择图层""添加"）。最终完成的图层过滤器名称命名如图6-15所示。

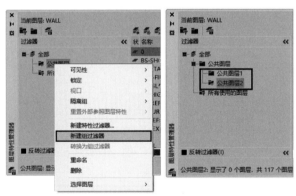
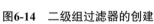

图6-14 二级组过滤器的创建　　　图6-15 创建完成的组过滤器

本节任务点：

任务点：参照图6-12~图6-15，创建组过滤器、重命名并完成对应图层的拾取操作。

6.4 布局图纸的图层组隐藏

能力模块

布局空间图纸大小设置；图框和视口插入；图层组管理器实现视口图层的隐藏；布局空间视口实现不同内容（建筑原始、家具布置、地面铺装、顶棚灯位布置等）平面图的划分。

掌握组过滤器实现图层编组后，在绘图过程中就可以有针对性地实现某一图层组的整体显示、切换和隐藏。在图纸布局空间的打印过程中，组过滤器也起到重要的辅助作用，能够帮助快速设置图框内平面图的显示和切换。

1. 布局页面管理器、图框及视口创建

按照图纸输出尺寸要求设置好布局页面大小，同时在图框中设置好视口，通过视口显示模型空间图纸，这部分将在第6.5.2小节中详细介绍。简要步骤如下：

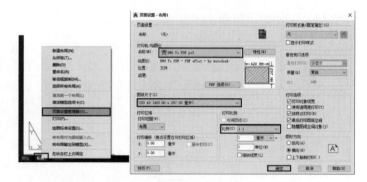

步骤一：打印图幅页面大小设置。设定图纸打印大小要求为A3，输出图纸格式为PDF。如图6-16所示，首先切换到布局空间，单击界面左下角的"布局"按钮，右击选择"页面设置管理器"，选择当前布局文件后单击"修改"按钮。在"页面设置"面板中设置图纸图幅尺寸为A3，比例为1：1后单击"确定"按钮。

图6-16　布局图纸尺寸设置（二）

步骤二：图框的插入。打印页面大小确定后，发现布局空间中的虚线框变成1：1的A3尺寸。如图6-17所示，将原有的视口框删掉后导入图框素材，一般采用复制粘贴的方式来完成，如果发现粘贴过来的A3图框与虚线框大小出入较大，则需要检查是否未在步骤一中将打印比例设置成1：1。

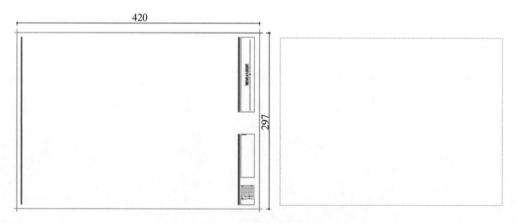

图6-17　图框的复制

步骤三：视口的创建。主要通过"视图"菜单下的视口命令来完成，创建的视口范围如图6-18所示，不能超出图框的边线范围，后期可根据图纸内容进行节点的拖动、移动和复制操作。当然，也可以同时创建两个或多个视口，实现不同比例图纸排版在同一图框内的效果。

2. 视口比例与图纸显示

布局空间中图纸比例和位置的调整，

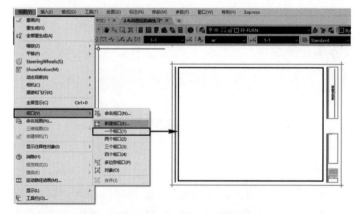

图6-18　单一视口的创建

主要通过双击视口内部（或按快捷键"MS"）进行设置。如图6-19所示，进入视口后通过鼠标中轴平移或缩放找到图纸位置，输入命令"ZOOM"，再输入"1/100XP"后按回车键（此时视口内的图纸已经缩放成了1：100的比例尺），按住鼠标（不可前后推动）滚轮（中轴）可平移微调视口中的图纸位置，完成后输入"PS"按空格键（或双击视口外部空白处）退出视口。命令行显示如下：

MS

MSPACE

命令: ZOOM

指定窗口的角点，输入比例因子 (nX 或 nXP),：1/100xp

命令: PS PSPACE

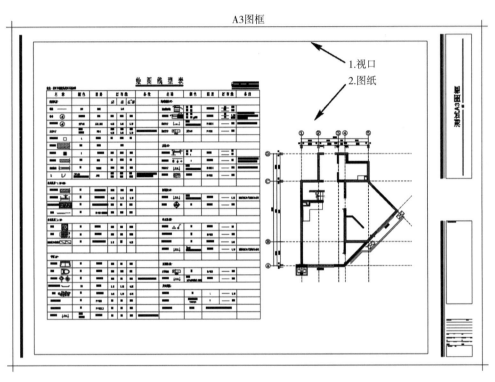

图6-19　图纸比例和位置调整

补充：如果平面图是通过布局空间绘制的（即模型空间中显示地面、家具、顶棚图纸叠加到一起），则只需要在布局空间中复制图框以及视口，再通过组过滤器管理不同类别图层组的显示与隐藏，就可完成对应图纸的设置。如果平面图是在模型空间是分开独立绘制的，则不需要通过组过滤器进行图层隐藏，直接通过复制图框以及视口后，双击视口内部，按住鼠标中轴平移图纸，即可设置好图纸打印内容。

3. 利用组过滤器进行图层的冻结隐藏

通过布局空间视口切换到模型空间，以实现图层组冻结隐藏的过程：双击视口线可临时切换到模型空间。如图6-20所示，在命令行输入"LA"，打开图层组过滤器后，按照图纸内容要求进行对应图层组的隐藏（在当前视口中冻结）。通过视口冻结图层可以同时设置多张图纸，且与模型空间的图纸都互不干扰，比直接在图层中控制图层隐藏要方便得多。

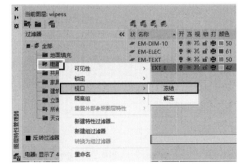

图6-20　平面图的组隐藏

例如在平面布置图中，需要分别单击组过滤器中的电器、地面和顶棚图层组，依次右击选择视口进行冻结来完成图层组的隐藏，设置完成后通过在命令行输入"PS"回到布局空间，此时平面图框中显示的就是平面图层，其他的平面图层（地面、顶棚）也是按照这种逻辑（表6-1）进行设置的。

表6-1　组过滤器图层隐藏汇总

图纸名称	保留图层	冻结（隐藏）图层
建筑原始平面图	建筑	平面、地面、顶棚、立面
平面家具布置图	建筑、平面	地面、顶棚、立面
地面铺装图	建筑、地面	平面、顶棚、立面
顶棚灯位布置图	建筑、顶棚	平面、地面、立面

建筑图层中的墙体门窗或其他建筑设备属于众多平面图层（地面铺装、家具布置、顶棚灯位等）的基础场地图层，在布局空间对平面图进行组过滤器冻结隐藏时始终需要保留这部分图形。利用布局空间绘制室内平面图的优势也因此显现出来：一旦建筑图层中的墙体、门窗发生变动，布局空间中所有包含建筑图层的平面图将同时得到更新，相比较传统意义上每个平面图（地面铺装、家具平面、顶棚造型、顶棚灯位等）都独立绘制，建筑图层发生变化后需要逐个修改要方便得多。除此之外，布局空间绘图中能够通过图层组的视口冻结隐藏，是仅限于平面图的绘制，立面图层不参与，所以无论立面图图层在视口中冻结与否，不会影响到布局空间中平面图的绘制和显示。

本节任务点：

　　任务点1：参照图6-17~图6-19，练习插入图框素材后创建单一视口，并设置视口的比例尺为1：100，以及调整视口内图纸到合适位置。

　　任务点2：参照表6-1中图层的保留和冻结，按照图6-17中的方法依次设置建筑、平面、地面和顶棚平面图，方便进一步打印输出。

6.5　模型空间与布局空间图纸打印

6.5.1　模型空间图纸打印设置

能力模块

模型空间利用图框缩放实现图纸的比例尺打印。

一般情况下，模型空间主要用于绘图，布局空间主要用于打印输出。但在模型空间中也可以实现图纸的打印，这主要针对少量图纸打印的情况，同时要保证同一图框内图纸的输出比例要一致。模型空间中图纸打印输出的逻辑与布局空间正好相反：模型空间中的图纸是1：1的真实比例，在模型空间中需要将图纸边框（图框）按照需要打印的比例，进行相应倍数的放大，也就是图框放大多少倍，图纸比例尺便是多少。例如图框放大100倍，输出的比例尺便是1：100；一般来说，图纸尺寸越大，比例尺越小。建筑总图一般比例尺为1：1000、1：500；室内平面图常用比例为1：50、1：100、1：200等；立面图因其空间尺度及所表达内容的深度来确定比例，常用比例为1：25、1：30、1：40、1：50、1：100等；详图大样常用比例则为1：1、1：2、1：5、1：10。

与模型空间不同的是，在布局空间中，一个图框内可包含多种比例尺的图纸，例如图框中的文本、标注索引都是1：1的真实比例尺寸。而通过视口设置完模型空间图纸的比例后，能够将模型空间图纸实现相应倍数的缩小。如布局空间中设定视口比例是1：100，则该视口中显示的模型空间图纸就被缩小了100倍。下面结合一套图纸的打印输出，对模型空间中按照比例打印的过程进行演示。

步骤一：模型空间图框的设置。由于模型空间的图形是1：1创建的，而图框尺寸类似于A0、A1、A2、A3、A4尺寸，要想将图纸包含在内，需要将其进行等比放大，放大的倍数就是其比例尺。例如A3图框被放大100倍后需要将图纸包含在内，则打印比例尺为1：100，如图6-21所示。

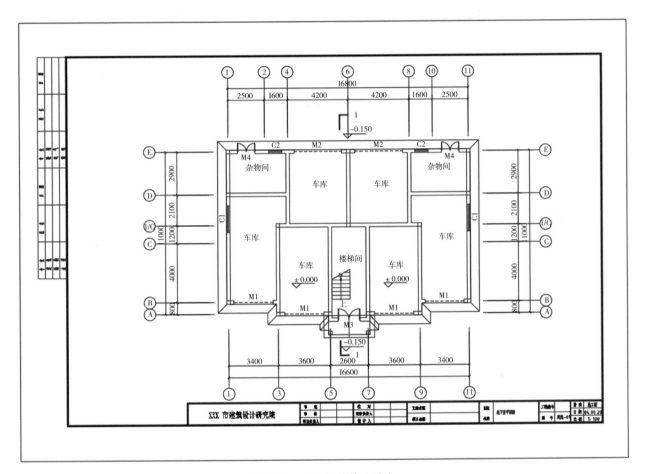

图6-21 A3图框的等比放大

步骤二：打印设置面板的打开有三种方式，第一种是单击打印图标，第二种是输入快捷键"Ctrl+P"（常用），第三种是在命令行输入"Plot"后按空格键。打印设置面板如图6-22所示。

按照图6-22和表6-2进行打印参数设置，依次设置打印格式、打印尺寸、打印范围（单击"窗口"右侧的"窗口框选"按钮，在模型空间中框选A3图框）、打印位置、打印角度以及黑白线宽样式的设置，设置完成后单击左下角"预览"按钮进行打印效果确认。

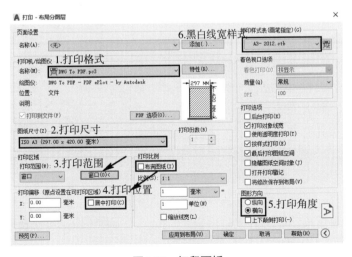

图6-22 打印面板

表6-2 打印设置面板调整参数汇总

图纸尺寸	2100×2970像素；A1/A2/A3/A4
打印格式	JPG/PDF
打印尺寸	JPG格式：2100×2970自定义像素；.PDF格式:A0,A1,A2,A3,A4
打印范围	窗口（框选图框）
打印位置	布满图纸；居中打印
打印角度	纵向/横向
黑白线宽样式	黑白格式：monochrome.ctb（导入其他样式） 线宽调整：样式表编辑器—表格视图—线宽

步骤三：通过预览确认图纸显示无误后，单击右下角的"确定"按钮，为JPG或PDF图片文件设置路径及名称后进行保存，即可实现模型空间图纸的虚拟打印输出。

本节任务点：

任务点：参照图6-21和图6-22，尝试通过在模型空间放大图框的方式进行打印，其中，图框尺寸为A3，比例尺为1∶100。

6.5.2 布局空间单比例图纸打印

能力模块

布局空间单一比例尺的视口插入和设置；布局空间图纸打印设置。

1. 布局空间打印

在布局空间中，除了利用图层组隐藏或显示功能进行平面图绘图外，其还多用于图纸的快速打印输出，其中单比例打印主要是指在同一图框内的单个或多个视口比例一致。多个比例一致的视口可将一个视口调整完成后，进行图框和视口的整体复制，通过双击视口内部平移图纸内容的方式，实现剩余图纸的快速设置和打印。下面结合案例进行布局空间的单比例设置和打印输出过程演示，具体步骤如下：

步骤一：布局页面的创建和重命名。类似于在EXCEL表格中能够新建多个不同名称的文档一样，在AutoCAD中也可以创建多个不同页面大小且比例属性不同的布局文件，在布局名称上可以按照页面尺寸或打印比例进行名称标注。如图6-23所示，切换到布局空间后，将其名称修改为"A3标准样式"。

步骤二：打印图纸图幅大小的设置。右击"布局"按钮，选择布局页面管理器后对当前的布局空间进行修改。如图6-24所示，设置打印图纸的图幅为A3尺寸，格式为PDF，尺寸比例设置为1∶1。此时，布局空间中会出现表示A3大小的虚线，原有的视口可删除。

步骤三：图框素材插入。如图6-25所示，复制A3图框素材到布

图6-23 布局空间切换
与名称修改

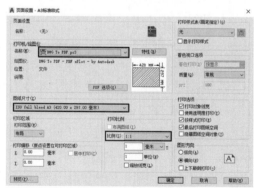

图6-24 设置布局打印页面大小

局空间，对比布局空间的A3打印图纸虚线框，如果两者重叠后相差不大则表示图框尺寸正确。

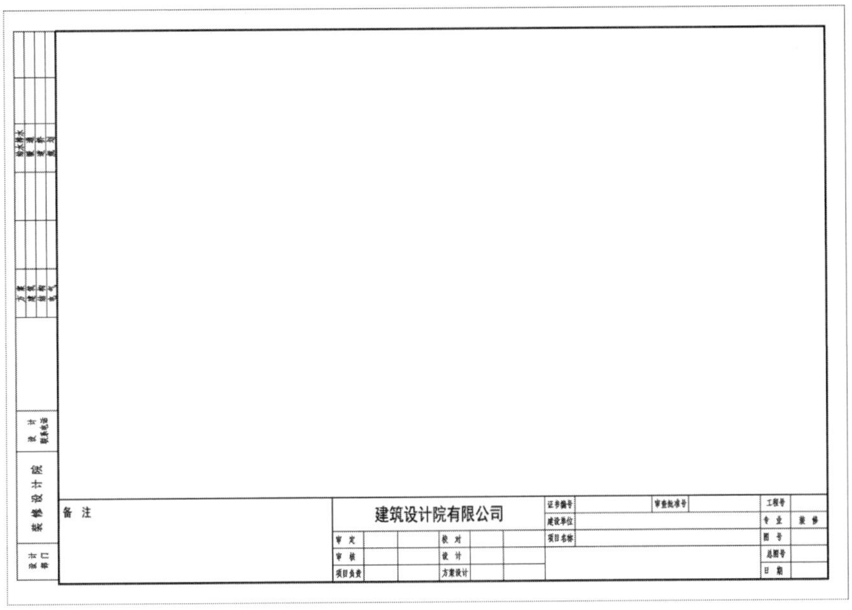

图6-25　图框素材的调入（一）

步骤四：重新创建视口，调整图纸显示范围。按快捷键"MV"，或是在"视图"菜单栏下选择"视口"，如图6-26所示，创建一个视口。确保视口框选范围要在图框内部，放置和调整视口边框时，应避免视口图纸与图框会签栏产生交叉，使图纸超出图框打印范围。

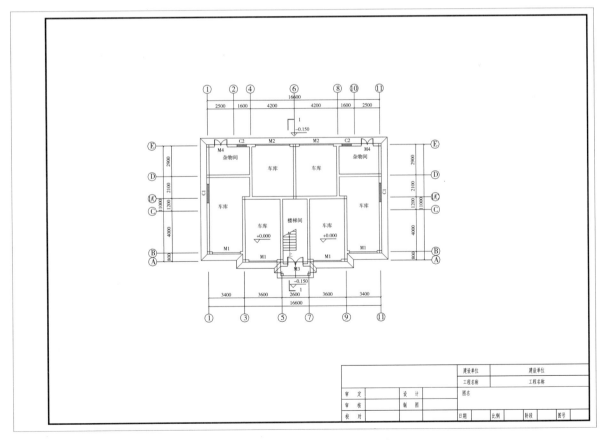

图6-26　视口的创建和调整（一）

步骤五：设置图纸显示比例。如图6-27所示，单击视口边框，在右下角设置视口的显示比例为1∶100，双击视口内部后，按住鼠标滚轮（中轴）平移图纸，将其调整到合适位置后退出视口（双击空白处或按快捷键"PS"）。

注意：当系统自带的比例尺不能完整打印当前图纸时，需要手动设置视口的比例尺（如需要设置比例尺为1∶120）：双击视口内部，输入快捷键"ZOOM"后按空格键，输入"1/120XP"后按空格键，此时图纸会缩放成1∶120。按住鼠标滚轮（中轴）将图纸平移到合适位置，双击视口外部空白处退出视口（或在命令行输入"PS"后按空格键），完成视口比例尺的自定义设置。

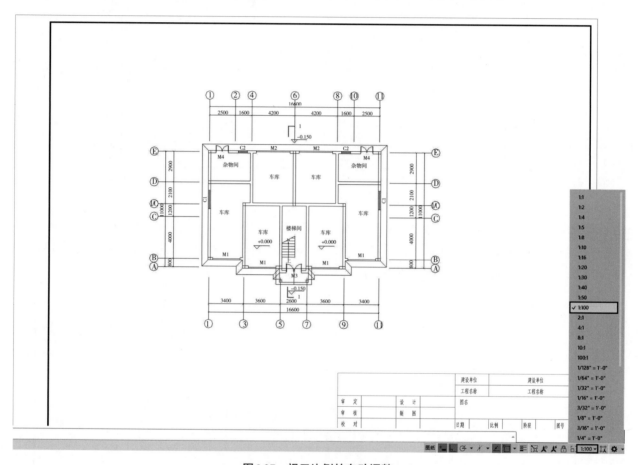

图6-27 视口比例的自动调整

步骤六：不参与打印的图层设置。视口的矩形线通常不需要出现在最终虚拟打印的图纸中，所以需要进行视口线的不打印属性设置，主要通过创建不打印图层（如图6-28所示，创建不打印图层后，将打印机属性点选为不打印）的方式。在布局空间绘图区选择视口线时，将其放置到不打印图层中。另外，还可以将视口线所在的图层设置隐藏（灯泡图标开关关闭），打印时就不会显示了。

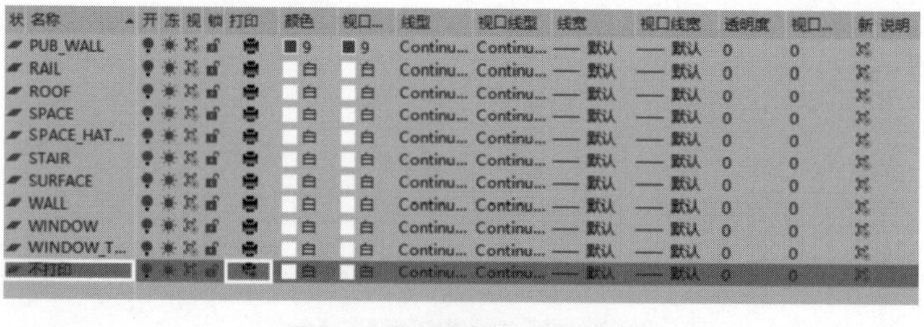

图6-28 视口线的不打印调整

步骤七：虚拟打印输出。按快捷键"Ctrl+P"进行虚拟打印。设置打印格式为PDF，尺寸为A3，窗口范围即为图框大小，设置"居中布满"以及黑白格式打印样式（monochrome.ctb），单击"预览"按钮观察图纸显示，决定图纸是否需要进行横纵方向的调整，无误后单击"确定"按钮进行打印输出，最终效果如图6-29所示。

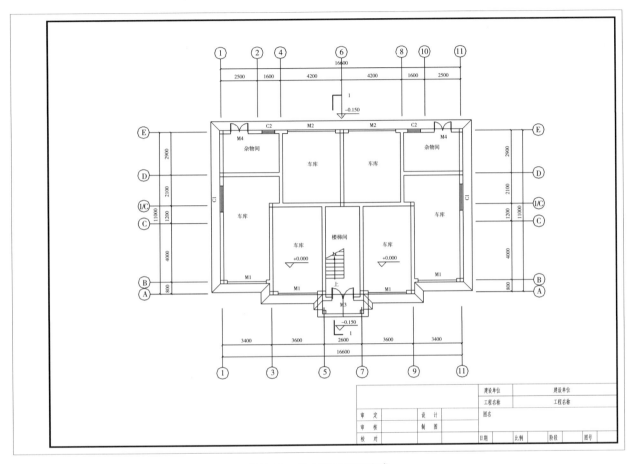

图6-29 单个图纸设置完成

步骤八：图框复制和图纸切换。单张图纸的图框和视口比例设置完成后，可以按照平面图数量将图框带视口整体复制。如图6-30所示，分别双击视口内部进行对应平面图（负一层、首层、标准层、楼顶）的平移，并按住鼠标滚轮（中轴）进行图纸位置的调整，退出视口（双击视口外部空白处）后，双击各自图框图块进行图名名称文字的修改，依次完成所有图纸的位置和图名文字设置。

2. 打印样式中的颜色与线宽设置

通常情况下，打印输出的图纸为黑白样式，由于单一的黑色和线宽往往看不出需要着重传达的设计造型内容，且图纸造型线之间交叉容易产生混淆。所以，不同图层的线宽和颜色浓度对打印图纸的层次性表达显得更加重要。

通常情况下需要将重要的造型线形，例如外轮廓线墙体采用加粗线（宽度1.0mm）强调，而对于辅助形转折线，如地面分割线、填充线或暗藏灯带则以中线（0.5mm）、细线（0.25mm）、淡线或虚线来表示。下面简要介绍利用图层颜色进行黑白打印的步骤。

步骤一：图层设置中的颜色和线宽。根据原有图纸的内容设置不同的色号和线型，一般来说墙体和剖线为粗线，构造轮廓线为中粗线或细线，填充线为细线。如果用图层颜色指定线宽，则不需要在

179

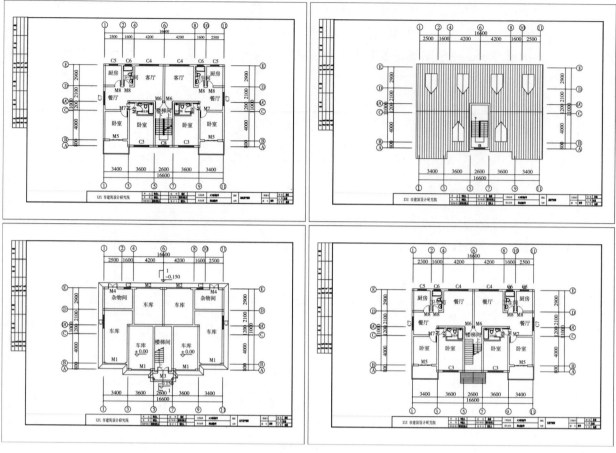

图6-30　批量图纸图框设置完成

图层管理器中设置线宽，保持默认线宽即可。

步骤二：打印图幅尺寸与图层线宽的对应。图纸打印尺寸通常为A0、A1、A2、A3，不同图幅对应不同的线宽。一般来说在A0和A1图幅中的粗中细线分别为0.4mm、0.3mm和0.15mm，A2图幅中的粗中细线分别为0.35mm、0.25mm和0.13mm，A3图幅中的粗中细线分别为0.3mm、0.2mm和0.1mm。

步骤三：打印面板设置。按快捷键"Ctrl+P"和空格键之后可打开打印设置面板，单击右上角"打印样式表"选择"新建"，创建新的打印样表，对其进行图幅的命名，例如"A1图纸打印样式"。打开打印样式表编辑器后，参考步骤二中的粗中细线宽进行不同颜色图层的线宽设定。完成后单击"另存为"，将其作为打印样式表进行保存，格式为".ctb"。回到初始面板后，在打印样式部分加载刚刚创建的打印样式"A1图纸打印样式"。

步骤四：黑白图纸设置。再次打开打印初始界面，单击创建的打印样式右侧的"编辑"按钮。选中"打印样式"中所有的颜色，在特性"颜色"下拉列表中选择黑色。也可对粗黑线设置淡显数值，由此完成黑白图纸的设置。

本节任务点：

任务点：参照图6-23~图6-30，尝试通过在布局空间复制图框，创建视口，设置视口比例，复制视口并以调整图纸内容的方式进行布局空间的单比例图纸打印（图框尺寸A3，比例尺为1∶100）。

6.5.3　布局空间多比例图纸打印

能力模块

布局空间不同比例尺的视口插入和设置；布局空间图纸打印设置。

布局空间中的多比例打印，是指图框内排版多个不同比例尺的视口，这些视口中一般包含平面图、立面图或剖面节点详图。布局空间中显示多比例视口的图纸打印具体步骤如下：

步骤一：布局的创建和命名。参照上节步骤完成布局的创建和空间命名，将布局名称命名为"A3多比例打印"。

步骤二：进行布局的页面管理器设置。图框A3尺寸，输出格式为PDF，图纸尺寸比例为1∶1。尽管图纸中需要打印两种不同比例尺的图纸，但这仅与不同比例视口的排版有关，与图框打印输出尺寸无关。

步骤三：如图6-31所示，复制A3图框素材到布局空间，对比布局空间的A3打印图纸虚线框（相差不大则图框尺寸正确）。

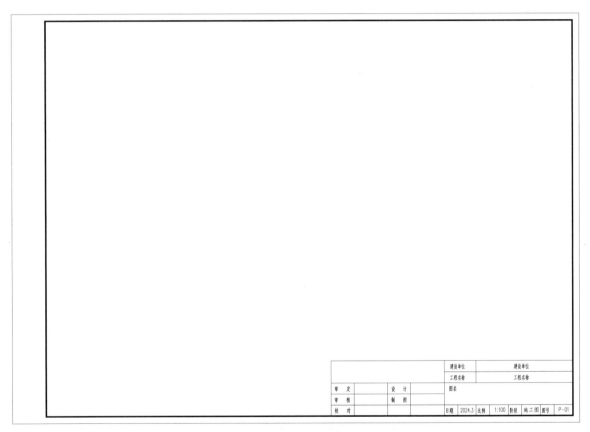

图6-31　图框素材的调入（二）

步骤四：创建视口并调整位置。在命令行输入"MV"按空格键后，在布局空间中进行单个视口的框选创建，或是在"视图"菜单栏下选择"视口"数量进行视口框选创建，如图6-32所示，创建两个垂直视口。确保视口范围都在图框内部，同时避免视口内的图纸与图框会签栏产生重叠、交叉（视口线因为打印时不显示，所以可以与图框及内部会签栏交叉）。

步骤五：视口比例设置及图纸位置调整。参照图6-33，分别双击视口内部，设置不同的视口比例尺，通过按住鼠标滚轮（中轴）调整视口内部图纸位置。为保证同一图框内图名、标注和索引文本在不同比例尺图纸上显示的大小一致，可在布局空间中统一进行设置。

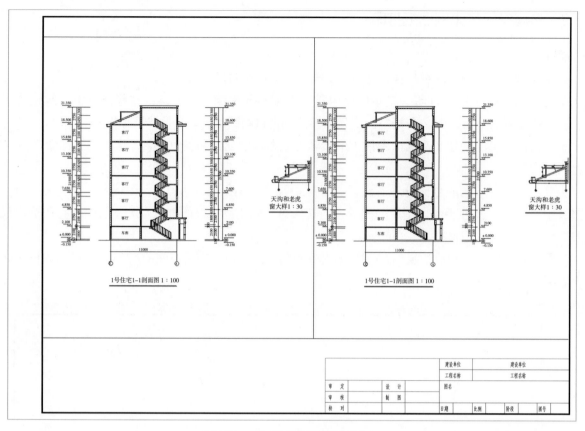

图6-32　视口的创建和调整（二）

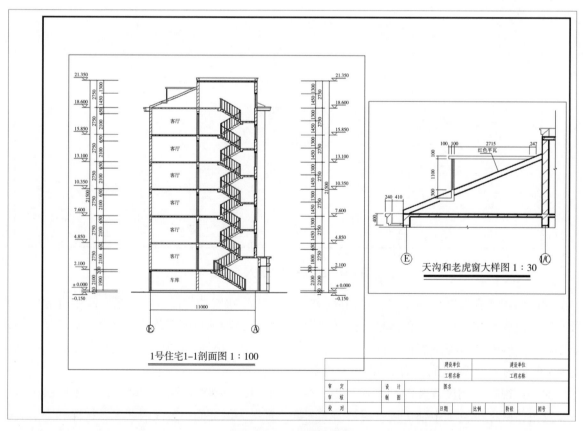

图6-33　视口比例的调整

步骤六：视口线的打印设置。最终图框虚拟打印时不显示视口线，因此，需要通过图层管理器创建不打印图层，再选择两张图纸的视口线放置到不打印图层中，可在打印预览中观察设置前后的视口线变化。

步骤七：按快捷键"Ctrl+P"执行虚拟打印。参照图6-34中面板设置打印图纸格式为PDF，尺寸为A3，窗口范围为图框大小，设置"居中布满"以及黑白格式打印样式。单击"预览"按钮，观察是否需要在横纵方向上调整图纸位置，确认无误后单击"确定"按钮进行打印输出。

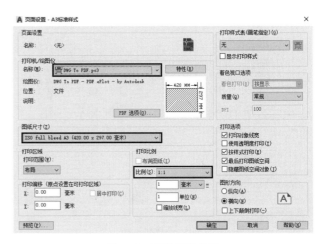

图6-34 图纸打印输出

补充：由于视口的比例尺不同，模型空间中的图纸图名、标注及索引文字都会发生变化，为了保证图纸整体上的美观，一方面可以在模型空间中设定两种不同的图纸标注比例，另一方面可以统一在布局空间中输入各自的图纸图名、标注及索引文字标注。如果需要将布局中的对象还原到模型空间中，则需要执行"CHS"命令。这部分内容将在第6.7节图纸、标注在模型与布局间的切换中详细进行介绍。

本节任务点：

任务点：参照图6-31~图6-34，尝试通过在布局空间复制图框，创建两个视口，以分别设置视口比例的方式进行布局空间的多比例尺图纸打印（图框尺寸为A3，比例尺为1∶100）。

6.6 批量打印

能力模块

利用BatchPlot.vlx插件实现模型空间图纸的批量打印。

通过图层识别所有图框进行图纸批量打印的步骤：

步骤一：插件加载。在命令行输入"Applode"，如图 6-35所示，双击加载"BatchPlot.VLX"插件，面板左下角显示已成功加载后，可在右上角关闭面板。

步骤二：在命令行输入"BPlot"，可以打开批量打印设置面板。如图6-36所示，首先进行打印设置，选择打印格式为JPG，单击"特性"按钮，自定义图纸尺寸为2970×4200像素，同时设置打印样式表为"monochrome.ctb"黑白格式，预览确认图纸方向一致（不一致则单击图形方向进行切换）后，单击"确定"按钮。

步骤三：创建名称为"图框"的图层，将模型空间用于图纸识别的十个矩形框放置到"图框"图层中。在"图块与图层"下单击"图层"按钮，指定

图6-35 加载批量打印插件

"图框"图层，单击"选择要处理的图纸"再次框选十个矩形框，此时插件识别到十张图纸后会以红色显示。

步骤四：如图6-37所示，设定保存路径。单击输出选项中的"生成PLT文件"，在"文件/布局名设置"区域中单击"浏览"按钮，将文件储存在文件夹中。同时单击"备份重名"，保证多张图纸能够自动命名不相互覆盖。设置完成后单击"确定"按钮，即可在文件夹中观察到需要批量打印的图纸。

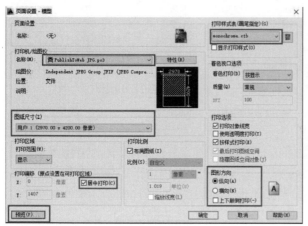

图6-36 图纸格式及尺寸

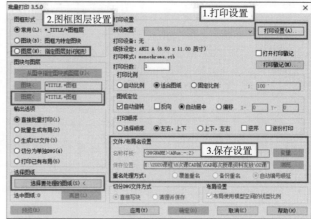

图6-37 图框图层识别与保存路径设置

补充：

1）利用图层识别所有图框对象前，需要先将需要打印的图纸图框放置到指定的图层中，如果图纸在布局空间（或模型空间）中带有图纸图框（图块格式），可直接选定图框的图块用以打印图纸的识别，注意此时所有图框图块的命名应一致（图框为同一图块）。

2）在调整打印图纸的格式时，批量打印通常以JPG和PDF两种格式输出，这两种格式也需要在打印设置中的"打印机名称"中进行切换调整。

本节任务点：

任务点1：尝试以识别图框图块的方式确定打印图纸对象，并以JPG格式批量输出。

任务点2：按照批量打印步骤，通过调整打印设置中的图纸输出格式，将10张图纸批量输出，格式为PDF。

6.7　图形、标注在模型与布局间的切换

6.7.1　布局中图形、标注切换到模型空间

能力模块

布局空间中的图形、CHS（Chspace）空间切换命令、标注内容切换到模型空间。

通常情况下，标注和索引文本都是在模型空间中进行绘制的，当遇到图纸输出比例不同且排版到同一图框时，若仍分别在模型空间设置两种比例的标注和文本索引样式会相对比较复杂，如果直接在布局空间中用一种比例的标注和文本索引样式，则更加灵活方便（表6-3）。

表6-3 模型空间与布局空间中的标注、索引比较

空间类型	模型空间	布局空间
标注比例需求	一般比例1∶100	同一种比例1∶1
文字索引比例需求	节点比例1∶30	

将布局空间中绘制的图形需要添加的标注和索引文本切换到模型空间，相当于把布局中绘制的1∶1的图形等比放大了视口的比例倍数后原位剪切到了模型空间。例如，视口比例是1∶100，在视口中的图形、标注、索引文字如果想要切换到模型空间中，需要将其放大100倍才能保证与模型空间图纸相匹配。下面通过简单的几何图形案例，演示两个空间的图形和标注切换过程，具体步骤如下：

步骤一：模型空间绘图。如图6-38所示，首先在模型空间中绘制1000mm边长的矩形，使用模型比例对其进行标注（在命令行输入"Dli"进行线性标注）。

步骤二：布局空间创建视口，调整比例。如图6-39所示，在默认A4大小的布局空间中插入一个视口（在命令行输入"MV"插入视口），或是利用默认的视口，单击视口线，在界面右下角自动设定视口比例为1∶10，通过双击视口内部并按住鼠标滚轮（中轴），平移调整矩形位置，双击视口外部空白处退出视口（或在命令行输入"PS"后按空格键）。

图6-38 模型空间中的图纸

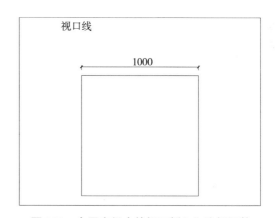

图6-39 布局空间中的视口插入和比例调整

在布局空间中添加的三种常见素材：第一种是在布局空间进行线性标注（在命令行输入"Dli"），此时，需要根据视口比例重新设置标注样式的全局比例。第二种是进行文字索引标注（在命令行输入"Le"），如图6-40所示，可注明为"矩形图案"。第三种是图形或图框，例如在矩形右侧绘制半径为50mm的圆形（在命令行输入"C"）。

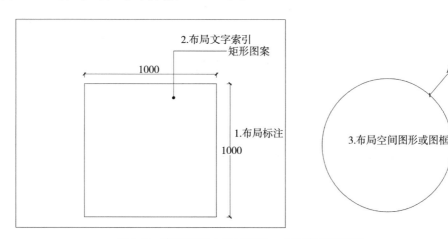

图6-40 布局空间中添加标注、文字索引和图形

补充：布局空间标注与模型空间图纸对齐。如果发现布局空间中添加的标注（1m标注线）与视口中的图纸（1m矩形）发生错位时，可在命令行输入"alignspace"后按空格键，此刻会进入视口空间（视口线变粗），捕捉模型空间中矩形图形顶部的两个端点，捕捉完成后会退回到布局空间（视口线变细），再次捕捉1m标注尺寸线的两个端点，即可完成两种空间标注与图纸的对应。

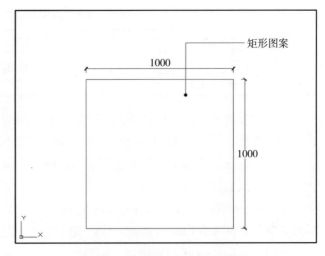

图6-41　布局图纸切换到模型空间

步骤三：布局空间素材切换到模型空间。选定需要切换到模型空间中的标注、文字索引和图形共三类素材，输入"CHS"命令，单击进入一个视口（视口线会变粗）后按空格键确定，此时，选定的素材对象会直接剪切到视口中的模型空间（图6-41）。如果只有一个视口则直接按空格键确定即可。注意，此时圆形已经转换到模型空间，但受视口边界框遮挡无法显示。

步骤四：在命令行输入"PS"命令后按空格键，退出当前视口（或直接双击视口外部空白处），拖动视口边界的点位置以显示圆形。切换到模型空间如图6-42所示，会看到原在布局空间的标注和圆形已经在模型空间中，且原来布局空间中的圆形被放大了10倍（主要原因是视口比例为1∶10）。

步骤五：通过观察模型空间中的图形标注样式，打开标注"特性"面板（按快捷键"Ctrl+1"）发现此处的全局比例是原有布局使用的标注样式（布局比例1∶1）的10倍（图6-43），这里的10倍与模型空间中标注样式（模型比例1∶10）比例设定一致。

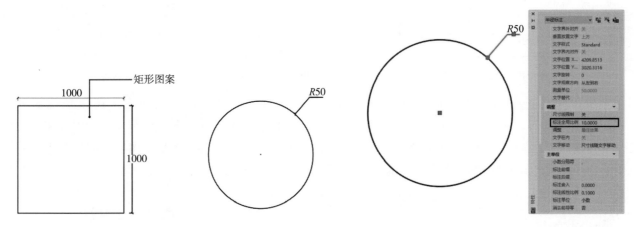

图6-42　转换到模型空间的图纸　　　　图6-43　切换到模型空间中的标注比例变化

因为布局空间中的图形和标注都是按照1∶1尺寸绘制的，若想将布局中的圆形及其标注按照真实尺寸1∶1转换到模型空间，需要按快捷键"MV"创建视口覆盖圆形及其标注，并将视口比例设置成1∶1后，再单独将其利用剪切命令（快捷键为"CHS"）切换到模型空间，才是其真实比例大小。

注意：由于布局空间中的图纸位置和模型空间可能相差较大，如果布局空间中有多张图纸，最好一张一张进行剪切（快捷键"CHS"）后再进行空间切换。

步骤六：如果想继续进行模型标注，可以选择模型比例为1∶10的样式进行标注，也可以调整布局比例1∶1的全局比例。当然也可以用格式刷（快捷键"MA"）实现标注样式的统一。注意此时仅调整标注样式特征中的全局比例是无法实现标注样式的大小变化的。

本节任务点:

任务点1: 将在图6-40布局空间中的标注、文本索引和图形切换到模型空间中。

任务点2: 将转换到模型空间中的图纸,添加一个相同比例的线性标注和文本索引。

6.7.2　布局多视口图纸切换到模型空间

能力模块

布局空间中多个视口图纸整体切换到新建文件的模型空间。

上节内容讲述了将布局中的标注、文本索引和图形切换到模型空间中。但有时避免不了多个视口同时操作,导致布局图形与模型空间对不齐的现象(或是布局空间图纸顺序与模型空间中的不一致)出现。对此,本节将讲解将布局中所有显示的图纸内容整体切换到新建文件的模型空间,并保证模型空间图纸顺序与布局空间一样整齐的方法。在此过程中,会发现转换过去的图纸视口比例缩小了,针对这种情况下面讲解两种等比缩放的思路,具体步骤如下:

步骤一: 在模型空间中绘制边长为1000mm的矩形和半径为50mm的圆形。切换到A4页面布局空间如图6-44所示,在布局中创建两个视口,单击视口边框在界面右下角快速设置视口比例分别为1:10和1:1,并在布局空间中对其进行统一样式(布局比例1:1)标注。此时能够体现出布局空间统一进行标注的优势——虽然视口比例不同,但标注样式和标注大小一致,可保证图纸整齐美观。

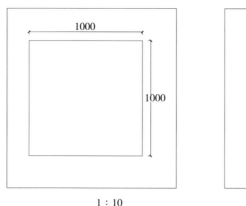
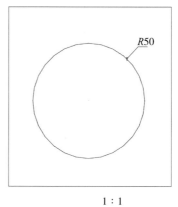

图6-44　布局空间中的图纸及标注

步骤二: 如图6-45所示,在"布局"按钮处右击,选择"将布局输出到模型",设定保存路径并打开。

图6-45　布局图纸内容的整体输出

步骤三：打开文件后，发现视口中的所有内容都被转移到模型空间中，圆形的大小没发生变化，但矩形按照视口比例缩小了10倍，需要还原成真实尺寸。

思路一：如图6-46所示，使用缩放（快捷键"SC"）命令，按照视口比例进行图纸的等比缩放，将矩形放大10倍后发现其标注样式没有同时放大，此时可输入命令"D"打开标注样式管理器，修改对齐标注，在"调整"选项中将"使用全局比例"设置成原来的视口倍数（10倍）即可。

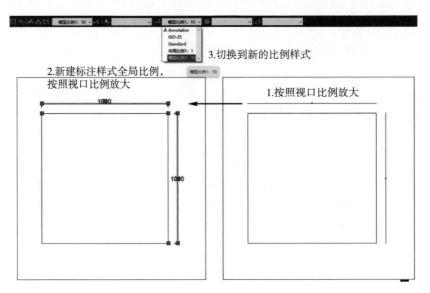

图6-46 模型空间图纸按照视口比例缩放

思路二：如图6-47所示，将模型中的图纸剪切到A4（与源文件一致）布局空间中，输入"MV"命令创建两个视口覆盖矩形和圆形，调整视口比例使其与源文件一致（矩形为1∶10，圆形为1∶1）。利用"CHS"命令分别选择圆形和矩形对象（不选择标注）将其切换到模型空间中，注意切换完一个视口后如果发现图形重叠，可双击进入视口平移，直到看不到前一个被转换到模型空间的图形。最终切换回模型空间，此时发现布局中的图纸按照原尺寸转换到了模型空间。

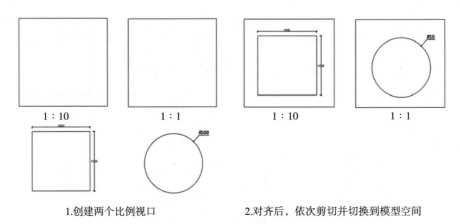

图6-47 利用布局转换模型空间实现图纸缩放

本节任务点：

任务点1：按照视口比例缩放的思路一，将布局中所有图纸切换到模型空间中。

任务点2：按照布局转换模型空间实现图纸缩放的思路二，将布局中所有图纸切换到模型空间中。

6.7.3 布局图纸复制到新建布局空间

能力模块

布局图纸复制到新建文件中的布局空间。

将布局图纸复制到新建文件的布局空间中时，需保证在布局空间和模型空间中图纸的内容及位置保持不变。其基本操作逻辑是首先要保证模型空间图纸位置与源文件一致，才能保证布局空间视口复制后能准确显示图纸内容。具体步骤如下：

步骤一：模型空间绘图。如图6-48所示，绘制边长为1000mm的矩形和半径为500mm的圆形，利用标注样式（模型比例1∶10）对矩形顶部进行线性标注（在命令行输入"Dli"）。

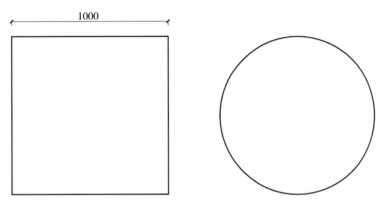

图6-48 模型空间绘制图形

步骤二：布局空间标注。如图6-49所示，在A4页面布局空间中设置视口比例为1∶10，利用标注样式（布局比例1∶1）对其进行标注（线性标注需在命令行输入"Dli"，半径标注需在命令行输入"Dra"）。

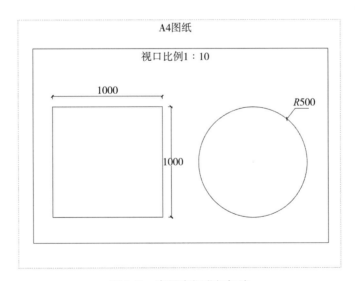

图6-49 布局空间进行标注

步骤三：复制图纸并新建文件。选择模型空间需要复制的图纸进行复制，新建文件后选择默认样板（acadiso.dwt）。如图6-50所示，新建文件保存名称可设置为"图6-52复制图纸"。

步骤四：模型空间粘贴图纸。如图6-51所示，单击"编辑"菜单，将复制的图纸按照原坐标形式粘贴到新建文件中，这是保证视口标注与图形对齐的关键操作。

图6-50 复制图纸并新建文件 　　　　图6-51 模型空间粘贴图纸

步骤五：布局空间粘贴视口及标注。将原有布局空间中的图纸视口以及标注、索引等内容复制到新建文件的布局空间中，注意保证与源文件一致的布局页面大小（A4），如不一致则需在页面管理器中设置。放置后的布局图形如图6-52所示，与源文件布局空间中图纸内容一致。

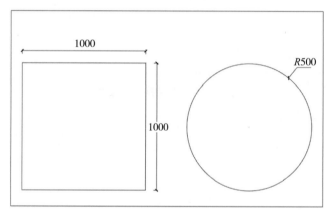

图6-52 布局空间粘贴视口及标注

本章小结

通过本章学习，基本掌握AutoCAD软件的图层、布局和打印命令操作流程。掌握图层管理是规范绘图的第一步，初步能够实现平面（建筑、地面、家具和顶棚）和立面图的图层管理。图层管理器能够将不同类别的图层进行编组，并能够通过布局中的组过滤器的冻结命令实现图层的隐藏，以此实现不同功能类型图纸的打印输出。布局空间能够用一种比例样式，实现不同比例图纸的标注和文本，绘制完成后也可以将其切换回模型空间。通过实现两种空间的图纸切换，能够充分发挥布局空间绘图和图纸打印方面的优势。

下篇
天正建筑篇

扫码获取下篇任务点资料，按照章节编号查找
下载对应任务点练习素材，其中.dwg格式文件
建议通过AutoCAD2014及以上版本软件打开。

第7章 建筑平、立面图绘制

本章综述： 本章主要学习天正建筑平面图绘制、立面图生成及图纸打印输出的流程。天正建筑模块化的菜单和流程化的操作使建筑平面图的绘制变得更加方便。本章首先通过AutoCAD和天正建筑在绘制建筑平面图的比较，总结出天正建筑绘图的一些优势。其次，按照工具栏顺序进行专项案例练习，逐步掌握天正建筑从轴网、墙体、门窗到建筑设备等平面图内容的绘制。再次，通过平面图生成空间的四个立面图，并在布局空间中打印输出。最终，让初学者在比较中掌握两类软件的绘图特点，并在实际绘图中自主选择合适的绘图方式。

思维导图

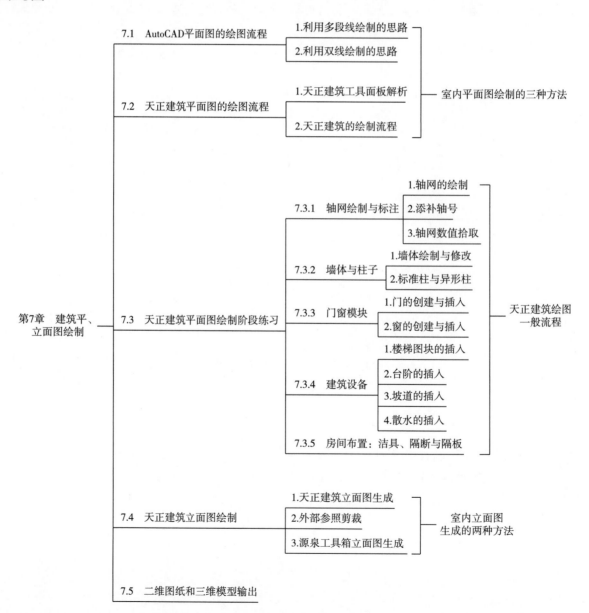

7.1　AutoCAD平面图的绘图流程

能力模块

多段线绘制建筑平面图；双线绘制建筑平面图。

平面图能够反映出设计师对一个功能空间规划的基本设想，可用于指导各工种施工人员进行施工，共同协作复现室内空间的完整设计。室内平面图一般包括家具、陈设物的平面形状、大小、位置，也包括室内地面装饰材料与做法的表示等。这类图纸中往往具有复杂生动的造型以及细部灵活的艺术表现。在设计制图实践中，图纸的绘制细节应密切结合实地勘察。

绘制室内平面图除了需要标明平面中软、硬装图块大小尺寸、建筑入口、楼梯布置的情况，还需要标明建筑结构构件的位置、厚度和所用材料以及门窗的类型、长宽高尺寸等信息。

当需要将现场测绘的手绘草图转换成电子图纸时，多数人会采用AutoCAD中的多段线命令进行绘制：在创建基本图层后，根据室内空间的内墙尺寸依次绘制出每个空间的内墙单线和门窗洞口，然后根据墙体厚度进行偏移，并制作或导入门、窗图块素材，接着进行尺寸标注，最终形成原始平面图。

同时还有另外一种情况，如果不用测绘草图进行蒙描，而是直接使用样板间户型图照片进行电子图纸转换，由于户型图上一般会标注开间、进深方向的轴网尺寸，此时可以采用双线命令进行绘制：先绘制轴网，然后制作墙体和窗户双线样式，再捕捉轴网完成图纸的绘制。从绘图效率上看，虽然双线绘制相对第一种单线绘制的方法要更高一些，但其在轴网绘制、标注、墙体厚度调整和门窗图块插入等方面仍然不如天正建筑插件灵活。下面通过图7-1所示的建筑平面案例展示不同绘图思路在图纸绘制流程上的差异性。

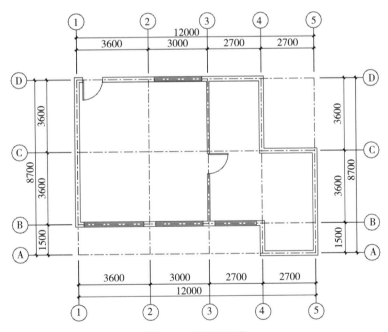

图7-1　建筑平面图

AutoCAD绘制建筑平面图的两种思路：

1. 利用多段线绘制的思路

利用多段线绘制平面图的主要流程：多段线内墙线绘制——偏移墙体（外墙墙体厚度为240mm）——绘制直线，复制直线定位门窗——修剪门窗位置——绘制或插入门窗图块——尺寸标注。

步骤一：多段线内墙线绘制。根据测绘的空间内墙尺寸手绘草图，打开正交模式，利用多段线命令，进行墙体门窗线的绘制，注意不要遗漏门窗线段的绘制，线段的端点是将来门窗定位线放置的捕捉点，最终效果如图7-2a所示。

步骤二：偏移墙体。绘制完成后利用偏移命令，根据墙体厚度（外墙为240mm，内墙为120mm）生成外墙线，注意不规则的户型图可能需要将外墙线炸开后进行编辑处理（图7-2b）。

步骤三：复制直线，复制直线定位门窗。捕捉内墙体洞口端点绘制表现门窗厚度的直线，将其选中后如图7-2a中预留捕捉端点进行复制，完成所有门窗的起始分割线绘制（图7-2c）。

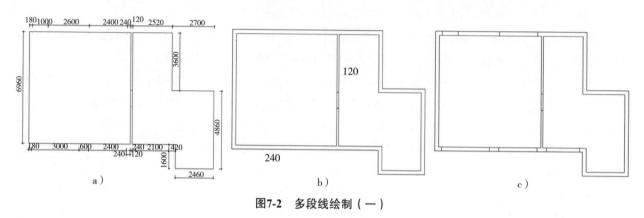

图7-2　多段线绘制（一）

步骤四：修剪门窗位置。框选门窗定位直线后，执行修剪命令，将门窗所在位置的墙体修剪掉，最终效果如图7-3a所示。

步骤五：绘制或插入门窗图块。如图7-3b所示，门窗图块分为静态和动态两种图块，静态图块的调整较为复杂，需要通过移动、旋转或镜像等方式放置到门窗位置；动态图块则仅通过拉伸动作就能够灵活适应门窗宽度，还可以添加旋转或镜像动作，提高图纸绘制效率。

步骤六：尺寸标注。如图7-3c所示，按照外墙线向外偏移两次（距离为300mm），作为外墙双层标注尺寸线放置的辅助线，使用线性、连续标注命令完成原始墙体的尺寸标注。

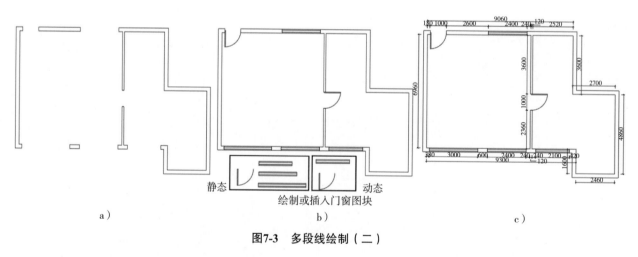

图7-3　多段线绘制（二）

注意：外墙线如果一开始是利用直线绘制，则可在外墙线偏移之前执行合并命令，将其合并成一根相对完整的多段线（以减少外墙线编辑的工作量）。如果几个空间不连续，可直接用多段线捕捉外墙端点重新绘制一条完整的外墙单线。在外墙线偏移后如果不整齐，可将其炸开后，通过圆角、延伸和修剪命令进行进一步编辑。

尽管利用单线绘制建筑平面图的步骤较多，但在实际人工测绘过程中总是会先得到空间内墙线的测绘尺寸，其也自然成为主流的建筑平面绘制方式，再加上动态图块门窗的辅助应用，同样会使这种绘图方式的效率得到较大提升。

2.利用双线绘制的思路

多线在室内墙体和窗户绘制方面，相对于单线多段线的绘制有了较大进步。双线绘制的主要流程可概括为：绘制轴网添加标注——创建多线墙体窗户样式——绘制直线，偏移定位门窗——捕捉轴线绘制墙体和窗户——墙体多线编辑——门图块插入（绘制）。

步骤一：绘制轴网添加标注。按快捷键"LA"打开图层管理器，添加轴线和标注两个图层，绘制轴线后按照开间和进深距离进行偏移，标注方式主要为线性和连续标注，完成的双层标注如图7-4a所示。

步骤二：创建多线墙体窗户样式。在命令行输入"MLstyle"，打开多线样式设置面板，单击"标准STANDARD"，在此基础上创建新样式"240q"，代表240mm厚度的墙体。按照这种逻辑，可以在"240q"样式的基础上创建"240c"样式。

步骤三：绘制直线，偏移定位门窗。按快捷键"L"绘制垂直直线，使用偏移命令对门、窗的端点位置进行定位，完成后的效果如图7-4b所示。

步骤四：捕捉轴线绘制墙体和窗户。

1）240mm墙体样式。输入命令"ML"后，捕捉轴网后完成墙体的绘制。

命令行显示如下：

命令: ML

指定起点或 [对正(J)/比例(S)/样式(ST)]: st

输入多线样式名或 [?]: 240q

当前设置: 对正 = 无，比例 = 1，样式 = 240q

2）240mm窗户样式。输入命令"ML"后，捕捉轴网与辅助线的交点完成窗户的绘制（图7-4c）。

命令行显示如下：

命令: ML

指定起点或 [对正(J)/比例(S)/样式(ST)]: st

输入多线样式名或 [?]: 240c

当前设置: 对正 = 无，比例 = 1，样式 = 240C

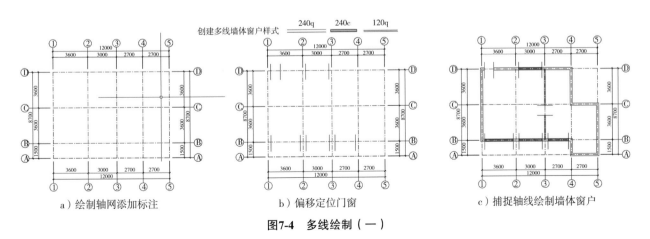

a）绘制轴网添加标注　　　　　b）偏移定位门窗　　　　　c）捕捉轴线绘制墙体窗户

图7-4 多线绘制（一）

步骤五：墙体多线编辑。墙体绘制过程中，在不同厚度墙体相交的连接处实际上此时并没有连接，需要使用编辑命令进行二次处理，主要可以使用的功能集中在：①转角合并；②T形合并；③十字合并三种操作进行处理。如图7-5a所示，对240mm厚和120mm厚墙体的交接处进行"T形合并"的编辑。

步骤六：门图块插入（绘制）。如图7-5b所示，将门的图块素材插入到平面图中，最终完成平面图墙体图纸的绘制。

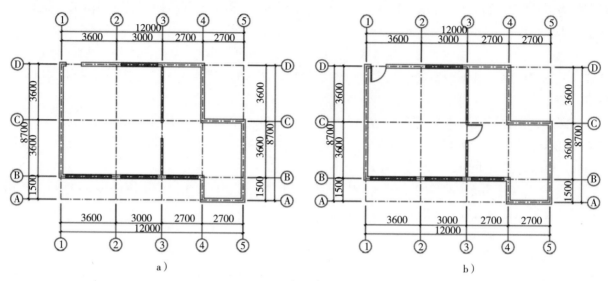

a）   b）

图7-5 多线绘制（二）

注意：在操作过程中会发现多线命令在二级命令"对正"中，缺少对不均数值墙体（如一侧墙厚为120mm，另一侧墙厚为250mm）的设置，此时，可以在创建多线样式时通过输入不均偏移值得以解决。另外，多线墙体相交时的运算过程较复杂，而这些缺陷却能在天正建筑插件中得到解决，即能够实现不均数值墙体的快速设置和相交墙体的自动合并运算。

本节任务点：

任务点1：参照图7-2和图7-3，使用多段线完成建筑平面图的绘制，比较静态门窗图块和动态门窗图块的区别。

任务点2：参照图7-4和图7-5，使用双线完成建筑平面图墙体、窗户的绘制。

7.2 天正建筑平面图的绘图流程

能力模块

天正建筑工具栏功能；天正建筑绘制建筑平面图。

1. 天正建筑工具面板解析

天正建筑工具面板各功能区块的排列顺序，与建筑图纸的绘制、修改与输出流程相符。如图7-6所示，通过对其工具条主要功能的介绍，筛选出与其对应的重要章节，发现天正建筑工具条

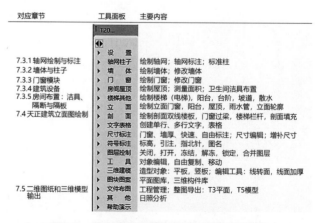

图7-6 天正建筑工具面板功能及对应章节

自上而下的顺序与绘图的顺序基本一致。

2. 天正建筑的绘制流程

如图7-7所示，天正建筑模块化和流程化的工具栏排序及门窗构件图块，使其绘图步骤相对上节利用AutoCAD的两种思路方法要精简很多，其绘制思路主要概括为：绘制轴网添加标注——绘制墙体——插入门窗图块（根据垛宽）。

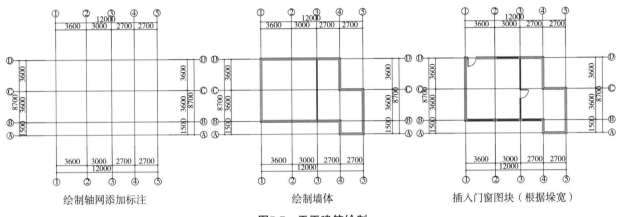

图7-7　天正建筑绘制

对于小体量的居住空间，使用AutoCAD或是天正建筑的操作过程区别并不大。天正建筑的优势在于处理较大体量的建筑平面，这主要体现在以下方面：

1）一键轴网及标注：轴网会根据数据序列沿着开间、进深方向自动生成，并能够实现一键单侧或双侧标注。

2）一键墙体：墙体设置基本宽度及两侧偏移数值后，可沿轴网进行绘制，自动进行合并运算，同时墙体的宽度、高度和双侧偏移数值修改也较为方便。这是AutoCAD利用双线绘制所达不到的。

3）一键柱子：除了标准柱子设置能够沿着轴网交点生成外，还能够将绘制的多段线指定为异形柱。

4）一键门窗插入：门窗自身除了能够设置长宽外，还能设置门窗样式。在放置门窗时可指定中心捕捉或根据垛宽距离插入，同时能够实现不同门窗的编号操作。

5）一键图框，视口，简化打印输出流程，视口线默认打印不可见，相对AutoCAD操作要更加方便。

6）一键模型生成，立面和剖面导出：这是天正建筑最强大的部分，平面图中绘制的建筑墙体门窗等都可以转化成三维模型进行输出，尽管精度不高，但却可以辅助立面图绘制，也可以导入到其他三维建模软件（SketchUp/3dsMax）中进行进一步编辑。

接下来的内容，将会按照图7-6所示，从轴网绘制开始，结合案例讲解天正建筑在平面图绘制，立面和剖面生成，以及布局空间进行打印输出等方面的应用。

本节任务点：

任务点：参照本节图7-7，尝试找到工具栏中的轴网绘制、标注、墙体绘制、门窗插入的位置，根据尺寸完成建筑平面图的绘制（门窗及垛宽尺寸可测量后获得）。

7.3 天正建筑平面图绘制阶段练习

7.3.1 轴网绘制与标注

能力模块

轴网的绘制和标注；添补轴号；轴网数值拾取。

1. 轴网的绘制

开间和进深，一个房间的主要采光面称为开间（或面宽），与其垂直的称为进深。在天正建筑中为了能够准确描述不规则建筑不同方向的开间、进深，又将开间分为上开间和下开间（数值由左及右进行输入），进深分为左进深和右进深（数值由下向上进行输入）。住宅建筑的开间常遵循3M（建筑模数1M=100mm）的倍数，常采用的参数有：2.1m、2.4m、2.7m、3.0m、3.3m、3.6m、3.9m、4.2m。

在轴网数值输入时，如果上下开间之间或左右进深之间的轴网数值是一致的，可以只输入其中一侧的数据。如果连续几个开间或进深轴网数值均一致，如连续3个1500mm尺寸，则可以在数值"1500"右侧输入数值的个数"3"，以简化操作。以下是根据表7-1中上下开间和左右进深的数值，进行轴网创建的过程。

表7-1 轴网尺寸 （单位：mm）

上开间	下开间	左进深	右进深
3600	3600	1500	4500
3000	6000	3000	3600
3000	2700	3600	3600
2700	3000	3600	
3000	3600		
3600			

步骤一：单击天正建筑工具栏中的轴网柱子，选择"绘制轴网"，在弹出的窗口菜单中切换到上开、下开、左进和右进四个不同的数值输入面板，根据图纸尺寸进行数值的输入。开间进深相同的只需输入一侧数值，相邻相同的数值可直接输入数量。输入完成后光标处会生成红色轴网，如图7-8所示，找到界面空白处将其放置。

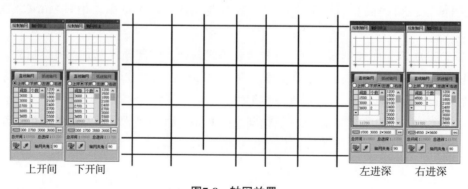

图7-8 轴网放置

步骤二：对生成的轴网进行标注，自动生成的标注为双层标注（包含总尺寸和柱网尺寸）。从"绘制轴网"面板可直接切换到"轴网标注"面板，如图7-9所示。在标注时，注意轴线分数字轴和字母轴，一般图纸中，横向的是字母轴（进深方向从下至上），字母轴从A开始，其中I、O、Z字母为避免与数字

1、0、2混淆故不使用；纵向的是数字轴（开间方向从左至右），数字轴从1开始，均是自然数。

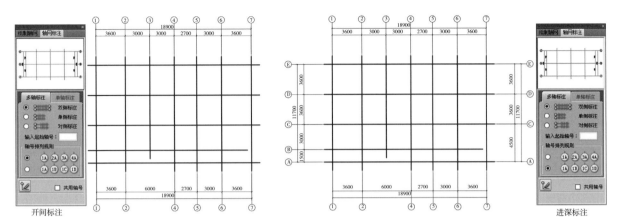

图7-9 开间和进深方向的标注

2. 添补轴号

如果两个轴线之间有小轴线（所在小轴线上的墙体较短），则需为其添补轴号。如轴A和轴B之间，填补的第一个小轴线的轴号为1/A，第三个就叫3/A；如果在轴2和轴3之间，第一个叫1/2，第三个就叫3/2。

步骤一：在"轴网柱子"菜单下单击"添补轴号"，拾取轴网中需要添加轴号位置前面的轴号（开间从左到右，进深自下而上），此处单击轴号2，然后在命令行依次选择"否""是""否"，即是表明"不是两侧标注，是增补轴号，不重新排号"，如图7-10a所示，全部完成选择后会生成小轴号1/2。

步骤二：添补轴号后发现轴号下的尺寸还是原来的总尺寸，则需要修改成分尺寸。单击"尺寸标注"菜单下的"尺寸修改"和"增补尺寸"。单击图中需要划分的尺寸后，如图7-10b所示，捕捉拾取小轴号的轴线即可完成尺寸标注的划分，即原6000mm总尺寸被小轴号轴线1/2划分为2000mm和4000mm两段。

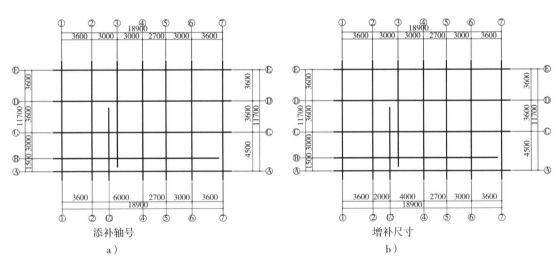

添补轴号
a）

增补尺寸
b）

图7-10 添补轴号和增补尺寸

3. 轴网数值拾取

当绘制完轴网的图纸再次用天正建筑软件打开时，单击"绘制轴网"菜单，轴网开间、进深方向的原始数据将不再显示，此时若想恢复原有的开间进深数值（可在此基础上进一步调整轴网），可以在"绘制轴网"菜单左下角单击"拾取轴网参数"，切换到"上开"，单击拾取图纸中上开间方向的标注尺寸后按空格键，依次拾取"下开""左进"和"右进"，即可完成"绘制轴网"面板上开间、进深原始数据的恢复（图7-11）。

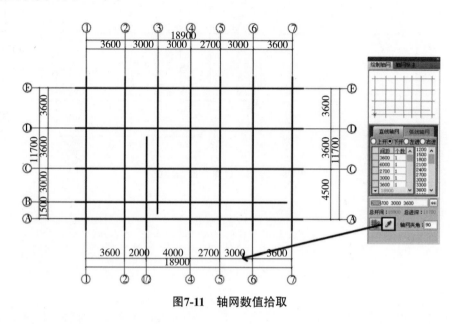

图7-11　轴网数值拾取

　　如果用天正建筑打开的平面图只有墙体，没有轴网标注，同时也无法通过拾取标注恢复轴网数据，则可以尝试先利用"墙生轴网"命令生成轴网，并对轴网进行双侧标注后，再次按照上面的步骤进行轴网数据拾取。具体步骤如下：

　　步骤一：单击"轴网柱子"菜单下的"墙生轴网"，如图7-12所示，框选墙体后按空格键生成轴网，这时会发现原有的小轴线以及原本左右开间或上下进深的轴线都变成了长轴线，此时注意在采用单侧标注方式进行开间、进深的标注时，需要在点选完起始轴线后再次点选不需要标注的小轴线后按空格键，即可完成四个方向的标注。

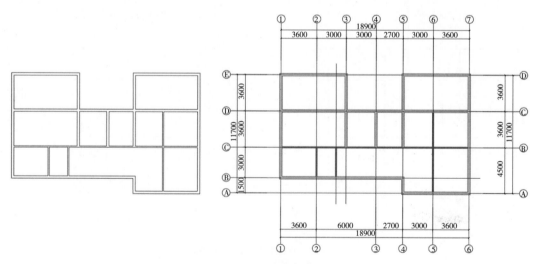

图7-12　墙生轴网步骤

　　步骤二：按照添补轴号的步骤，为开间轴号2添加轴号，并进行尺寸增补，标注完成后可重复轴网数值拾取的步骤。

本节任务点：

任务点1：根据表7-1中的数据，参照图7-8~图7-9完成轴网绘制及标注。

任务点2：参照图7-10，完成添补轴号和增补尺寸的操作。

7.3.2　墙体与柱子

能力模块

墙体厚度设置和绘制；标准柱和异形柱绘制。

1. 墙体绘制与修改

墙体是建筑围合的主体元素，也是天正建筑中绘制的核心对象。在天正建筑中，门窗构件都是在墙体的基础上插入生成的，并与柱子共同组成建筑原始的空间分割系统。天正建筑中墙体的绘制与AutoCAD的区别在于除了宽度、长度还需要绘制高度，所以，天正建筑平面墙体线的绘制也是室内空间三维模型创建的过程。

室内空间墙体绘制的默认高度为3000mm。不考虑外保温层，墙体厚度一般可为60mm、80mm、100mm、120mm、240mm、370mm，厚度的取值主要与墙体的位置以及建构材料工艺相关。如图7-13所示，天正建筑墙体的绘制是通过捕捉轴线进行的，通常情况下是居中模式，例如240mm的墙体居中绘制，则两侧各占120mm；外墙有时需要采用偏心模式绘制，例如，360mm的墙体，外侧为240mm，内侧为120mm。

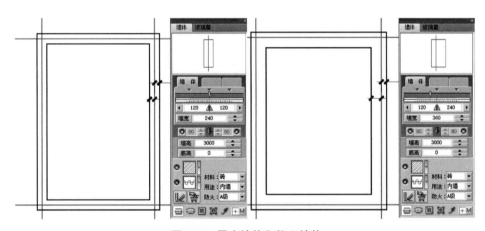

图7-13　居中墙体和偏心墙体

修改墙体厚度和高度的三种方式：①单段墙体修改参数——可在选择墙体对象后右击选择"对象编辑"，进行厚度（偏移数值）以及高度参数的修改。②单一参数的修改——如果需要批量修改墙厚或墙高中的某一项参数，可以使用"墙体"菜单下的"墙体工具"，选择"改墙厚"或"改高度"，再根据命令行提示，先拾取墙体，再输入调整后的数值按空格键即可。③批量调整厚度和高度——在"墙体"面板调整好厚度（偏移数值）和高度后，单击面板最下方的"替换图中已插入的墙体"按钮，再以点选或框选的方式拾取图纸中需要修改的墙体后按空格键即可（图7-14）。

图7-14　修改墙体厚度和高度的三种方式

2. 标准柱与异形柱

建筑中的柱子一般有标准柱和异形柱两种，标准柱包含矩形、圆形和多边形柱，异形柱通常可通过闭合多段线进行拾取和指定来绘制。如图7-15a所示为一个矩形标准柱，图7-15b所示为异形柱。标准柱可通过输入尺寸和偏移值以及高度，捕捉轴网交点再插入指定位置即可完成；异形柱则需要先绘制闭合的多段线（在命令行输入"PL"），单击"异形柱"面板右下角的"选择PL线作为异形柱"按钮，从而实现异形柱的创建。切换到三维视图（同时按住"Shift"键和鼠标滚轮）能够发现，原有二维多段线已经挤出成为三维柱子模型。

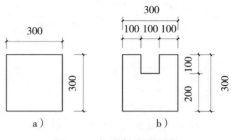

图7-15 标准柱和异形柱

本节任务点：

> 任务点1：参照图7-13，完成厚度分别为120mm和240mm墙体的创建。
> 任务点2：参照图7-15，完成标准柱和异形柱的创建。

7.3.3 门窗模块

能力模块

门的创建和插入；窗的创建和插入。

门窗模块是在完成墙体绘制的基础上插入的，这与利用多线命令进行墙体和窗户的绘制有所不同。以下内容为通过加载天正建筑中的门窗图库，选择对应的平面尺寸以及立面三维样式，完成图7-16中的门窗图块创建的具体步骤。

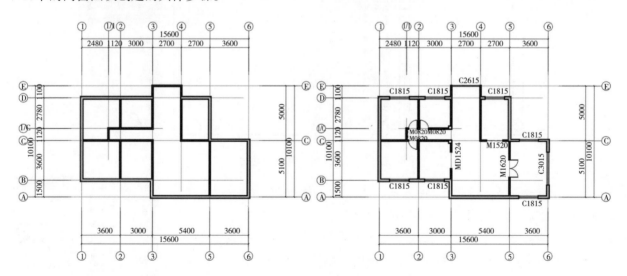

图7-16 门窗图块的插入

1. 门的创建与插入

根据表7-2，门的基本类型有单开、双开和推拉门等。在门的编号处理上，可以选择类似于表中的"M0820"，代表类型为门，宽度为800mm，高度为2000mm。

另外，单开门的插入通常是以垛宽的方式，也就是设置门靠墙的距离来进行插入，双开门和推拉门一般以居中方式进行插入。单开门在插入过程中可调整门的方向，即通过鼠标指针移动能够进行上下位置的切换，通过离开墙体后按"Shift"键，再捕捉墙体的方式进行门的左右开启方式的切换，同样也可以在插入门之后，手动拖拽门上的基点进行左右开启方向的切换。

表7-2　门的类型

门的类型	基本尺寸	插入方式
单开门M0820		垛宽定距
双开门M1620		居中
推拉门M1520	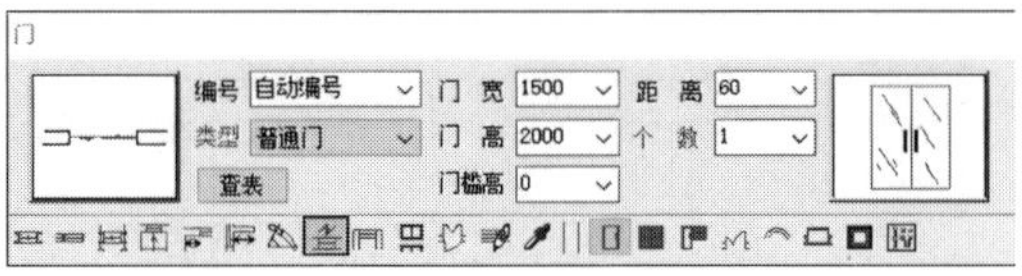	居中

2. 窗的创建与插入

根据表7-3，窗的基本类型有普通窗、墙体窗、洞口，还有转角窗、U形窗、玻璃窗等类型。窗户或是无窗的"矩形洞口"的插入方式一般是居中方式。如果整段墙体都是窗户，则无须设置窗户宽度，可直接点取"充满整个墙段插入窗户"按钮后拾取对应的墙体即可。

表7-3　窗的类型

窗的类型	基本尺寸	插入方式
普通窗C1815		居中
普通窗C3015		居中
整段墙窗户C2615		居中
矩形洞口MD1524	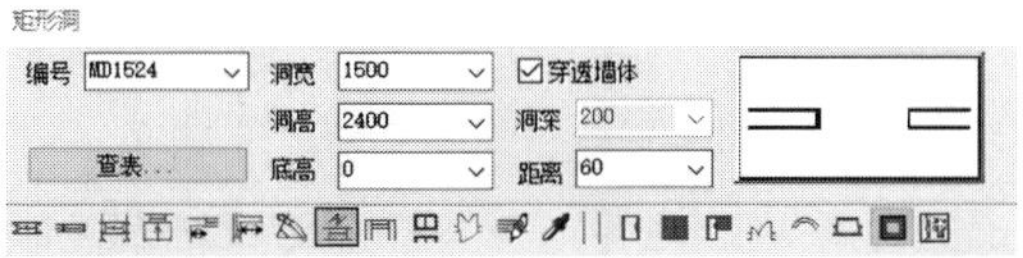	居中

本节任务点：

任务点：参照表7-2和表7-3中的数据，完成图7-16中门窗模块的创建。

7.3.4 建筑设备

能力模块

建筑设备楼梯、台阶、坡道和散水的绘制。

建筑设备包含楼梯、台阶、坡道、散水等构件。在AutoCAD中绘制这些构件的过程较为复杂，尤其是不同楼层的楼梯构件绘制。而在天正建筑中，可以通过模块化参数的设置和选型，实现设备构件的快速插入，最终完成的效果如图7-17所示。

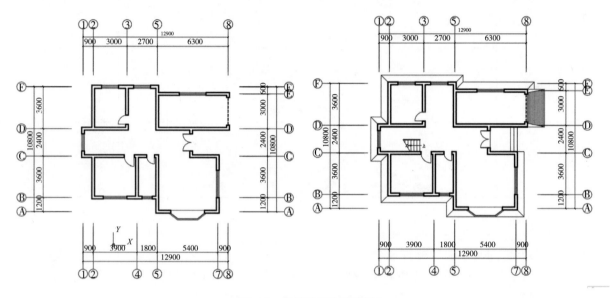

图7-17 建筑设备构件的插入

1. 楼梯图块的插入

如图7-18所示，为了方便楼梯图块的端点与楼梯间的转角点对齐，通常会选择插入中间层的楼梯图块，在对齐后，右击图块选择"通用编辑"，再将层类型中的"中间层"勾选设置成"首层"。

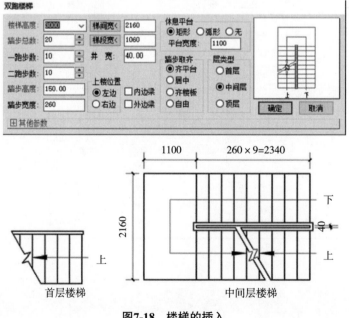

图7-18 楼梯的插入

2. 台阶的插入

台阶类型主要分为矩形单面台阶和矩形三面台阶两种，生成方式也有所区别。如图7-19所示，矩形单面台阶主要通过捕捉台阶相接的墙体端点来完成绘制，而三面台阶是通过拾取平台所在的轮廓多段线生成的。台阶生成操作前注意图纸的备份保存，防止出现图纸崩溃无法恢复的情况。

3. 坡道的插入

坡道通常用于车库或无障碍通道，如图7-20所示，明确长、宽、高尺寸后，输入二级命令"T"设定端点作为新的基点。放置过程中可根据方向需求输入二级命令"A"实现90°旋转，以完成图块的放置。

4. 散水的插入

散水的基本作用是使建筑基座免遭雨水冲刷。如图7-21所示，散水的基本宽度有600mm、800mm和1000mm等尺寸，可通过框选建筑墙体自动生成。当外侧墙体有凸出柱网造型时，可通过取消勾选"绕柱子"来忽略柱子的造型。另外，当散水造型与台阶衔接时，注意需通过拖拽散水夹点来进行调整。

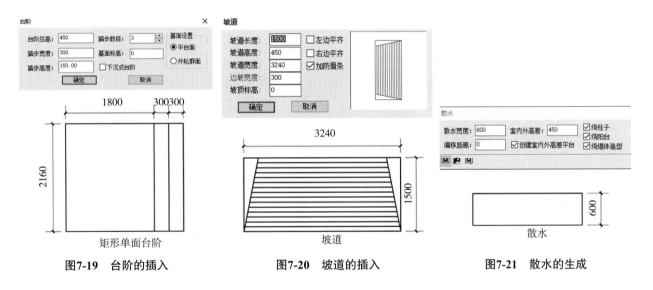

图7-19 台阶的插入   图7-20 坡道的插入   图7-21 散水的生成

本节任务点：

　　任务点：参照图7-18~图7-21设置设备构件尺寸，完成图7-17中建筑设备构件的创建。

7.3.5 房间布置：洁具、隔断与隔板

能力模块

卫生间洁具布置；卫生间隔断和隔板布置。

建筑原始平面图一般会包含简单的卫生间洁具布置，主要目的是对应建筑排水、排污管道口。天正建筑中有丰富的洁具图库，能够按照建筑施工的一般规范一键导入洁具、隔断与隔板模块，实现卫生间的快速布置。

步骤一：选择感应式大便器后，如图7-22所示，依次选择大便器依附的两个卫生间的墙体通过沿墙体方向单击插入洁具。命令行显示如下：

请选择沿墙边线 <退出>：

是否为该对象?[是(Y)/否(N)]<Y>：

插入第一个洁具[插入基点(B)] <退出>：

下一个 <结束>：

下一个 <结束>：

下一个 <结束>：

下一个 <结束>：

步骤二：选择小便器图块，拾取男卫生间的墙体，如图7-23所示，沿内侧向门的方向单击进行创建。

命令行显示如下：

请选择沿墙边线 <退出>：

插入第一个洁具[插入基点(B)] <退出>：

下一个 <结束>：

下一个 <结束>：

下一个 <结束>：

下一个 <结束>：

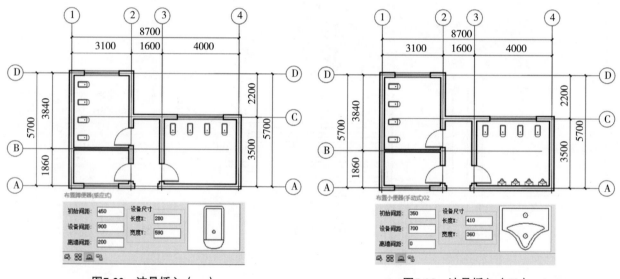

图7-22 洁具插入（一）   图7-23 洁具插入（二）

步骤三：按照从下向上、由左及右的方向创建大便器之间的隔断，命令行显示如下：

输入一直线来选洁具!

起点：

终点：

隔板长度<1200>：

隔断门宽<600>：

小便器隔板同大便器隔断的创建方式一样，在点选"布置隔板"按钮后，从右向左用直线贯穿小便器图块后（选择"默认参数"）按空格键即可创建隔板。最终效果如图7-24所示。

卫生间中还有一些单体的洁具，如无障碍卫生间的坐便器、水盆或者是拖布池（表7-4），都可以从天正建筑的图库里找到后，选择以"自由插入"的模式，捕捉墙体中点进行放置，或者可以选择"均匀分布"，在拾取墙体后输入数量"1"，也可以实现洁具与墙体的居中对齐，最终完成卫生间布置图（图7-25）。

表7-4　单体洁具汇总

洁具名称	参数	插入方式
坐便器	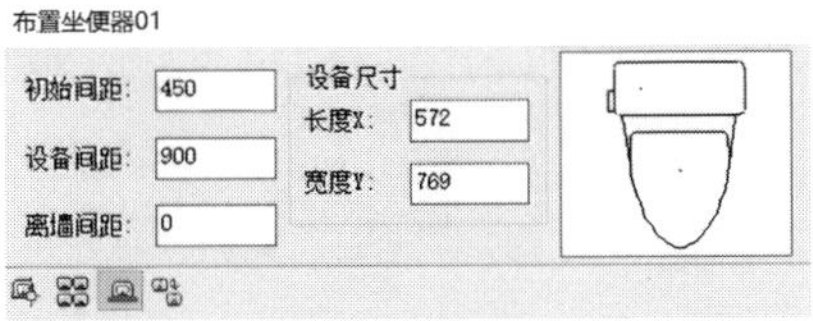布置坐便器01 初始间距: 450 设备间距: 900 离墙间距: 0 设备尺寸 长度X: 572 宽度Y: 769	自由插入、均匀分布
无障碍卫生间水盆	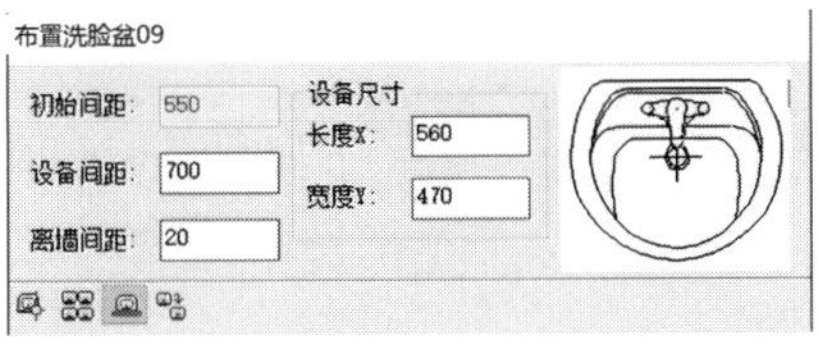布置洗脸盆09 初始间距: 550 设备间距: 700 离墙间距: 20 设备尺寸 长度X: 560 宽度Y: 470	沿墙布置
公共水盆		自由插入
拖布池	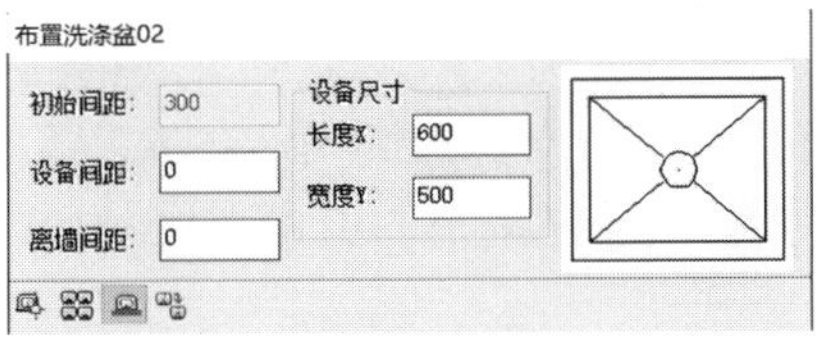布置洗涤盆02 初始间距: 300 设备间距: 0 离墙间距: 0 设备尺寸 长度X: 600 宽度Y: 500	沿墙布置

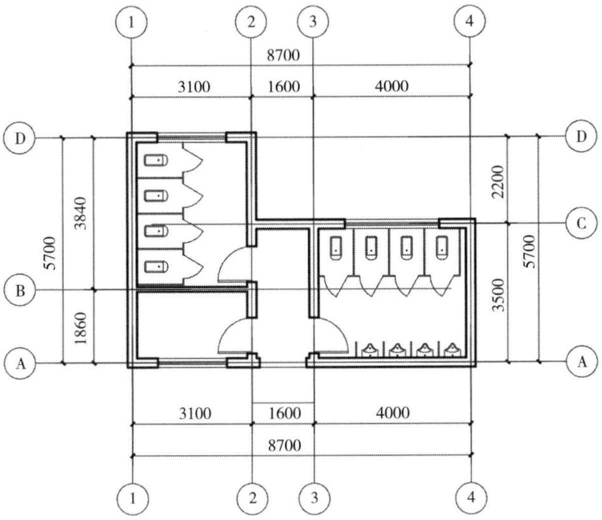

1
2
3
4
8700
3100
1600
4000
D
C
B
A
5700
3840
1860
2200
3500

图7-24　隔断和隔板插入

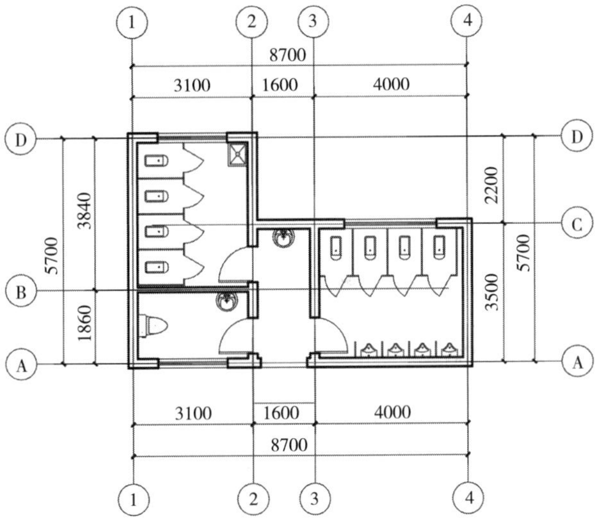

1
2
3
4
8700
3100
1600
4000
D
C
B
A
5700
3840
1860
2200
3500

图7-25　卫生间布置

本节任务点：

任务点：参照图7-22~图7-24，以及表7-4中的洁具尺寸，完成图7-25卫生间的房间布置。

7.4　天正建筑立面图绘制

能力模块

天正建筑立面图输出；源泉工具箱平面图生成和立面图输出。

1. 天正建筑立面图生成

立面图的布置要与总平面图、平面布置图相呼应。除了画出墙面的硬装部分，还可以画出墙面上可灵活移动的装饰品，以及地面上陈设构件等。

天正建筑外立面的生成：通常情况下只需要先在"新建工程"菜单下设置每层平面图，再单击"建筑立面"按钮后，根据命令行提示拾取轴网信息，设置方向即可生成四个方向的建筑外立面图。

室内立面图是由建筑的剖视图生成的。如果需要生成建筑内部空间的立面图，则需要在每层图纸设置完成后，通过添加剖面符号，单击"建筑剖面"按钮后，拾取轴网即可生成立面图。具体步骤如下：

步骤一：新建工程文件。在天正建筑工具栏中找到"文件布图"菜单，单击"工程管理"按钮后会弹出工程文件管理菜单，再单击"新建工程"按钮，设置工程保存路径和工程名称，格式为.tpr，在这里命名为"室内项目"。

步骤二：为室内立面工程文件添加平面图。右击"平面图"选项，选择添加图纸后，如图7-26所示，找到室内项目平面图进行加载，平面图下会显示文件的路径。之后需生成的立面、剖面图也采用这种方式进行加载，方便统一进行管理。

步骤三：加载平面图纸。设置图纸范围（对齐点）、层数和层高基本信息，本案例中只有一层，所以在框选完图之后，指定一个轴网交点作为对齐点即可（图7-27）。如果为多层建筑，要保证框选完每层图纸后指定的对齐点位置一致，否则立面图中会出现楼层错位的现象。

图7-26　添加平面图纸

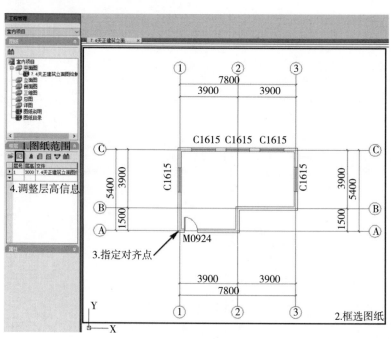

图7-27　加载平面图纸

步骤四：添加剖切符号。如图7-28所示，单击天正建筑工具栏中"符号标注"选项下的"剖切符号"按钮，设置剖切编号为"A"，指定剖切方向后绘制贯穿平面的剖切符号，指定方向为向上（短线指示方向为剖视方向）。按照这种方法为另外三个立面添加剖切符号，并分别编号为B、C、D。

步骤五：生成剖面的AutoCAD文件。如图7-29所示，单击"建筑剖面"按钮，拾取剖切符号A，指定出现在剖面图中的起始轴线后按空格键确定，在弹出的菜单中设置内外高差为0mm，单击"生成剖面"按钮后设置保存路径，将文件名称设置为"A"，此时会生成A立面图并自动打开。按照这种方法输出图7-30中B、C、D另外三个立面的剖面图。最终将其添加到项目工程文件中的剖面图中，或者将其统一复制到平面图所在的文件中。

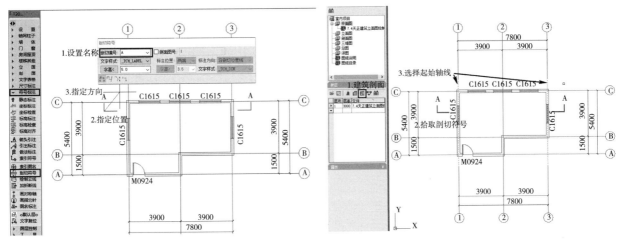

图7-28 添加剖切符号　　　　　　　　　　图7-29 生成剖面图

步骤六：调整生成的立面图。无论是天正建筑生成的立面图还是剖面图，都需要进一步对造型、标注或图名等进行调整。通过移动调整标注与图纸的间距，通过立面菜单中的"立面门窗"选项可以替换样式。如图7-31所示，单击轴号可设置轴圈半径，并为四个立面添加图名标注。

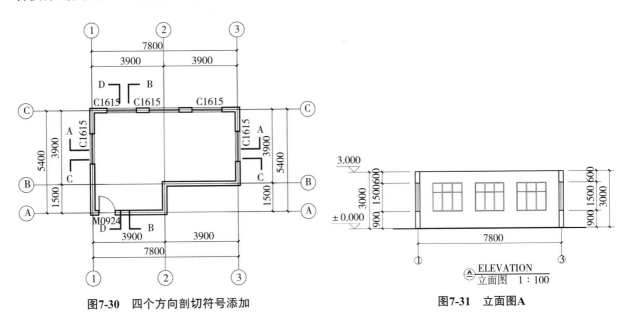

图7-30 四个方向剖切符号添加　　　　　　图7-31 立面图A

2.外部参照剪裁

对于家具等小尺寸的图形，会以家具三视图的形式进行展示。对于室内空间等大尺寸的图形，如图7-32所示，一般会根据平面索引符号标识立面。为了便于识图，通常会在立面图下方放置对应的部分平面图。利用外部参照剪裁（快捷键为"XC"）命令能够快速实现平面图的剪切，并可以灵活调整，相对于绘制矩形后对平面图进行修剪要方便得多。

外部参照剪裁的具体步骤为：先将平面图定义成图块，使用快捷键"B"，或利用复制和粘贴为块的方式，将创建好的平面图块移动、对齐到立面图下方，即可进行外部参照剪裁。命令行显示如下：

输入命令：xc

选择对象：找到 1 个

选择对象:

输入剪裁选项

[开(ON)/关(OFF)/剪裁深度(C)/删除(D)/生成多段线(P)/新建边界(N)] <新建边界>: N

外部模式 - 边界外的对象将被隐藏。

指定剪裁边界或选择反向选项:

[选择多段线(S)/多边形(P)/矩形(R)/反向剪裁(I)] <矩形>:R

指定第一个角点: 指定对角点:

最终生成的平面图参照如图7-33所示,可以通过拖动边框节点调整图纸的显示内容（类似于视口边框调整）,也可以通过单击箭头来实现图纸内容的内外切换。参照这种方法可以设置除另外三个立面的平面参照图纸。

补充: 图块裁剪命令为"Clipit"。如果选用自己绘制的矩形、圆形或多段线图形作为裁剪边界,可以尝试使用图块裁剪命令:首先将需要裁剪的图形创建成图块（快捷键为"B"）,在图块上绘制矩形图形,再在命令行输入"Clipit"后按空格键,依次选中矩形图形和图块后再按空格键,即可实现指定边界图形的图块裁剪。

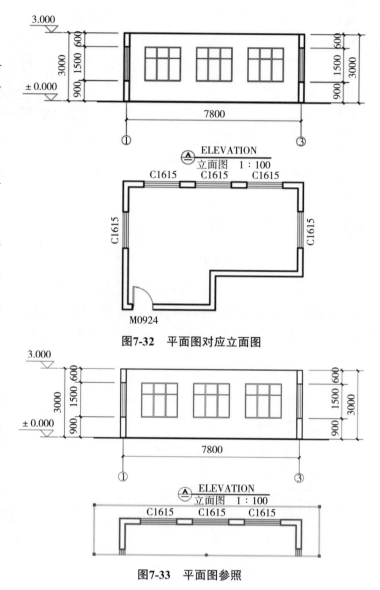

图7-32 平面图对应立面图

图7-33 平面图参照

3. 源泉工具箱立面图生成

天正建筑主要用于建筑平面、立面或剖面的生成,其中生成的立面也只是大概的尺寸边界框架,而相对于小尺度的室内空间的立面自动生成,源泉工具箱插件能够自动生成带有建筑和室内装饰构件的立面图。

步骤一:平面图绘制。源泉工具箱绘制图纸的流程与天正建筑相似,如图7-34所示为平面图绘制,在天正建筑中,图纸尺寸的绘制只需在源泉工具栏中找到对应命令进行即可,也可以使用快捷键进行操作——简单轴线网（快捷键为"ZXW"）——画墙（快捷键为"WW"）——插入门（快捷键为"AD"）——插入窗（快捷键为"WD"）。

步骤二:立面图生成。输入命令"LM",打开设置面板,调整输出立面的参数后,拾取封闭空间内部,单击空白处可直接生成该空间的四个立面图。如图7-35所示的C立面,对应立面下会自动生成一个平面参照图。

步骤三:立面图细节构件补充。为生成的立面图添加建筑构件和装饰构件,如图7-36所示,打开工具箱菜单,找到"建筑构件"选项,设置参数后拾取立面图中的门窗矩形进行样式替换,其逻辑与天正建筑立面窗样式替换一致。同时也可添加顶棚的装饰构件,如顶棚灯槽,最终完成的立面图如图7-37所示。

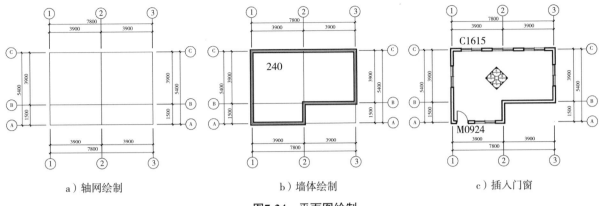

a）轴网绘制　　　　　　b）墙体绘制　　　　　　c）插入门窗

图7-34　平面图绘制

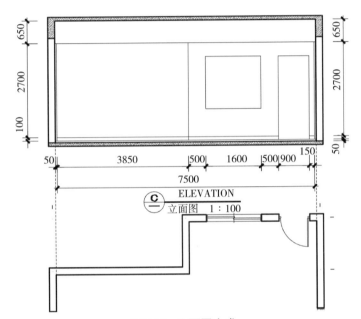

图7-35　立面图生成

图7-36　建筑构件菜单

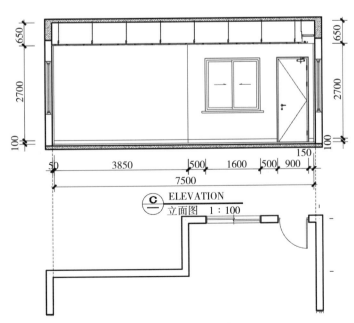

图7-37　立面图完成

除了源泉工具箱外，海龙工具箱插件也有相似的便捷功能，可以实现单个或多个空间立面图的批量导出，并能够自动在布局空间进行排版，能够大大提升图纸绘制的效率。随着软件技术的更新发展，绘图的步骤将会越发精简便捷，设计师将会有更多时间和精力投入到设计方案的推敲和完善中去。

本节任务点：

任务点1：参照图7-26~图7-31，完成天正建筑立面图的生成。

任务点2：参照图7-32和图7-33，完成外部参照剪裁的操作。

任务点3：参照图7-34~图7-37，利用源泉工具箱完成立面图的生成和细节构件的补充。

7.5 二维图纸和三维模型输出

能力模块

天正建筑布局空间打印；导出.t3格式二维图纸；导出.t5三维模型。

1. 天正建筑二维图纸打印

天正建筑图纸打印流程与AutoCAD的基本一致，天正建筑在布局空间进行虚拟打印时相比较AutoCAD有三方面的优势：一是天正建筑在布局空间右击可直接插入自带图框（能够设置不同版式的标题栏）；二是天正建筑在定义视口步骤中，框选模型空间需要打印的图纸后，会同时输入视口比例尺，并放置到布局空间的图框中；第三个是天正建筑图框中的视口线默认不会被打印出来，放置好视口之后就可直接设置打印参数进行图纸输出。具体步骤如下：

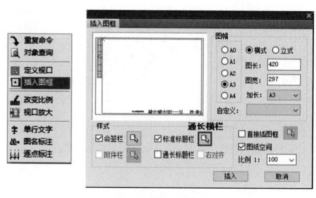

图7-38　插入图框

步骤一：插入图框。打开图纸后，切换到布局空间，右击"插入图框"，如图7-38所示，设置标准标题栏的样式，选择"通长横栏"中的第一个选项会比较节省图框空间，方便视口在图框中的放置。

步骤二：框选图纸并设定视口比例尺。如图7-39所示，右击选择"定义视口"，进入模型空间，框选需要打印的图纸，设置比例尺（默认为1：100）。

步骤三：视口比例调整。如图7-40所示，输入完比例尺后按空格键，视口会转换到布局空间，将视口放置到图框中合适位置，如果视口过大或过小，可适当调整视口的比例尺。调整方式同AutoCAD，通过单击视口线设置系统自带的比例尺，或是双击视口内部，通过命令"ZO"，输入比例尺（如"1/120XP"）来完成，注意在视口比例设定前，先将视口解锁。

命令行显示如下：

命令: MV MVIEW

指定视口的角点或 [开(ON)/关(OFF)/布满(F)/着色打印(S)/锁定(L)/新建(NE)/命名(NA)/对象(O)/多边形(P)/恢复(R)/图层(LA)/2/3/4] <布满>: L

视口视图锁定 [开(ON)/关(OFF)]: OFF

选择对象: 找到 2 个

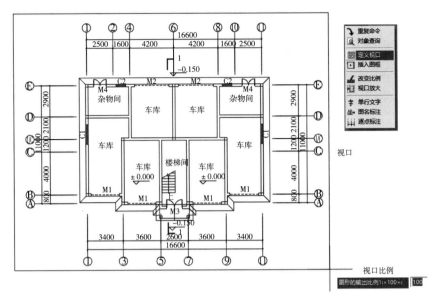

图7-39 定义视口

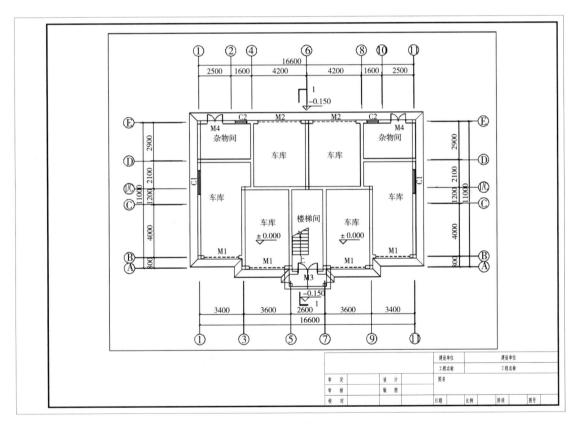

图7-40 放置视口

步骤四：虚拟打印输出。按快捷键"Ctrl+P"进行打印设置（图7-41），单击"确定"按钮输出PDF格式的图纸。

补充：天正建筑图纸导入AutoCAD时，由于天正建筑绘制的图纸为三维模型，所以直接用AutoCAD打开的天正建筑图纸内容显示不全，需要在天正建筑工具栏中的文件布图菜单下找到"整图导出"选项，将导出的文件设置为.t3格式，此时三维模型转化为二维平面图形，用AutoCAD打开后会正常显示所有内容。

2. 天正建筑三维模型导出

利用天正建筑绘制的图纸可直接导出三维模型，节省了三维建模软件中基础场景（墙体、门窗和楼梯等）创建的时间，而且兼具基础材质。具体步骤如下：

步骤一：打开天正建筑图纸，按住鼠标滚轮（中轴）和"Shift"键旋转视图变成三维视角，右击设置模型视觉样式为"真实"（或"概念"），此时就会看到二维图形转化为三维模型，如想恢复到二维图纸状态，则将视觉样式切换回"二维线框"，显示模式为"完全二维"，输入命令"PLAN"后按两次空格键即可（图7-42）。

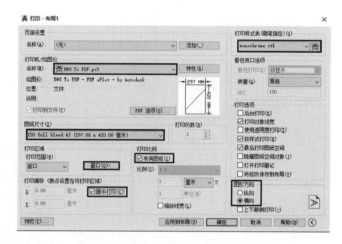

图7-41　打印设置

步骤二：三维模型导出。在天正建筑工具栏中的文件布图菜单下找到"整图导出"，如图7-43所示，将导出的文件设置为.t5格式，导出内容为三维模型，最终输出的文件格式虽然仍为.dwg格式，但导入三维建模软件（SketchUp或3dsMax）中会直接显示为三维模型。

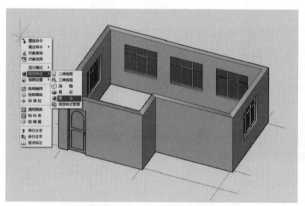

图7-42　三维视角和视觉样式设置

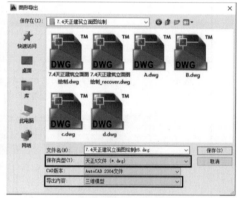

图7-43　三维模型导出

本节任务点：

任务点：参照图7-38~图7-41，完成天正建筑布局空间A3图纸以PDF格式的打印输出，并比较与AutoCAD布局空间打印流程上的差异性。

本章小结

通过本章学习，了解天正建筑软件作为AutoCAD的插件，在建筑平、立面绘图流程中的优势。按照天正建筑工具条顺序掌握从轴线绘制、墙体生成到门窗模块、建筑设备构件的插入，以及卫生间洁具布置等工具使用方法。同时，能够通过天正建筑和源泉工具箱利用平面图进行立面框架图的输出，以此提升立面图的输出效率。经过本章的学习，学生可在平、立面框架图的基础上结合在AutoCAD中学习的关于图层管理以及平立面图形的绘制与编辑命令，以及动态图块的辅助，能够绘制出较为规范、复杂的平、立面图纸。

第8章 从建筑原始图纸到彩色平面图输出

本章综述：本章主要讲解在天正建筑软件中导入手绘或照片，结合轴网尺寸绘制建筑原始场地图纸，并利用动态图库快速实现室内居住空间的平面布置，最后设置彩色填充纹理图案，自定义打印样式进行打印输出。本章综合前7章所学图纸绘制的要点和技巧，让初学者掌握天正建筑和AutoCAD两类软件在实际工程项目绘图中的协同使用方式，达到提升图纸绘制效率的目的。

思维导图

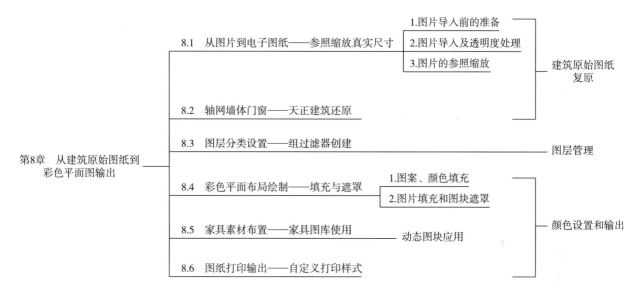

8.1 从图片到电子图纸——参照缩放真实尺寸

能力模块

图片导入；透明度调整；参照缩放；对齐缩放。

无论是手绘草图，还是拍照得到的建筑原始平面图，导入到软件中，都需要进行真实尺寸的缩放。本节主要讲解图片导入AutoCAD作为蒙描底图，并进行真实尺寸缩放的两种方法，即参照缩放和对齐缩放。

1.图片导入前的准备

1）图片处理：将图纸处理成线稿（PhotoShop图片处理），确认没有透视变形和角度倾斜后保存为.jpg格式。

2）绘图空间处理：为缩小插入图片和参照缩放的图片之间的尺寸差距，可根据图纸最长标注尺寸推测导入图片的长度或宽度。已知图8-1中需要缩放真实比例尺寸的图纸中最长标注尺寸为11100mm，整张纸的横向长度尺寸约为22000mm。则需要在创建新文件后在模型空间中绘制一条22000mm的直线，作为首次插入图片放置时捕捉的起始点。

2. 图片导入及透明度处理

在绘图区插入图片的方式有两种，一种是通过光栅图像参照的方式，另一种是OLE对象的方式，两种方式各有优劣，下面通过插入建筑原始平面图进行介绍。

（1）插入光栅图像参照

步骤一：如图8-2所示，单击"插入"菜单，选择光栅图像参照，指定文件路径后打开需要导入的图片，点击"打开"按钮。

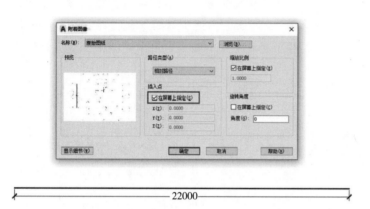

图8-1　根据图纸真实宽度绘制直线

图8-2　打开光栅图像（一）

步骤二：默认选择"在屏幕上制定"，单击"确定"按钮后分别捕捉图8-3中已绘制好的参照直线的起始点，完成图片的初步缩放。此时，可双击鼠标滚轮（中轴）实现图片在视口绘图区中的最大化显示。

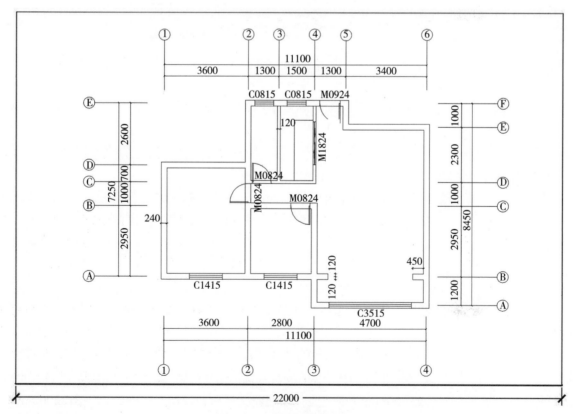

图8-3　插入图片最大化显示

步骤三：调整图片透明度，能够方便看新绘制的直线。主要有两种透明度调整的方式，一种是通过透明度来实现——选择图片后右击打开"特性"（按快捷键"Ctrl+1"）面板，如图8-4所示，框选"透明度"后的"ByLayer"，将其修改为"60"后按回车键，即将透明度调为60%；另一种是通过淡入度来实现——选择图片后右击打开"特性"面板，如图8-5所示，单击"淡入度"右侧的图像调整按钮，将淡入度指针向右调整（或直接键入"40"），单击"确定"按钮，即可完成图片淡入度的设置。

补充：插入光栅图像参照后，需要保证图纸图片和AutoCAD源文件在同一个文件夹中，再次打开时图片才能链接加载，否则图片丢失后会显示图片的URL地址。遇到这种情况，可以将图片复制到原来的路径位置后，重新打开AutoCAD文件即可恢复显示。

（2）插入OLE对象

步骤一：如图8-6所示，单击"插入"菜单，再单击"OLE对象"后选择画笔图片，打开画笔程序。

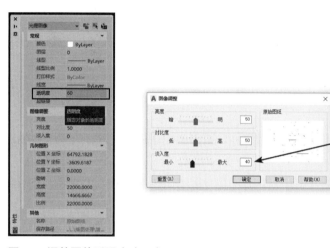

图8-4 调整图片透明度（一）　　　图8-5 调整图片淡入度　　　图8-6 选择画笔图片程序

步骤二：如图8-7所示，在画笔面板左上角单击"粘贴"图标，选择"粘贴来源"，指定文件路径后打开需要导入的图片，再单击左上角的"保存"按钮后，画笔程序中的图片将同步显示到AutoCAD模型空间中。

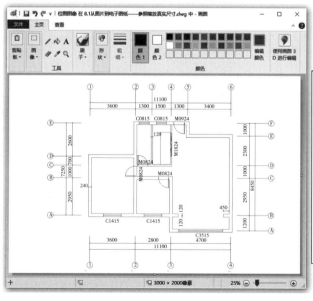
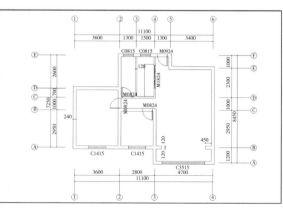

图8-7　粘贴并同步图片到模型空间

步骤三：调整图片透明度。插入的OLE对象，其图片透明度的调整在打开"特性"面板后（图8-8），只能通过框选"透明度"后的"ByLayer"，将其修改为"60"后按回车键这一种方式实现。注意，只有当取消选择图片（按快捷键"ESC"）后才能显示图片透明度。

补充：插入的OLE对象不会因为图片和AutoCAD文件不在一起而出现图片不显示的问题，但置入AutoCAD中的图片会增加文件的大小，所以应合理、适当地使用这两种图片插入方式。

3. 图片的参照缩放

图纸图片参照缩放的两种方式：

（1）参照缩放

步骤一：设置捕捉（按快捷键"OS"），打开"对象捕捉"面板，如图8-9所示，加选"最近点"。

步骤二：如图8-10所示，选择底图中最长的尺寸标注线作为参照缩放的参照端点，这样能够最大限度地减少放大后图片与真实比例的尺寸误差。

图8-8 调整图片透明度（二）

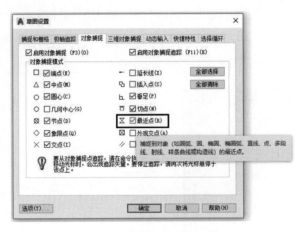

图8-9 捕捉点设置

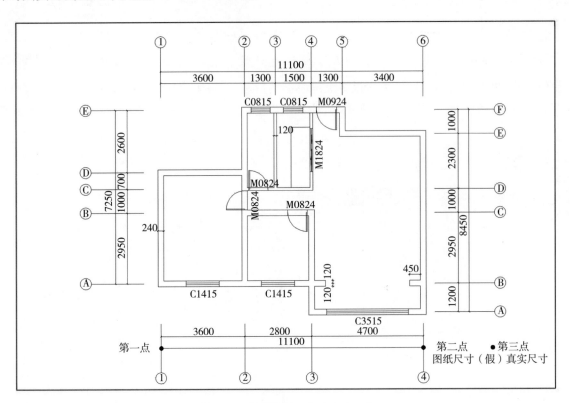

图8-10 参照缩放三点确定（一）

命令行显示如下：

命令: SC

SCALE 找到 1 个

指定基点:

指定比例因子或 [复制(C)/参照(R)]: r

指定参照长度 <1.0000>: 指定第二点:

指定新的长度或 [点(P)] <1.0000>:11100

补充: 对于初学者, 可以增加一个步骤, 即先用直线蒙描一下参照底图中的最长尺寸标注线, 我们称其为"假尺寸"; 然后在同一起点绘制该尺寸标注的真实尺寸, 我们称其为"真尺寸"。利用共同起点作为"基点", 利用"假尺寸"的端点作为"第一点", 利用"真尺寸"的端点作为"第二点", 以此也可以完成参照底图的真实尺寸缩放（图8-11）。

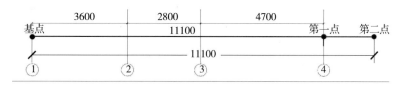

图8-11 参照缩放三点确定（二）

（2）参照对齐

对齐命令不仅能够通过一组源点和目标点实现基于尺寸线的参照缩放, 还能够使第二组源点和目标点实现角度上的对齐, 比较适合对有倾斜角度的参照底图的缩放。具体步骤如下:

步骤一: 采用光栅图像参照或OLE对象的方式插入底图, 如图8-12所示, 利用直线命令蒙描底图上最长的一条标注尺寸线（长度为11100mm）, 其端点分别作为"第一源点"和"第二源点"。

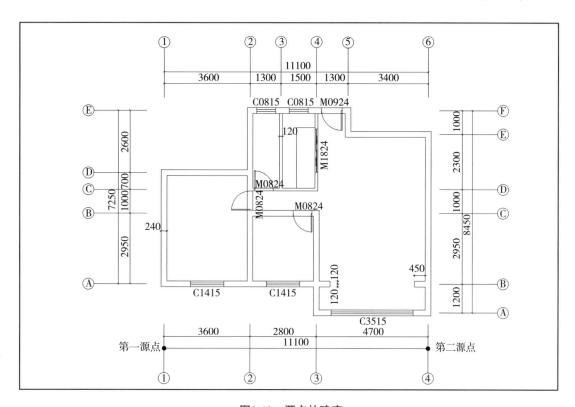

图8-12 源点的确定

步骤二: 如图8-13所示, 在源点附近, 利用直线绘制该尺寸标注的真实尺寸线（长度为11100mm）, 其端点分别作为"第一目标点"和"第二目标点"。

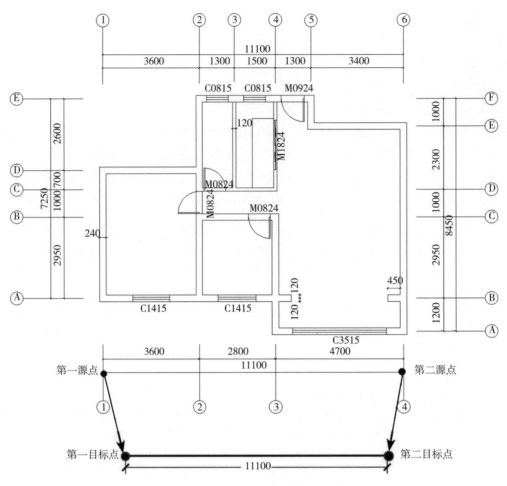

图8-13　目标点的确定

步骤三：选择需要缩放的底图后，在命令行输入"AL"后按空格键，如图8-14所示，分别指定第一和第二源点以及第一和第二目标点，基于对齐点缩放图纸对象（选择"是"），完成底图的真实尺寸缩放。

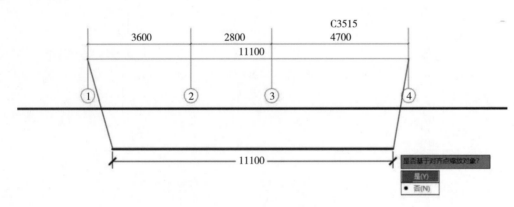

图8-14　参照对齐真实尺寸

本节任务点：

任务点1：参照图8-1~图8-8，采用图像参照和OLE对象两种方式导入图纸，并调整透明度。

任务点2：参照图8-9~图8-14，采用参照缩放和参照对齐两种方式将导入的图纸实现真实尺寸缩放。

8.2　轴网墙体门窗——天正建筑还原

能力模块

轴网绘制；轴网标注；墙体绘制；门窗插入。

本节将讲解利用天正建筑的插件工具快速绘制建筑原始图纸，实现从图纸图片向AutoCAD电子版转化的过程。注意天正建筑适合复原有轴网尺寸的图纸图片，如手绘版本的建筑图纸或常见的售楼处户型图纸。如果图纸图片上只有内墙尺寸，还是适合利用AutoCAD中的多段线或多线命令实现电子图纸翻图，这部分内容在第7.1节平面图的绘图流程中进行了讲解。下面结合实例使用天正建筑插件，实现建筑原始图纸（手绘草图或电子照片）电子版转化的练习，具体步骤如下：

参照上节内容插入图纸图片并调整透明度，然后实现图纸真实尺寸的参照缩放。接着，打开天正建筑工具条，进入图纸绘制的步骤：

步骤一：轴网绘制。单击天正建筑工具栏中的"轴网柱子"，选择"绘制轴网"，在弹出的窗口菜单中依次切换到上开、下开、左进和右进，根据图纸尺寸提示输入数值，开间进深相同的只需输入一侧数值，相邻相同的数值可只输入数量。输入完成后光标处将会产生相应的红色轴网，找到界面空白处将其放置，如图8-15所示。

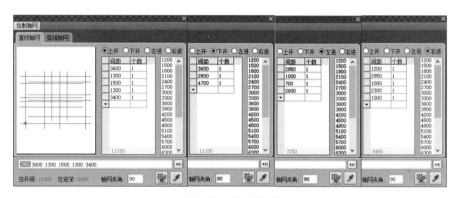

图8-15　轴网绘制

步骤二：轴网标注。自动生成的标注为双层标注（包含总尺寸和柱网尺寸）。从"绘制轴网"面板可直接切换到轴网标注的界面，如图8-16所示，利用单侧和双侧标注功能进行轴网标注。

步骤三：墙体绘制。天正建筑中墙体的绘制是通过捕捉轴线进行的，通常情况下为居中模式，例如240mm的墙体居中两侧各占120mm。如图8-17所示，外墙厚度为240mm，内墙为120mm。设置完外墙尺寸后，捕捉轴网顺时针进行墙体绘制，遇到首尾相接的部分，可利用闭合命令。然后设置内墙尺寸，捕捉轴网完成平面图中的墙体。

步骤四：门、窗模块的插入。单开门的插入方式通常是以垛宽的方式，也就是设置门靠墙的距离来进行插入，双开门和推拉门一般以居中方式进行插入。如图8-18所示，门的类型为单开门，分为800mm和900mm两种尺寸，编号分别为M0824和M0924，插入方式为指定垛宽方式（垛宽值分别为60mm和120mm）。

单开门在插入过程中调整门开启方向的方法：通过鼠标指针移动能够进行上下位置的切换，通过将鼠标指针离开墙体后按"Shift"键，再捕捉墙体的方式可切换门的左右开启方向，同样也可以在插入门之后，手动拖拽门上的基点切换左右开启方向。

窗户的插入通常以居中的方式。如图8-19所示，窗户尺寸宽度有800mm，1400mm和3500mm三种尺寸，编号分别为C0815、C1415和C3515，插入方式为"快速居中"方式。

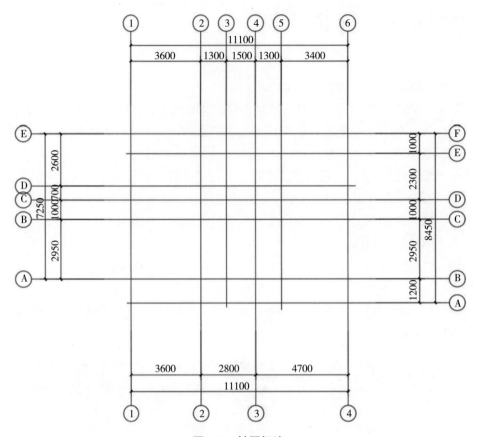

图8-16 轴网标注

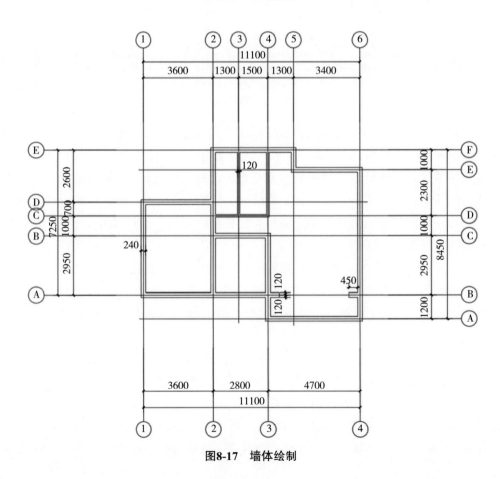

图8-17 墙体绘制

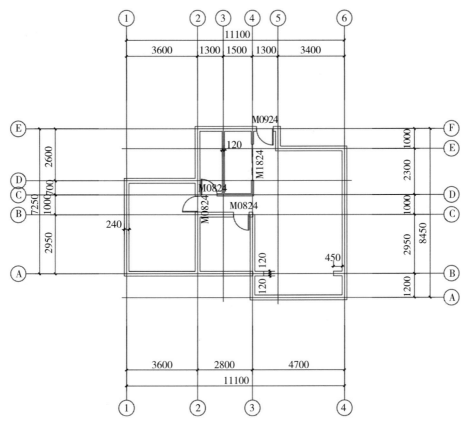

图8-18 门模块的插入

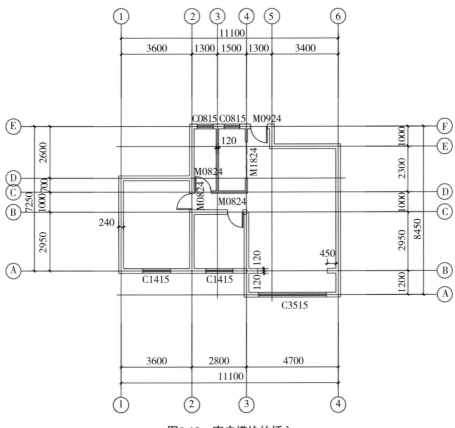

图8-19 窗户模块的插入

为方便下一步在AutoCAD中进行图层编辑和图块素材的插入，需要将天正建筑绘制的图纸导出二维的.dwg格式。具体步骤为在天正建筑工具栏中，找到"文件布图"中的"整图导出"，保存为"文件名_t3.dwg"，此时可将文件拖拽到AutoCAD软件图标上即可打开查看该二维平面图纸并进行编辑。

本节任务点：

任务点1：参照图8-15和图8-16，完成图纸轴网的绘制，并沿开间和进深方向进行双层标注。
任务点2：参照图8-17~图8-19，在轴网基础上，绘制内外墙体，并完成门窗模块的插入。

8.3 图层分类设置——组过滤器创建

能力模块

图层样式表导入；组过滤器创建与图层分组。

图层管理是图纸绘制过程中的重要步骤，本节主要对平面布置图中的家具进行图层分类。图层分类的另一个优势是可以利用图层组管理器，实现不同类别平面图的编组，方便在布局空间中进行划分。本节使用的图层组包含：建筑公共图层、地面铺装图层、活动家具图层、标注图层、文字图层，能够输出原始平面图、地面铺装图、家具平面布置图。

由于天正建筑绘制的对象都有图层信息，上节通过天正建筑复原的建筑原始平面图，已经有了建筑原始图层组的图层信息。在此基础上根据地面铺装、家具和文本标注等绘图需求，完成图8-20中的图层创建。

步骤一：图层样式表导入。除了手动创建图层外，还可以参照第6.1节，实现图层的跨文件复制。当然最便捷的方式是将包含图8-20中图层的图层样板.dwt文件直接进行"导入"。

步骤二：图层组管理器的创建和图层拾取。在图层管理器中，参照图8-21，分别创建建筑原始图层、地面铺装图层、家具图层、填充颜色图层和导视图层。单击"所有使用的图层"，框选对应组过滤器包含的图层，将其拖拽到相应组别中，实现图层的分类。

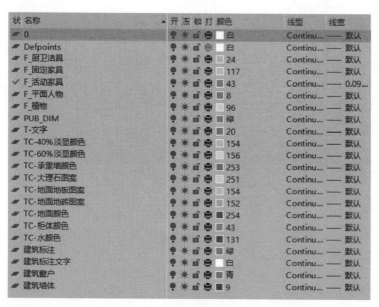

图8-20 图层创建和命名

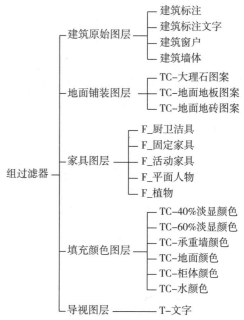

图8-21 图层编组效果

本节任务点：

任务点1：参照图8-20，导入图层样板.dwt文件。

任务点2：参照图8-21，分别创建建筑原始图层、地面铺装图层、家具图层、填充颜色图层和导视图层，并拾取对应图层信息。

8.4　彩色平面布局绘制——填充与遮罩

能力模块

图案与颜色填充；图层遮罩。

一般情况下，室内彩色平面图会在PhotoShop等图片后期处理软件中进行合成，其优势在于无论是填充颜色还是图案都较为快捷，而缺点在于一旦AutoCAD图形绘制错误导致无法建立选区，或是方案有修改调整时，整个填充过程还要重复一遍，耗时耗力。在AutoCAD中利用颜色或图案的填充也能够实现初步的彩色平面图输出，相对于PhotoShop后期处理，其优势在于：①图形可即时修改。图纸中的图块、标注、文字等可随时进行调整。②颜色、图案方便填充。不仅能够通过图层控制颜色，还能自定义打印样式实现多种风格配色的平面图样式。③打印尺寸可控。根据图纸需求可灵活调整线宽和图纸比例，以及最终的图纸输出打印尺寸。

1.图案、颜色填充

颜色填充主要应用于墙体，通过黑白灰颜色配合填充图案纹理，以区分剪力墙、砖墙或一般轻钢龙骨隔墙，同时也可以对地面进行填充以丰富彩色平面的颜色层次。填充颜色的方式有两种，一种是拾取图形内部点进行填充，另一种是直接选择闭合的多段线对象进行填充。

1）拾取内部点填充。对于图形边界较为清晰且面积较小的图形，如图8-22中的地面铺装图就可以采用拾取内部点进行颜色或图案的填充。

2）选择对象填充。由于填充对象已经填充了基础图案，再次进行颜色填充时则无法使用孤岛检测，此时，则需要选择闭合的多段线对象来进行填充。如图8-23中的墙体，可以选择墙体多段线对象进行填充。另外对于边界不明确的对象进行填充时，很容易因为图形未闭合出现运算错误导致图形崩溃。所以一方面要在填充前注意保存文件，另一方面可以通过提高填充时的公差，或在绘图菜单下建立边界对象两种方式保证填充成功。

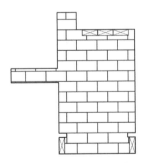 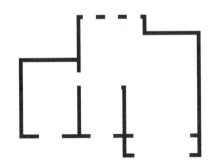

图8-22　地面铺装肌理填充　　　　图8-23　承重墙颜色填充

2.图片填充和图块遮罩

在家具组合中直接插入图案图片，可以增加彩色平面的真实度。主要有两种方式：一种是通过光栅图像参照的方式，另一种是以OLE对象的方式。两种方式各有优劣，下面通过插入地毯图案进行比较练习。

（1）插入光栅图像参照

1）矩形图片的插入。无论是图纸还是填充图案，多数情况下为矩形形状，且通常以光栅图像参照的方式进行插入，具体步骤如下：

步骤一：图片插入。单击"插入"菜单，选择"光栅图像参照"后，指定文件路径，打开需要导入的图片，再单击"打开"按键，地毯图案显示如图8-24所示。

步骤二：不等比例缩放。默认选择"在屏幕上制定"，单击"确定"按钮后分别捕捉已绘制好的参照矩形的起始点，完成图片的初步缩放。

尺寸比例的修改方式：①通过创建图块，在"特性"面板中修改X轴和Y轴尺寸实现不等比例缩放；②创建图块后，再次插入图块时修改X轴和Y轴向上的缩放比例。具体步骤如下：

① 图块创建。框选需要制作成图块的图形后，通过复制和粘贴为块的方式可以快速将所选图形创建为图块。默认生成的图块移动基点在生成图块的左下角，其位置不影响接下来的图块不等比例缩放。

②特性修改。点选图块，通过右击选择"特性"，或是按快捷键"Ctrl+1"，可以打开图块的"特性"面板，已知地毯尺寸应为2500mm×3900mm，而插入的矩形地毯尺寸为2500mm×3752mm。如图8-25所示，此时，只需将特性中的"Y比例"修改为3900/3752的比值，即可实现不等比例缩放。

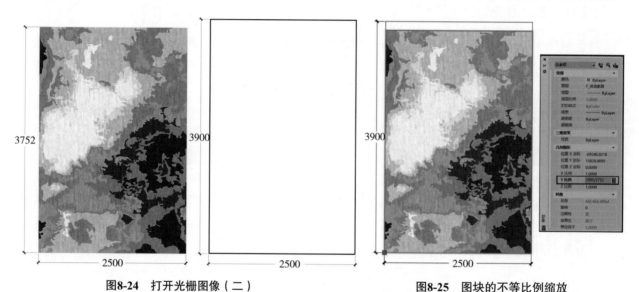

图8-24　打开光栅图像（二）　　　　**图8-25　图块的不等比例缩放**

步骤三：图块遮罩。利用图块遮罩插件，能够实现图块之间的相互遮挡，类似于PhotoShop中的图层。注意需要优先显示的图形，遮罩时需优先至于顶层。

插件的导入：输入命令"Applode"，加载"tkzz.vlx"和"xxpzwj.vlx"插件后，使用快捷键"TKZZ"，即可启动插件面板，如图8-26a所示，选择茶几和沙发图形或图块后单击"确定"按钮，即可实现该图形的遮罩置顶效果（图8-26b）。

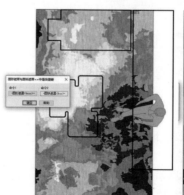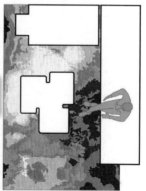

　　　　a）　　　　　　　　　b）

图8-26　图块遮罩

补充：插入光栅图像参照后，需要保证图片和AutoCAD源文件在同一个文件夹中，这样下次打开时才能链接加载，否则图片丢失后会显示图片的URL地址（遇到这种情况，可以将图片放到原来的路径位置后，重新打开AutoCAD源文件即可恢复显示）。

2）异形图片的插入。对于非矩形图案，例如异形地毯图形，在插入到AutoCAD时会显示多余的白色背景，此时可以通过PhotoShop将背景建立选区后删除，储存成透明的.png格式。具体步骤如下：

步骤一：将图片导入到PhotoShop中，双击背景图层缩略图后单击"确定"按钮，实现图层的解锁。如图8-27所示，利用魔棒工具，设定好容差后点选异形地毯的白色背景颜色，根据选取精确度适当调整容差和选取范围，完成后单击"Delete"键将背景颜色删除，然后利用快捷键"Ctrl+D"取消选区。最后，单击"文件"菜单，选择"存储为"，将图片保存为.png格式。

步骤二：再次按照图片插入步骤，导入光栅图像参照后，如图8-28所示，单击图片后右击设置透明度为"ON"，此时异形地毯的白色背景将显示为透明状态。

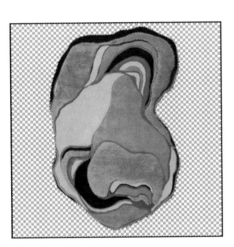

图8-27　白色背景删除

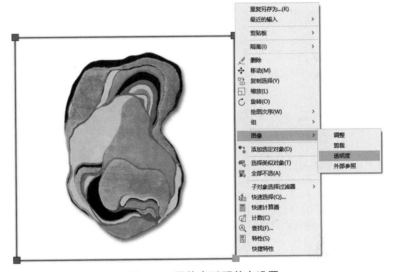

图8-28　图片半透明状态设置

（2）插入OLE对象

通过前面的学习，我们知道图片的插入除了可以利用光栅图像参照外，还可以通过OLE对象进行，按照以下步骤操作，比较一下这两种方法的差异性。

步骤一：单击"插入"菜单，选择"OLE对象"后选择"画笔图片"，打开画笔程序。

步骤二：在画笔面板左上角单击"粘贴"按钮，选择"粘贴来源"，指定文件路径后打开需要导入的图片，单击左上角"保存"按钮后，画笔程序中的图片将同步显示到AutoCAD模型空间中。注意，在模型空间中无法直接改变图片的方向，需要在画笔程序中，如图8-29所示，单击"旋转"菜单中的"向右旋转90度"后保存，即可实现模型空间图片的同步旋转。

步骤三：大小比例的调整。此时的OLE图片和矩形图形一样可以灵活调整尺寸，即在"特性"面板中将"锁定宽高比"选择为"否"。如图8-30所示，还可以在"特性"面板中直接输入最终的长宽值（宽度1800mm，高度800mm）。该种方式相比较光栅图像参照需要创建图块来设置X轴、Y轴向比例的方式要灵活一些，但无法处理异形图案的背景透明度。

补充：插入的OLE对象不会因为图片和AutoCAD文件不在一起而出现图片不显示的问题，但置入AutoCAD中的图片会增加文件的大小，所以要合理、适当地使用两种图片插入方式。

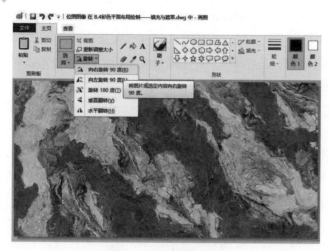

图8-29　粘贴和旋转图片

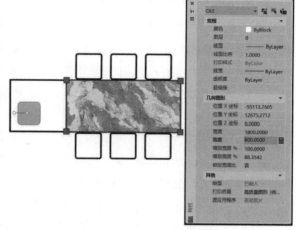

图8-30　图片比例调整

本节任务点:

任务点1:参照图8-24~图8-26,完成沙发组合中地毯图案的插入,不等比例缩放以及图块遮罩。

任务点2:参照图8-29和图8-30,完成餐桌椅图块中大理石图案的OLE对象插入,尝试使用两种方式实现大理石图案的不等比例缩放。

8.5　家具素材布置——家具图库使用

能力模块

固定家具和活动家具导入。

通过对建筑原始图纸的整理,以及利用组过滤器进行图层编组,可以进行地面铺装和家具平面布置图的绘制。除了使用静态的家居图库外,还可以充分发挥第4章动态图块创建与空间应用中动态图块在平面布置中的应用优势。根据场地范围、尺寸和风格需求,参照第4.3节动态图块的创建与居住空间场景的应用中的方法,灵活使用带有拉伸、阵列、镜像、旋转和可见性动作图块。

下面对新导入的家具素材文件进行图层归类,这主要通过两种方式:一是选择图块后放置到对应的图层中;另一种方式是利用格式刷工具实现图层转换。其中,居住空间中的固定家具部分,主要包含各部分功能空间的柜体,尤其是定制、不可移动的柜体,如玄关空间的鞋柜、客厅空间的电视背景墙、主次卧室的嵌入式衣柜、书房的书柜等。而与之相对的,类似于餐厅桌椅、客厅沙发组合、卧室床、书房桌椅和厨卫陈设品属于活动、可移动的家具。通常先布置固定家具,再放置活动家具,具体步骤如下:

步骤一:固定家具摆放。如图8-31所示,餐厅、阳台、主卧和书房的柜体属于固定家具,与墙体边界尺寸契合度高,布置完固定家具后,可以进行地面铺装的图案填充。定制家具布置,可以充分利用动态图库中带有拉伸动作的图块,其能够灵活适应柜体所在的墙体宽度,完成固定家具的摆放。

动态图块柜体的制作流程:参照第4.3.5小节中书架的拉伸动作设置,先将单体柜创建为图块,双击进入图块后,设置线性参数,添加拉伸动作后指定线性参数,点选起点夹点,框选拉伸范围,选择拉伸对象后退出图块编辑,完成最基础的拉伸动态图块。

柜体放置的流程:根据不同空间柜体所需的数量和宽度需求进行动态图块的放置。对于卧室和书房，先绘制直线，再均分，其中绘制卧室的直线均分为8段，绘制书房的直线均分为3段，划分后将单个柜体图块捕捉交点进行拉伸，确定完一个单元图块后，选择复制模式下的阵列，完成柜体家具的绘制。另外，餐厅柜体的宽度与书房的相同，阳台空间的柜体则是通过捕捉两侧墙体宽度端点间的距离作为柜体的宽度，以此完成固定家具的摆放。

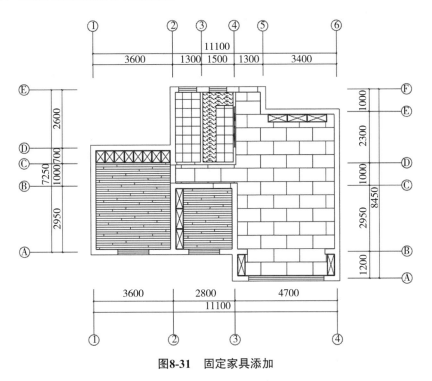

图8-31　固定家具添加

步骤二：活动家具摆放。根据居住空间整体风格，选择每个空间的主体活动家具进行平面布置。如果使用动态图块，主要是利用可见性动作来实现不同风格和组合样式的家具图块切换。本案例中主要利用带有图案遮罩的家居图块进行摆放，最终完成的家具布置图如图8-32所示。

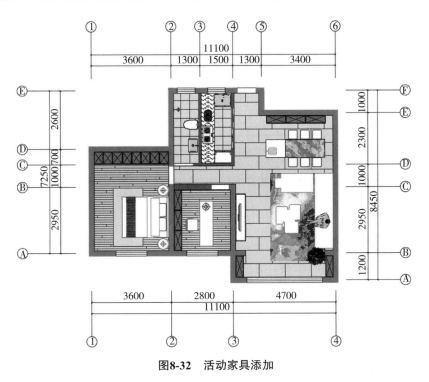

图8-32　活动家具添加

本节任务点：

任务点1：参照图8-31，布置完固定家具后，进行地面铺装的图案填充，注意填充原点位置的设置，以及图案比例。

任务点2：参照图8-32，通过图块遮罩插件的使用，完成活动家具的平面布置。

8.6 图纸打印输出——自定义打印样式

能力模块

自定义打印样式；打印样式文件的添加和删除。

图纸打印的两种方式及关键流程节点：关于图纸在模型空间的单比例打印和布局空间中的单比例和多比例打印，已经在第6.5节中进行了讲解，初步掌握了模型空间中的图框设置，以及打印面板中的格式、尺寸、范围、位置、角度和黑白打印样式的设置。除此之外，还掌握了布局空间中的布局页面的创建、打印图纸大小设置、图框素材插入、创建视口调整范围、设置图纸显示比例、不打印图层设置、打印输出、图框复制和图纸切换。

无论选用哪种打印方式，在打印设置面板中最重要的环节是设置打印样式，一般会选择黑白样式。除了使用系统自带的黑白格式"monochrome.ctb"打印样式外，还可以自定义打印样式，灵活改变模型空间中图层线或者填充图案的颜色、线宽以及淡显度，如墙体线的加粗、家具线的淡显，达到图纸层次分明的目的。具体步骤如下：

步骤一：打印面板基础设置。设置打印格式（JPG），自定义打印尺寸（2970×2100像素）及窗口范围（矩形图框），勾选"布满图纸"和"居中打印"设置，并通过窗口预览确定图纸的方向（纵向/横向）是否正确（图8-33）。

步骤二：创建打印样式。如图8-34所示，在打印样式表处单击下拉按钮，单击"创建新打印样式表"，单击"下一页"按钮，指定打印名称"彩色打印输出"后完成样式创建。此时，单击新建样式右侧的编辑器按钮，可打开打印样式表编辑器，对图层中的颜色和线型进行重新指定。

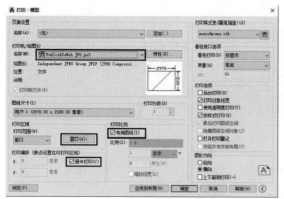

图8-33 打印面板基础设置 图8-34 创建打印样式

步骤三：自定义打印样式颜色替换。在编辑器中切换到"表格视图"面板，根据图纸中图层颜色数值，选中后在右侧"特性"面板中修改颜色为黑色，同时可修改线宽和淡显度。本案例中，需要导出彩色平面图，主要对墙体、地面造型线及填充色进行一一替换，创建适合彩色输出的色彩搭配方案。如图8-35所示，图层中墙体的颜色值为9。在编辑器左侧点选颜色9，在右侧"特性"面板设置颜色为"使用对象颜色"，淡显度为60，线宽为0.35mm。承重墙填充颜色在图层中颜色值为253。在编辑器左侧点选颜色253，在右侧"特性"面板设置颜色为黑色，将淡显度修改为80。以此类推，修改完颜色、线宽后保存设置，进行打印输出。

补充：由于打印输出时大部分图层的颜色为黑色，为方便进行打印样式设置，可先将打印样式表编辑器中所有颜色选中后整体设置为"黑色"，再根据部分颜色不同的图层设置颜色、淡显度以及线宽。

步骤四：彩色平面图输出。如图8-36所示，选择"窗口"后，框选模型空间中的矩形图框作为打印范围，单击"预览"按钮，确认图纸排版无误后，单击"确定"按钮，实现彩色平面图的输出。

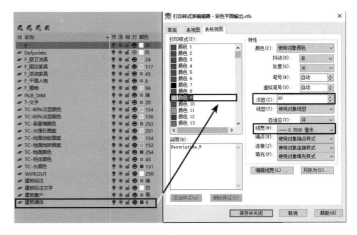

图8-35　图层颜色和线型替换

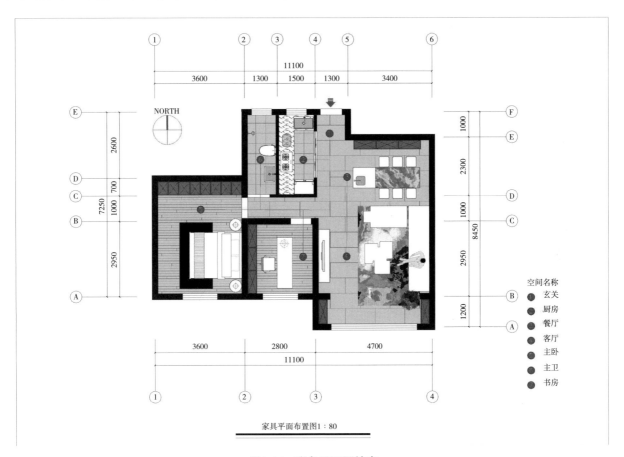

图8-36　彩色平面图输出

补充：打印样式素材文件（格式为.ctb）的导入。如图8-37所示，单击"文件"菜单，选择"打印样式管理器"，此时会打开系统中打印样式表的文件夹，将其复制进去，即可在打印样式表处单击下拉进行选择加载。打印样式表的删除只需在此文件夹中将其删除即可。

模型和布局空间打印的区别：模型空间打印，适合平面图（原始平面、地面、家居布置）分开绘制的图纸，有统一比例和样式的标注及文字索引。布局空间打印，适合平面图叠加在一起，共用建筑原始平面这种类型的图纸。利用视口冻结实现平面图内容划分，可以是单比例也可以是多比例，版式比较灵活。对于多比例图纸，可在布局空间中采用一种比例和样式的标注及文字索引，保证图纸输出的规范性和美观度。

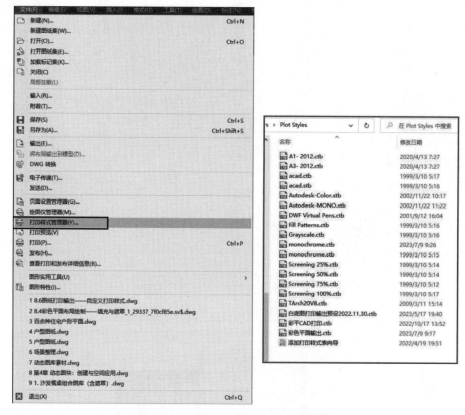

图8-37 打印样式素材文件的添加和删除

本节任务点：

任务点：参照图8-33~图8-35，创建新的打印样式，根据图纸需求设置图层颜色、淡显度以及线宽，实现彩色平面布置图的输出。

本章小结

通过本章学习，串联全书所学内容，并在建筑平面绘图流程中结合天正建筑插件。按照天正建筑工具条顺序掌握从轴线绘制、墙体生成到门窗模块，快速完成建筑原始图纸的绘制。结合组过滤器完成图层编组，使用动态图块实现平面图的快速绘制。结合图案填充和遮罩技巧，丰富了原始平面的颜色肌理搭配。通过自定义打印样式，调整不同图层的线型宽度和填充颜色的黑白灰层次，最终掌握在AutoCAD中直接输出彩色平面图的流程。